"十三五" 国家重点出版物出版规划项目

上海市普通高等院校优秀教材奖

上海市普通高校精品课程特色教材

高等教育网络空间安全规划教材

数据库原理及应用

——SQL Server 2019

第 2 版 · 立体化

主编　贾铁军　曹　锐

副主编　刘建准　邓红霞　降爱莲　岳付强

参编　宋晓涛　王　坚

机 械 工 业 出 版 社

本书结合 SQL Server 2019 技术及应用，介绍数据库的基本原理和技术方法。全书共 11 章，包括数据库基础，关系数据库基础，SQL Server 2019 基础，数据库、表和数据操作，索引及视图，存储过程及触发器，T-SQL应用编程，数据库安全，关系数据库的规范化，数据库设计，以及数据库新技术。另外，每章均配有典型案例和同步实验等。

本书由出版社和上海高校精品课程网站提供电子课件、教学大纲、操作演练视频、同步实验和复习资料等线上资源，并配有"学习与实践指导"辅助教材。

本书可作为高等院校计算机类、信息类、工程类、电子商务类和管理类各专业本科生相关课程的教材，高职院校可选学目录中带星号（＊）的章节。本书也可作为数据库技术培训及从业人员参考用书。

本书配有授课电子课件，需要的教师可登录 www.cmpedu.com 免费注册，审核通过后下载，或联系编辑索取（教师服务微信：15910938545。电话：010-88379739）。

图书在版编目（CIP）数据

数据库原理及应用：SQL Server 2019 / 贾铁军，曹锐主编 . —2 版 . —北京：机械工业出版社，2020.7（2024.1重印）

"十三五"国家重点出版物出版规划项目　高等教育网络空间安全规划教材

ISBN 978-7-111-66147-4

Ⅰ. ①数…　Ⅱ. ①贾…　②曹…　Ⅲ. ①关系数据库系统-高等学校-教材　Ⅳ. ①TP311. 132. 3

中国版本图书馆 CIP 数据核字（2020）第 130576 号

机械工业出版社（北京市百万庄大街 22 号　邮政编码 100037）
策划编辑：郝建伟　　责任编辑：郝建伟　李培培
责任校对：张艳霞　　责任印制：刘　媛
涿州市京南印刷厂印刷

2024 年 1 月第 2 版·第 6 次印刷
184mm×260mm·18.5 印张·457 千字
标准书号：ISBN 978-7-111-66147-4
定价：65.00 元

电话服务　　　　　　　　　网络服务
客服电话：010-88361066　　机 工 官 网：www.cmpbook.com
　　　　　010-88379833　　机 工 官 博：weibo.com/cmp1952
　　　　　010-68326294　　金 书 网：www.golden-book.com
封底无防伪标均为盗版　　　机工教育服务网：www.cmpedu.com

高等教育网络空间安全规划教材
编委会成员名单

前　言

党的二十大报告中强调"教育、科技、人才是全面建设社会主义现代化国家的基础性、战略性支撑"，首次将教育、科技、人才一体安排部署，赋予教育新的战略地位、历史使命和发展格局。需要紧跟新兴科技发展的动向，提前布局新工科背景下的计算机专业人才的培养，提升工科教育支撑新兴产业发展的能力。

进入 21 世纪，信息技术的快速发展为现代社会带来了深刻变革。信息、物资、能源已经成为人类社会赖以生存与发展的重要保障和必备资源，信息（数据）无处不在，数据处理无处不用。数据库技术是发展最快、应用最广的计算机技术之一，已经成为信息化建设、数据资源共享及各类应用系统的核心技术和重要基础。

数据库技术是数据处理的高新技术，是计算机科学的重要分支，与计算机网络、人工智能一起被称为计算机技术界三大热门技术，是现代化信息处理的有力工具。数据处理已经广泛应用于各种业务，数据库技术及应用已经遍布到各行各业的各个层面，电子商务系统、网上银行、管理信息系统、企业资源计划、供应链管理系统、客户关系管理系统、决策支持系统和数据挖掘信息系统等，都离不开数据库技术强有力的支持，数据库技术具有广阔的发展和应用前景。

SQL Server 2019 是由微软公司研发的数据库技术新产品，同时带来十大全新亮点，主要包括：引入大数据群集并支持内置大数据，将行业领先的性能和 SQL Server 安全性引入所选的语言、平台、结构化和非结构化数据。为所有数据处理负载带来创新的安全性和合规性功能、业界领先的性能、任务关键性、可用性和高级分析。将 AI 引入工作负载，无需对数据进行迁移或复制，可视化数据浏览和交互式分析，对操作数据运行实时分析，智能查询处理改善查询扩展，自动计划更正解决性能问题，减少数据库维护并延长业务正常运行时间，提高安全性并保护使用中的数据，跟踪复杂资源的合规性，利用丰富选择和灵活性进行优化，存储和分析图形数据等。

本书作者长期从事数据库技术、方法和应用等方面的教学与研发工作，积累了丰富的教学经验、成果和资源。本书是"十三五"国家重点出版规划项目及上海市普通高校精品课程"数据库原理及应用"的特色教材，是在《数据库原理与应用——SQL Server 2016》的基础上，经过新知识体系结构、新技术、新方法、新应用和"新形态"立体化等方面的优化、整合、修改和完善后的升级版，特别注重并突出实用性特色和新技术、新应用、新案例、新成果，同时吸收借鉴了国内外一些经验和规范，特此奉献给广大师生，以供教学和交流。

本书共 11 章，结合最新的 SQL Server 2019，介绍数据库的基本原理、新技术、新方法和新应用。主要内容包括数据库基础，关系数据库基础，SQL Server 2019 基础，数据库、表和数据操作，索引及视图，存储过程及触发器，T-SQL 应用编程，数据库安全，关系数据库的规范化，数据库设计，以及数据库新技术等。书中带"＊"部分为选学内容。

本书的主要特点体现在三个方面。

1. 内容先进，结构新颖。吸收了国内外大量的新知识、新技术和新方法，注重科学性、先进性、操作性，图文并茂、学以致用。每章均配有教学目标、案例、知识点图文介绍、讨论思考、本章小结以及练习与实践等。

2. 注重实用、特色和规范。坚持"实用、特色、规范"原则，突出实用及素质能力培养，增加大量案例和同步实验，在内容安排上将理论知识与实际应用有机结合。

3. 资源配套，便于教学。为了方便师生教学，机械工业出版社教育服务网（www.cmpedu.com）提供了多媒体课件。上海市高校精品课程"数据库原理及应用"网站（https://edu.51cto.com/topic/1196.html）提供电子课件、教学大纲及教案、常用教学文档、示例数据库、程序代码、实验指导、网上在线测试和复习资料，并配有辅助教材《数据库原理及应用学习与实践指导》（上海市高校精品课程配套教材），包括学习要点、详尽实验及课程设计指导、习题与实践练习、自测试卷和答案等丰富资源。

本书"知识拓展""特别理解"等的内容，可通过封底的下载方式下载后浏览。

本书由"十三五"国家重点出版规划项目及上海市普通高校优秀教材奖获得者、上海市普通高校精品课程"数据库原理及应用"负责人贾铁军教授任主编、统稿并编著第1、2、8、10章，曹锐副教授（太原理工大学）任主编并编著第7章，刘建准副教授（天津工业大学）任副主编并编著第9章，邓红霞副教授（太原理工大学）任副主编并编著第11章，降爱莲副教授（太原理工大学）任副主编并编著第5章，岳付强（西昌学院）任副主编并编著第3、6章，宋晓涛（太原理工大学）编著第4章，王坚副教授（辽宁对外经贸学院）参加了编著方案的讨论、审校和课件制作等工作，并对全书的文字、图表等进行校对编排，以及查阅相关资料等。

非常感谢机械工业出版社郝建伟等编辑，他们为本书的编著提供了很多指导意见和参考资料。同时，非常感谢对本书编著过程中给予大力支持和帮助的院校及各界同仁。编著过程中参阅了大量的文献资料，在此对相关作者深表诚挚谢意！

由于内容庞杂、技术更新迅速、时间仓促及水平有限，书中难免存在错漏和不妥之处，敬请广大读者批评指正！欢迎提出宝贵意见和建议，主编邮箱 jiatj@163.com。

贾铁军

2020 年 1 月于上海

目　录

第1章 数据库基础

"信息、物质、能源已经成为人类赖以生存和发展的三大支柱"。进入 21 世纪现代信息化社会，数据库技术已成为各种业务数据处理、数据资源共享、信息化服务的重要基础和核心，并同计算机网络、人工智能一起被称为计算机技术界三大热门技术，成为计算机科学与技术中发展最快、应用最广的一项重要技术。掌握数据库知识、技术和应用，对未来业务数据处理和拓宽就业极为重要。💻📖

💻 **教学目标**
- 掌握数据库相关概念、特点、内容和应用
- 了解数据库技术的主要发展及趋势
- 理解数据库系统的组成及结构类型
- 掌握数据库管理系统的工作模式和主要功能
- 学会概念模型与逻辑模型及其实际应用

📖 **知识拓展**
学习数据库的重大意义

1.1 数据库的相关概念、特点及发展

【案例 1-1】数据库技术及应用极为重要且广泛深入。美国未来学家托夫勒（Alvin Toffler）曾指出："谁掌握了信息，谁控制了网络，谁就将拥有整个世界"。现实世界，信息无处不在、数据无处不用，数据库技术是各种业务数据处理与应用系统的核心。数据库的建设规模、数据量和使用频率已成为衡量一个国家信息化程度的重要标志，数据资源和数据库高新技术已成为世界各国极为重要的优先发展战略。

1.1.1 数据库系统的相关概念

1. 数据的概念及分类

数据（Data）是对不同客观事物具体特征描述的符号记录。数据是信息的表达方式和载体，是利用信息技术进行采集、处理、存储和传输的基本对象。通常，数据可分为两大类：数值数据和非数值数据，包括文字、数字、符号、表格、图形、图像、声音、视频等多种形式。从具体的应用上可细分为数值型、字符型、时间型、货币型或其他类型，具体参见 "2.5.2　常用的数据类型" 一节介绍。📖📂

📖 **知识拓展**
信息的概念及其内涵

📂 **特别理解**
数据概念的理解及内涵

实际上，数据包含描述具体事物特性的内容、存储在某种媒体上的数据形式和含义。其中，数据的含义称为数据的语义（信息），数据与其语义密不可分。在实际业务处理过程中，各种信息只有经过数据载体的描述和表示，才能进行采集、传输、存储、管理与处理，并产生新的更有价值的数据（提供信息），如网站商品信息（实际是数据）。

信息与数据的区别和联系。信息是客观事物在人脑中的反应，是观念性的，需要通过数据才能表示、存储、传输和处理，信息可按人为需要选取数据的表示形式及方式方法，如文字、图像和语音。数据的表示形式可以选择，而信息不随着数据的表示形式而改变，如气象信息（都以数据展现）。数据是信息的载体和具体表达方式，是信息的一种符号化表示，是物理性（客观存在）的，数据是信息的来源并提供信息（含义），数据经过处理后可得到更有价值的新信息。

2. 数据处理与数据管理

数据处理（Data Processing）是对各种数据进行采集、存储、检索、加工、变换和传输的过程。这是广义的概念，狭义上主要是指对数据进行加工的过程，如对多种商品数据进行的查询、分类、修改、运算、统计和汇总等都属于数据处理。其目的是根据实际需要，从原有大量、繁杂、难以理解的数据中抽取出有价值的新数据（信息），作为决策的依据，其实质是信息处理。可以借助数据库等技术处理和存取各种业务数据，方便快捷地利用各种数据（信息）资源，极大地提高工作效率并减轻劳动和成本。业务数据处理技术发展及应用的广度和深度，极大地促进了人类信息化的进程。

不同的数据处理方式要求不同的软硬件技术支持。每种处理方式都有其特点，可以根据应用问题的实际需求选择合适的处理方式。数据处理方式主要根据对业务数据的不同应用及要求，以及数据处理设备的结构、工作方式和数据的时间空间分布方式不同而确定。数据处理方式主要有4种：①以处理设备的结构区分，有联机处理方式和脱机处理方式；②以数据处理时间的分配方式区分，有批处理方式、分时处理方式和实时处理方式；③以数据处理空间的分布方式区分，有集中式处理方式和分布式处理方式；④以中央处理器的工作方式区分，有单道作业处理方式、多道作业处理方式和交互式处理方式。

数据管理（Data Management）是指以管理方式对数据进行基本加工的过程。如在数据处理过程中，数据采集、存储、检索、分类、传输等基本环节统称为数据管理。广义上数据管理也属于数据处理。📖

> 📖 **知识拓展**
> 数据处理与数据管理的区别

> 【案例1-2】Web图书信息管理系统的商品数据管理。在Web图书信息管理系统的"价格"中，可以索引统计图书数据（信息）或查询价格最低的图书、按价格从低到高排序、修改或打印价格等操作都属于数据管理，而图书价格的汇总或制作图书价格数据统计图属于数据处理。

3. 数据库及数据库系统

数据库（DataBase，DB）是按照数据结构进行组织、存取和处理数据的集合，是存储在计算机或服务器等设备上的结构化（有组织）、可共享的相关数据集合。可将其概念理解为"按一定（模式）结构存取、控制与处理数据的空间（库）"。

数据库可按特定数据模型（结构）进行组织、表示、控制与处理数据。数据库具有数据结构化、共享性、独立性、持久性、较小冗余度、易扩展和海量性等基本特性，数据库操作处理的基本对象是数据。

数据库系统（DataBase System，DBS）是指具有数据库功能特点的系统，是具有数据库技术支持的应用系统，也称为数据库应用系统，是可以实现有组织地以及动态地存储、管理和维护大量相关数据，提供数据处理和数据资源共享服务功能的应用系统。常用的网购、网银等业务数据处理系统都是数据库系统。

数据库技术是研究、处理和应用数据库的一门软件科学，也是计算机科学与技术中发展最快、应用最广泛、最重要的技术之一。其研究和处理的核心关键是数据。

4. 数据库管理系统

数据库管理系统（DataBase Management System，DBMS）是指建立、运用、管理和维护数据库，并对数据进行统一管理和控制的系统软件。主要用于定义（建立）、操作、管理、控制数据库和数据，并保证其安全性、完整性、多用户并发操作及出现意外时的恢复等。DBMS 是整个数据库系统的核心，对数据库中的各种业务数据进行统一管理、控制和共享。DBMS 的主要功能和结构见 1.5 节，其重要地位和作用如图 1-1 所示。支持关系型数据模型的 DBMS，称为关系型数据库管理系统（Relational DataBase Management System，RDBMS）。

图 1-1   DBMS 的重要地位和作用

常用的大型 DBMS 有 SQL Server、Oracle、MySQL、Sybase、DB2、Informix 等，小型的 DBMS 有 VFP（Visual FoxPro）和 Office Access 等。

1.1.2　数据库系统的特点、内容及应用

1. 数据库系统的主要特点 📖

1）对数据统一的管理与控制，采取统一的标准。各种应用（程序）对于数据库中数据的各种操作都由数据库管理系统（DBMS）进行统一管理和控制。DBMS 提供的主要功能有并发访问控制、数据完整性保护、数据安全性保护、数据库恢复。采取统一的数据标准，即数据库中数据项的名称、数据类型、数据格式、有效数据的判定准则和要求等数据项特征值的取值规则。

2）数据整体结构化。在数据库系统中，采用统一的数据模型（结构），将整个企事业机构的业务数据组织为一个整体；数据不再只面向特定应用，而是面向整个机构；数据内部及整体结构化，可以更好地反映各实体（事物）间的联系。实现多种关联数据（如进售存商品）的集中处理和高度集成，有助实现数据共享，保证数据和应用程序的各自独立性。

3）数据高共享、低冗余、易扩充。数据库系统可以通过网络对数据集中管理控制，并由多用户和多种应用程序所共享与调用。数据库中相同数据不用多次重复出现，从而降低了数据冗余度，并可避免数据冲突的问题。当业务数据发生变化更新时，只需要修改服务器中数据表便可自动完成所有的更新。

4）数据独立性高且程序维护便利。数据独立性是指数据库中存储数据与应用处理程序之间相互独立，可极大提高应用程序和数据的修改和维护效率，可由 DBMS 二级映像功能实现。数据独立性包括两种：①物理独立性指用户的应用程序与存储在磁盘上的数据库中数据是相互独立的。数据在磁盘上的存储由 DBMS 管理，应用程序要处理的只是数据的逻辑结构。②逻辑独立性是指用户的应用程序与数据库的逻辑结构是相互独立的，当数据的逻辑结构（数据元素间逻辑关系）改变时，用户程序不受任何影响。📖

5）数据的完整性和安全性高。数据完整性（Data Integrity）是指数据的正确性、有效性和相容性。正确性是指数据合法、规范，有效性是指数据规定的有效范围，相容性是指描述同

一事物的各数据保持一致性。数据库的完整性关系到数据库系统中的数据是否正确、可信和一致。

数据完整性有 4 类：实体完整性、参照完整性、域完整性和用户自定义完整性。通过数据库管理系统（DBMS）管理和控制可以确保安全性。📖

> 📖 **知识拓展**
> 数据完整性的 4 种类型

6）保证数据一致性。数据一致性（Data Consistency）是指关联数据之间逻辑关系的正确性和同一性。确保数据库中不同数据表的相同数据项具有相同值。各数据库由多种数据文件组成，其文件之间通过公共数据项相联系，当对某个数据文件中的数据项更新时，相关联文件中的对应数据项将自动更新，始终保持数据增删改等操作的一致性。

2. 数据库技术相关内容及应用

数据库技术研究和处理的基本对象是数据，涉及的主要内容包括 4 个方面。

1）通过 DBMS 对数据库系统及业务数据相关的事务进行统一管理、控制和维护。

2）按照指定的数据结构（模型）建立和组织相应的数据库及其处理对象（数据表、视图及索引等）。

3）各种业务数据的处理操作，包括数据添加（输入或插入）、修改与更新、删除、查询、统计、报表和打印等。

4）通过用户对业务数据处理的需求及构建数据库应用系统的需求分析，设计并实现数据处理和综合应用的数据库应用软件。

数据库技术主要应用于根据用户需求自动处理、共享、管理和控制大量业务数据。进入 21 世纪现代信息化社会，由于信息（数据）无处不在、无处不用，所以，数据库技术的应用更广泛、更快捷、更深入，遍布各个应用领域、行业、业务部门和各个层面。网络数据库系统已成为信息化建设和应用中的核心和重要支柱产业，纳入世界各国优先发展战略，鉴于篇幅所限，在此仅介绍几例典型应用。📖

> 📖 **知识拓展**
> 数据库技术的促进作用

【案例 1-3】 数据库技术典型实际应用案例。

① 电子商务。网上购物或机票、火车票及其数据输入、查询、订购、销售、统计和汇总等。

② 网上办公。通过政府或机构网站网上政策发布、办公、查询、数据输入、传输和反馈等。

③ 网银证券。网上银行客户信息、账户、汇款、理财、贷款和支付等，以及证券及期货交易、股票、债券、金融票据、基金及外汇交易、保险产品等数据处理。

④ 电信通信。各种网络通信与服务、电子邮件与文件传输、数据交换、各种电信业务服务，存储通信网络信息、通话记录及短信、用户付费业务记录、通信账单和交费情况等。

⑤ 经贸、交通、旅游。不同地区的经贸、旅游、交通、道路、车船等数据，都需要利用分布式数据库，通过相关数据输入、存储、查询、传输、更新、统计、汇总等提供技术支持和帮助。

⑥ 产供销及库存。各种产品及零部件等需求、生产、供销，产品订单、库存、原料供应及进展，跟踪产品生产、质量和库存，可以极大地提高企业经济效益和管理水平。

⑦ 教育界。院校教学等相关信息、课程及实验信息、图书资料信息、人力资源、设备及实验室、学生及成绩信息、大学生活动和毕业及就业信息等。高校信息化数据库应用如图 1-2 所示。

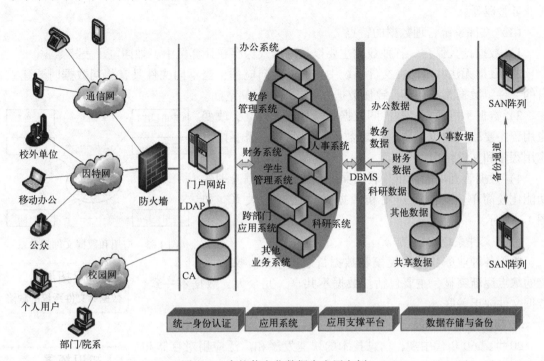

图 1-2　高校信息化数据库应用实例

1.1.3　数据库系统的发展及趋势

1. 人工数据管理阶段

1946 年世界上第一台电子计算机 ENIAC 诞生后的较长时期，计算机主要用于科学计算。当时的计算机以电子管为元器件，具有运算器、控制器、存储器和简单输入输出设备等硬件系统，但当时没有磁盘等直接的存储设备、操作系统和数据文件处理软件，体积大且运行慢，只能计算并输入输出很少的数据。数据存储当时面临的一个重要问题是计算机将数据和程序以打孔的方式存储在纸带上，很难检索或修改。数据管理主要依靠手工方式，用纸卡及表格等进行记载、储存、查询和修改。

> 📖 **知识拓展**
> 数据库技术的产生背景

人工数据管理阶段的**主要特点**如下。

1）数据无法存取。当时受计算机软硬件技术所限，数据随程序一起输入计算机，处理结束后输出结果，数据无法长期保存，计算后数据空间与程序一起被释放。

2）数据面向应用。数据对应指定的具体应用程序，多个程序若使用相同的数据，需在这些程序中重复存储相同的数据，程序之间所用的数据不能共享，造成数据冗余且可能不一致。

3）数据不独立。当应用程序改变时，数据的逻辑结构和物理结构也随之变化。

4）无数据文件处理软件。数据的组织方式由程序员设计和安排，数据须由应用程序进行管理。

2. 文件管理数据阶段

20 世纪 50 年代中期到 60 年代中期，以晶体管取代了计算机中的电子管，存储器得到改进，数据可用文件形式存储，计算机将成批数据单独组成文件存储到外存，这个阶段还出现了操作系统（可对文件进行管理）、汇编语言和一些高级语言。计算机不仅限于科学计算，还大量用于各种业务管理等。

（1）文件系统管理数据的特点

1）数据持久保存。各种数据主要以文件形式保存在计算机中，如同电子表格数据。

2）数据无法共享。在文件系统中，文件面向应用，当不同文件具有相同数据时要建立各自的文件，数据无法共享，致使数据冗余，浪费存储空间。

3）数据不能独立。软件同数据关联只部分独立，改变应用程序要改变数据结构，反之数据结构改变，需要修改应用程序和文件结构。

4）数据管理功能简单。利用文件系统进行数据管理的功能比较简单。此阶段应用和数据文件之间的关系，如图 1-3 所示。

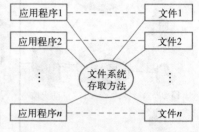

图 1-3 应用和数据文件间关系

（2）文件系统的缺点📖

由于各种业务数据的规模和数据量急剧增加，文件系统的缺点逐渐突显，主要包括：数据不共享、冗余大，数据不一致，数据文件缺乏关联。

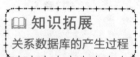

📖知识拓展
数据库文件系统的缺陷

3. 初期数据库阶段

20 世纪 60 年代中期，信息技术的快速发展和广泛应用对存储和处理庞大数据量的数据库给予了极大的技术支持。这个阶段操作系统得到很大改进，推出了各种 DBMS 软件，数据库技术不断发展和完善，成为计算机领域中最具影响力和发展潜力、应用范围最广、成果最显著的技术之一，形成了"数据库时代"。📖

📖知识拓展
关系数据库的产生过程

初期数据库阶段的主要特点如下。

1）数据共享冗余低。数据面向整个系统，不再面向单一应用，数据可被多用户、多应用所共享。数据库与网络技术结合扩展应用，数据冗余少，节省空间。

2）对数据统一管理和控制。DBMS 可自动检测用户身份及操作合法性、数据一致性和相容性，保证数据符合完整性约束条件、数据安全性和完整性，对多用户同时操作数据实行并发控制，保证出现意外时自动恢复。

3）独立性强。应用程序与数据库中数据相互独立，当数据的物理结构和逻辑结构更新变化时，不影响应用程序使用数据，反之，修改应用程序不影响数据。

4）结构化集成。数据库系统通过统一数据结构方式，使数据结构化；全局的数据结构由多个应用程序共同调用、共享，各程序可以调用局部结构的数据，全局与局部的结构模式构成数据集成。

4. 高级数据库阶段

20 世纪 80 年代后，数据库技术在商业领域取得巨大成功，激发了很多新的应用领域和业务，特别是手机 App 等广泛应用，极大地促进了数据库技术的快速发展，面向对象数据库技术、数据库同其他技术的结合，形成了高级数据库技术，详见第 11 章。

（1）分布式数据库技术

随着企事业机构跨地区业务的发展、IT 技术发展和异地用户对数据共享的需求，产生了分布式数据库系统（Distributed Database Systems），**主要特点**如下。

1）本地为主处理大部分业务数据。在本地区分布处理当地的各种数据，提高了整个系统的处理效率和可靠性，并通过数据复制技术实现网络数据共享。

2）减少中心数据库和数据传输压力。数据库中的数据物理上分布于各地，逻辑上为相互联系的整体，可实现数据物理分布性和逻辑整体性，减少了中心数据存储和传输负载。

3）提高系统的可靠性。系统的可靠性得到增强，若局部系统发生意外故障，其他部分仍可继续工作。

4）各地终端数据通过网络互联。对于本地终端不能单独处理的各种业务数据，都可以通过外部网络得到其他数据库系统和终端的大力支持。

5）数据库分布扩展便捷。数据库集中于分布式数据库系统，便于实现分布及扩充。

分布式数据库系统的两大任务是集中管理和分布处理，其具体结构如图 1-4 所示。

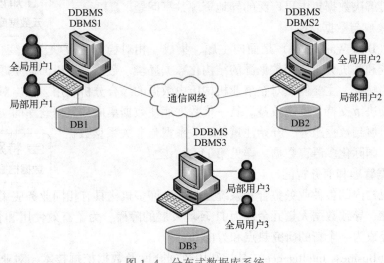

图 1-4　分布式数据库系统

（2）面向应用领域的专用数据库

数据库技术经过几十年的研究和快速发展，形成了完善的理论体系和实用技术。为了更好地适应多种业务数据处理的需求，根据各应用领域特点，将数据库技术专门用于某些特定领域，研发出专用的科学数据库、工程数据库、地理数据库、统计数据库、空间数据库、大数据等数据库，以及数据仓库和数据挖掘等技术，数据库技术发展如图 1-5 所示。

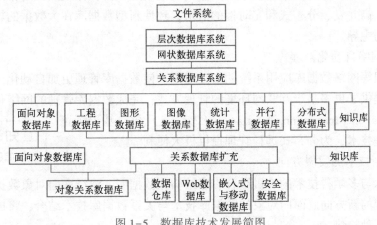

图 1-5　数据库技术发展简图

（3）面向对象数据库技术

对于一些数据结构较为特殊复杂的应用领域，如地理数据、多媒体数据、多维表格数据、计算机辅助设计数据，需要特殊的数据库技术，由此产生了面向对象数据库技术，它便于构造、管理与维护大容量的持久数据，并与大型复杂程序紧密结合，具体内容详见 11.2 节。

*5. 数据库技术的发展趋势

根据数据库应用及多家分析机构的评估，数据库技术将以社会需求为导向，面向实际应用，并与计算机网络和人工智能等技术结合，为新型应用提供多种支持。

（1）云数据库和混合数据快速发展

云数据库（Cloud Database）简称为云库，是在云计算环境中部署和虚拟化的数据库。将各种关系型数据库看成一系列简单的二维表，并基于简化版本的 SQL 或访问对象进行操作。使传统关系型数据库通过提交一个有效的链接字符串即可加入云数据库，云数据库可解决数据集中更广泛的异地资源共享问题。

> 📖 **知识拓展**
> 云数据库的特性及优点

（2）数据集成与数据仓库

数据仓库（Data Warehouse）是面向主题、集成、相对稳定且反映历史变化的数据集合，是决策支持系统和联机分析应用数据源的结构化数据环境。数据仓库以面向主题、集成性、稳定性和时变性为特征，主要侧重对企事业机构历史数据的综合分析利用，找出对机构发展有价值的信息，协助决策支持，提高效益。新一代数据库使数据集成和数据仓库的实施更简捷。从数据应用逐步过渡到数据服务，开始注重处理关系型与非关系型数据的融合、分类、国际化多语言数据。详见第 11 章。

> 📂 **特别理解**
> 数据挖掘技术的概念

（3）主数据管理和商务智能

在企事业机构内部各种业务整合和系统互联中，许多机构具有相同业务应用的数据被多次反复定义和存储，导致数据大量冗余成为 IT 环境发展的障碍，为了有效使用和管理这些数据，主数据管理已经成为一个新的研究热点和方向。

商务智能（Business Intelligence）是指利用数据仓库及数据挖掘技术，对业务数据分析处理并提供决策信息和报告，促进企业利用现代信息技术收集、管理和分析商务数据，改善决策水平，提升绩效，增强综合竞争力。商务智能主要融合了先进信息技术与创新管理理念，集成优化企业数据资源，处理并从中提取创造商业价值的信息，面向企业战略并为管理层服务。

> 📖 **知识拓展**
> 商务智能及其应用

（4）大数据促进新型数据库

进入大数据时代，传统数据库技术的数据模型和预定义的操作模式，时常难以满足实际需求，大数据量、高并发、分布式和实时性的需求，致使新型数据库在大数据的场景下，将取代传统数据库成为主导。

（5）利用网络自动化管理

网购、网银等网络数据库应用系统的广泛应用，使数据库管理更加自动化。从企业级向世界级的转变，提供了更多基于互联网环境的管理方式，完成数据库管理的网络化。应用程序编程接口（Application Programming Interface，API）更开放，基于浏览器端技术的管理技术，为分布式远程管理提供极大便利。

> 📖 **知识拓展**
> 数据库的自动化管理

（6）其他新技术的发展方向

数据库技术与多学科技术的有机结合、非结构化数据库、演绎面向对象数据库技术将成为数据库技术发展的新方向。面向对象的数据库技术与关系数据库技术结合，将成为下一代数据库技术发展的一种趋势。

数据仓库和电子商务将成为未来数据库技术及市场发展的方向。数据库技术的实践性发展是面向专门应用领域的数据库技术。数据库还可以与具体业务语义的数据内容融合，数据库将更广泛地应用于各种"信息服务"，超文本预处理器（Hypertext Preprocessor，PHP）也将促进数据库产品应用。

✍ 讨论思考：

1）什么是数据、数据处理和数据库？
2）数据库系统与数据库管理系统的区别有哪些？
3）数据库技术的主要特点有哪些？其应用有哪些？
4）数据库系统的发展分为哪几个阶段？各有何特点？

1.2 数据模型及应用

计算机无法直接存储和处理现实世界中的具体事物，需要采用一个数据模型对事物特征信息进行描述、组织并将其转换成数据，然后按照一定的方式组织和处理。数据模型是数据处理的关键和基础，是对现实世界数据特征的抽象（模拟），数据库系统按照数据模型才能实现对数据的组织和处理。

1.2.1 数据模型的概念和类型

1. 数据模型的基本概念

计算机代替人的脑力劳动进行大量数据处理的方法很重要。数据模型是对现实世界的模拟，用于描述数据的组织、存储和操作。更将现实中具体事物及其之间的联系转换为计算机能够处理的数据，需要利用特定数据模型对这些事物特征进行抽象、描述和表示。现实世界中事物描述的信息转换成数据库数据，需要经过 3 个阶段：现实世界、信息世界和机器世界。其转换过程如图 1-6 所示。

图 1-6 数据抽象转换过程

1）现实世界。包括客观存在的现实世界中的事物（实体）及其联系。

2）信息世界。利用特定数据模型完成对现实世界事物的抽象描述（表示），即按用户的观点对信息和数据进行建模（概念模型—实体联系图）。

3）机器世界。主要描述数据在系统内部的表示方式和存储方法，在机器中的存储和存取方法是面向计算机系统的对数据最底层的抽象。

数据模型（Data Model）是数据结构和特征的抽象描述（表示）。用于对现实世界中的事物特征信息的抽象、表示和处理，DBMS 对数据的所有操作都是建立在某种数据模型基础上的。📖

2. 数据模型的组成要素

数据模型是对数据严格定义的一组结构、操作规则和约束的集合，描述了系统的静态特性、动态特性和完整性约束条件，数据模型由三要素组成：数据结构、数据操作和数据约束，如图 1-7 所示。

📖 知识拓展
数据模型与现实世界和机器世界的关系

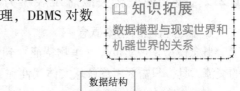

图 1-7 数据模型及三要素的关系

1）数据结构，是信息世界中的实体（事物）及其之间联系的表示方法，各种数据模型都规定一种数据结构（存取及处理数据），主要描述系统的静态特性，是所研究的对象类型的集合。其对象是数据库的组成部分，描述内容包括两类，一是与数据类型、内容、性质有关的对象，如关系模型（二维表结构）中的域、属性（列）和关系（数据表）；二是与数据之间联系有关的对象。

数据结构对于描述数据模型特性及构成极为重要。在数据库系统中，通常按照其数据结构的类型命名数据模型。如将层次结构、网状结构和关系结构的数据模型分别命名为层次模型、网状模型和关系模型。

2）数据操作，是对数据库中的各种对象（型）的实例（值）允许执行的操作的集合，包括操作及其有关规则。对数据库的操作（逻辑处理）实际是对具体数据模型规定的操作，包括操作符、含义和规则等，用于描述系统的动态特性。如数据查询操作的命令语句、功能含义和语法格式。

3）数据约束，也称为完整性约束，是一组数据约束条件规则（条件和要求）的集合。完整性规则是给定的数据模型中的数据及其联系所具有的制约和依存规则，用于限定符合数据模型的数据库状态及其变化，以保证数据处理的正确、有效。如开车一定要遵守交通规则。

3. 数据模型的类型

数据模型按应用层次可分成三类：概念数据模型、逻辑数据模型、物理数据模型。

1）概念模型（Conceptual Data Model）是概念数据模型的简称，也称信息模型，是对现实世界中问题域内事务（特性）的描述，是以数据库用户观点实现世界的模型（图形表示方式）。主要用于描述事物的概念化结构，使数据库的设计人员在设计的初期，避开计算机系统及 DBMS 具体技术问题，以图形化方式分析表示事物（实体）的数据特征（属性）及其之间的联系等，最常用的是实体联系模型（E-R 图），详见 1.2.2 小节。

2）逻辑模型（Logical Data Model）是逻辑数据模型的简称，是以计算机系统的观点对数据进行建模，是直接面向数据库的逻辑结构，是对客观现实世界的第二层抽象，是具体的 DBMS 所支持的数据模型，如网状模型、层次模型和关系模型（二维表结构）。逻辑模型既要面向用户又要面向系统，主要用于 DBMS 实现，是对概念模型的进一步分解和细化。逻辑模型描述系统"做什么"及执行顺序，详见 1.2.3 小节。

3）物理模型（Physical Data Model）是物理数据模型的简称，是对真实数据库的描述，数据库中的对象包括表、视图、字段、数据类型、长度、主键、外键、索引和默认值。概念模型中的对象转换成物理模型中的对象，如存储位置、结构、方式、方法或索引，同具体 DBMS、操作系统和硬件有关。逻辑模型的实现都有对应的物理模型。

1.2.2 概念模型相关概念及表示方法

1. 概念模型的基本概念

概念模型是现实世界（事物特征）到信息世界的第一层抽象，是数据库设计人员与用户之间的交流工具，只需要考虑领域实体属性和关系，要求语义表达能力强且简单清晰、易于理解。

（1）实体的有关概念

1）实体（Entity）是现实世界中可以相互区别的事物或活动。如一个学生、一门课程、一本书或一件商品。

2）实体集（Entity Set）是同一类实体的集合。如一个班级的全体同学或一批货物中的商品。

3）实体型（Entity Type）是对同类实体共同特征和性质的抽象表示。如学生（学号，姓名，性别，出生年月，所在院系，入学时间）。对于同一实体，根据人们的不同认识和需要，可能抽取出不同特征，从而定义出不同的实体型。

4）实体值（Entity Value）是符合实体型定义的某个具体实体的描述（取值）。

实体、实体集、实体型和实体值等概念有时很难区分，常统称为实体，可根据内容知其含义。

【案例1-4】大学教师的实体型可用（工号，系部编号，姓名，性别，年龄，职称，所在院系）表示，教师周凯的具体数据（A312，B3215，周凯，男，43，教授，信息学院网络工程）就是一个实体值，实体指的是现实世界中的具体对象（事物或活动）。在表1-1中，第一行规定了客户的实体型，从第2行开始各行是该实体型的取值。

表1-1　大学教师数据表

工号	系部编号	姓名	性别	年龄	职称	所在院系
A312	B3215	周凯	男	43	教授	信息学院网络工程
B236	A2013	杨涛	女	38	副教授	商学院对外贸易
E168	K4637	张晓东	男	41	教授	电气学院电气工程
M227	A5106	李立	男	39	副教授	机械学院机械工程
G145	P1678	王军	女	36	讲师	汽车学院实验室

（2）联系的有关概念

1）联系（Relationship）是指现实世界中事物（实体）内部以及事物之间的联系，如学生与课程之间的选课关系、学生与图书之间的借阅关系和学生之间的同学关系。

2）联系集（Relationship Set）是同类联系的集合。如一个班级同学的所有选课、学生与图书之间的所有借阅、某学生所有的同学或一次展销会上的全部订单。

3）联系型（Relationship Type）是对同类联系共有特征的抽象定义（抽象表示）。

4）联系值（Relationship Value）是对同类联系型定义的某个联系的具体描述（值）。

联系、联系集、联系型、联系值等概念也常统称为联系，只有研究具体联系时才分别讨论。

【案例1-5】对于学生"借阅"联系，联系型可以包括卡号、ISBN、是否续借、借书日期、还书日期等属性，其中卡号和ISBN分别对应"图书卡"实体和"图书"实体。表1-2中的第1行为借阅联系型，其后各行为借阅联系型的值（借阅记录）。

表1-2　学生图书借阅表

卡号	ISBN	是否续借	借书日期	还书日期
A312001	030474516	是	2019-04-08	2020-04-08
A312001	320412027	是	2019-04-08	2020-04-08
B236002	030471284	否	2019-02-13	2020-02-13
E168003	302283292	否	2019-04-12	2020-04-12
BX15236	040317015	是	2019-03-24	2020-03-24
BE16118	111496564	是	2019-04-25	2020-04-25

（3）属性、键和域

属性（Attribute）是描述实体或联系中的一种特征（性）。一个实体或联系通常具有多个（项）特征，需要用多个相应属性来描述。实体选择的属性由实际应用需要决定，并不唯一。如对于人事、财务部门都使用职工实体，但每个部门所涉及的属性不同，人事部门关心的是职工号、姓名、性别、出生日期、职务、职称、工龄等属性，财务部门关心的是职工号、姓名、基本工资、岗位津贴、内部津贴、交通补助等属性。

键（Key）或称码、关键字、关键码等，是区别实体的唯一标识。如学号、身份证号、工号、电话号码。一个实体可以具有多个键。如在职工实体中，若包含职工编号、身份证号、姓名、性别、年龄等属性，则职工编号和身份证号均可作为键。

实体（描述事物或活动的关系表）中用作键的属性称为主属性（Main Attribute），否则称为非主属性（Nonmain Attribute）。如在职工实体中，职工编号为主属性，其余为非主属性。

域（Domain）是一组具有相同数据类型的值的集合。实体中属性的取值范围往往来自某个域。如姓名的属性域为字符串（字符型数据），性别属性域为（男，女）。

（4）实体型之间联系分类

实体型之间联系按照联系中实体的个数可分为 3 种情况：两个实体型之间的联系、两个以上实体之间的联系和单个实体型内的联系。上述 3 种情况中，按照一个实体型中的实体个数与另一个实体型中的实体个数的对应关系，均可分类为一对一联系、一对多联系、多对多联系这 3 种类型。

1）一对一联系。若实体集 A 中的每一个实体，在实体集 B 中至多有一个（可没有）实体与之联系，反之亦然，则这两个实体集之间的联系被定义为一对一联系，简记为 1:1。一对一联系可以在两个实体之间，如企业集团与总经理之间具有一对一联系；也可以在同一实体之间，如学生之间的"报名考试"联系，可表示为考试科目（学号，身份证号）。

2）一对多联系。若实体集 A 的任一实体，在实体集 B 中有 n 个实体（n≥0）与之联系，反之，对实体集 B 中的任一实体，在实体集 A 中至多有一个实体与之联系，则这两个实体集之间的存在一对多联系，简记为 1:n。一对多联系可在两个或两个以上实体型之间，也可以在同一实体型之间，如企业和客户之间的联系为两个实体之间的一对多联系，在一个购物表中客户与商品之间的关系为同一实体内的一对多联系。

3）多对多联系。若实体集 A 的任一实体，在实体集 B 中有 n 个实体（n≥0）与之联系，反之，对实体集 B 中的任一实体，实体集 A 中也有 m 个实体（m≥0）与之联系，则这两个实体集之间存在多对多联系，简记为 m:n。

【案例 1-6】高校学生与所选课程之间为多对多联系，每个学生允许选修多门课程，每门课程允许由多个学生选修。表 1-3 为学生实体，表 1-4 为课程实体，图 1-8 为多对多选课联系。

表 1-3　学生数据表

学号	姓名	性别	专业
4051	马乐	男	财务管理
4052	周红	女	网络工程
4061	王凯	男	计算机
4062	刘丽	女	机械制造
4063	李涛	男	计算机
4071	张强	男	自动控制

表 1-4　课程数据表

课程号	课程名	学分
C001	数据库	6
C002	大学英语	5
C003	图像处理技术	4
C004	程序设计	3
C005	计算机网络	4

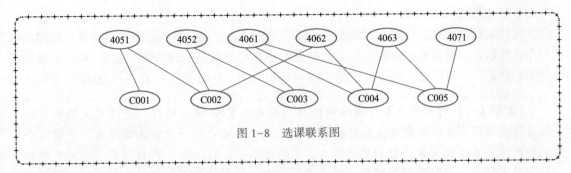

图 1-8　选课联系图

由图 1-8 可知每个学生选修的课程，以及每门课程由哪些学生所选修。

2. 概念模型及其表示方法

1976 年，由美籍华人 Peter Pin-Shan Chen 提出的实体联系模型（Entity Relationship model）也称 **E-R** 模型或 **E-R** 图（实体-联系方法），是描述现实世界中事物及其联系的概念模型，该模型提供了表示实体类型、属性和联系的方法，是数据库设计者与普通用户进行数据建模和交流沟通的有效工具，在应用软件研发等方面极为重要，其特点为简单易用、直观易懂。📖

> 📖 **知识拓展**
> E-R 模型的主要作用

（1）E-R 模型的构成要素

E-R 模型是一种用 E-R 图表示实体及其联系的方法，E-R 图包含 4 种基本元素：矩形、菱形、椭圆形和连接线。矩形□表示实体，矩形框内写上实体名；菱形◇表示联系，菱形框内写上联系名；椭圆形○表示属性，椭圆形框内写上属性名；连接线——表示实体、联系与属性之间的所属关系或实体与联系之间的相连关系。

（2）实体联系的 E-R 图表示

两个实体之间的 3 种联系包括：一对一、一对多和多对多，对应的 E-R 图如图 1-9 所示。为了表示的简洁性，每个实体并没有画出其属性及属性实体间的连接线。

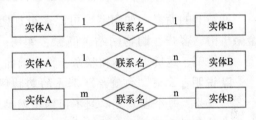

图 1-9　3 种联系的 E-R 图

若联系的两个实体均来自于同一个实体型，则对应的 E-R 图如图 1-10 所示。

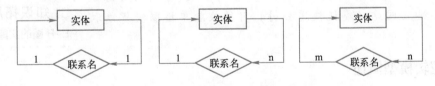

图 1-10　3 种联系的单实体的 E-R 图

实际上，经常出现多个实体相互联系的情况。如在客户网购中，涉及客户、购物网站和商品三者的关系，客户通过购物网站购买商品，其中每两个实体间都是多对多的联系。一个客户可以购买多种商品，每种商品可以销售给不同的客户；每个客户可以到不同购物网站购物，每个购物网站可以为不同的客户服务；每个购物网站可以出售多种商品，每种商品可由不同的购物网站销售。网购联系对应的 E-R 图如图 1-11 所示。

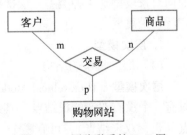

图 1-11　网购联系的 E-R 图

（3）E-R 模型应用案例

实际的数据库设计过程中，首先要进行需求分析，确定存储哪些数据、建立哪些应用和哪些操作；然后是根据需求分析所得到的数据进行更高层抽象，这时需要引入 E-R 图来描述实体之间的联系。下面以电子商务（网络购物）应用为例，介绍一下 E-R 图的用法。

【案例 1-7】对电子商务（网络购物）应用建立 E-R 图的过程。通过对某购物网站运营情况调研，可以及时对业务数据进行整理分析。客户的一次购物活动为：先到某个购物网站（加盟的商家）订购某种商品，得到商家开出的（电子）订货单；客户凭依据订货单上的"金额"到金融机构（网银等）交款，获得"交款"确认；客户凭此提醒商家发货，商家见到"交款"后发给快递公司提货单，快递公司凭提货单取货（库房）并送货。网购对应的 E-R 图如图 1-12 所示。

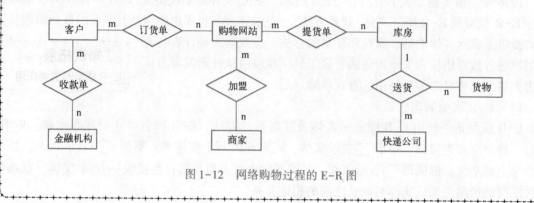

图 1-12 网络购物过程的 E-R 图

网站上的商家（如淘宝）可以通过加盟的多家购物网站进行运营，各购物网站需要涉及金融机构、客户、购物网站、商家、库房、快递公司、货物（商品）、收款单、订货单、加盟、提货单、送货等实体和联系，其中前面 7 个为实体，后面 5 个为联系。

💻 说明：上述"订货单"联系的购物网站和客户是多对多联系，每个购物网站可以为多个客户服务，每个客户可以到不同购物网站订购不同货物。"收款单"联系的客户和金融机构也是多对多联系，每个金融机构可以为多个客户服务，每个客户可以到不同金融机构交款。同样，"提货单"联系的购物网站和库房也是多对多联系，库房可为各网站服务，购物网站（委托快递公司）可凭收款单换取提货单取货。📖

📖 知识拓展
E-R 图的实际应用

1.2.3 逻辑模型概述

在实际应用中，数据库系统中最常用的逻辑数据模型有层次模型、网状模型、关系模型和面向对象模型这 4 种类型。层次模型是 20 世纪 60 年代最早出现的数据模型，关系模型应用最广泛、最重要。

1. 层次模型

（1）层次模型的结构

层次模型（Hierarchical Model）用树形结构表示现实世界中的实体及其之间的联系。有且只有一个没有双亲的根结点，其余结点为其子结点。除根结点外，每个结点有且仅有一个父结点（也称双亲结点），可有零个、一个或多个子结点，有零个子结点的结点被称为叶。每个结点表示一个记录类型，即概念模型中的一个实体型，每对结点的父子联系为一对多联系，只有一个子结点时表示一对一联系。描述企业组织结构的层次数据模型，如图 1-13 所示。企业集团为根结点，有多个分公司，分公司 1 有两个子结点（部门），部门 1 又有两个子结点（车间），车间是叶。

（2）层次模型的优缺点

层次模型的优点主要有：①当现世界中的实体之间的联系自然呈现为层次关系（一对多的联系）时，表示一对多时结构简单清晰。②层次结构查询效率高，主要原因是 DBMS 指针效率高。主要缺点表现在：表示多对多的联系时比较复杂；查询子结点时必须通过双亲结点，影响效率。由于现实世界中事物之间的联系更多地表现为非层次关系，用层次模型表示非树形结构很不方便，为了克服这一问题产生了网状模型。

2. 网状模型

（1）网状模型的结构

网状模型（Network Model）是对层次模型的扩展，允许一个以上的结点无双亲，同时也允许一个结点可以有多于一个的双亲。层次模型是网状模型中的一种最简单的情况。如图 1-14 所示是几个企业和生产零件的网状模型。

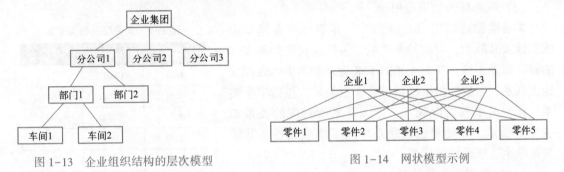

图 1-13 企业组织结构的层次模型　　　　图 1-14 网状模型示例

在网状模型中，父子结点联系同样隐含为一对多的联系，每个结点代表一种记录型，对应概念模型中的一种实体型。

（2）网状模型的优缺点

网状模型优点主要有：能比较直接地表示现实世界，如一个结点有多个双亲的情况；性能良好，有较高的存取效率。其主要缺点表现在：结构复杂，用户掌握困难；数据定义和数据操作需嵌入高级语言，用户掌握难度大。

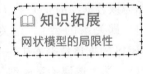
📖 知识拓展
网状模型的局限性

3. 关系模型

1970 年，美国 IBM 公司的研究员 E. F. Codd 首次提出了数据库系统的关系模型，开创了数据库关系方法和关系数据库理论的研究，为数据库技术的发展奠定了重要基础，因其杰出贡献，于 1981 年获得 ACM 图灵奖。

关系模型应用最广泛，关系型数据库管理系统（RDBMS）采用关系模型作为数据组织方式。

（1）关系模型的概念

关系模型（Relational model）的每个关系对应一张规范的二维表，其模型中的每个实体及其之间的联系都可直接转换为对应的二维表形式。每张二维表称为一个**关系**，其中关系的型由二维表的表头确定，除表头之外表中的每行（表体）称为**关系**的值。二维表中的每一行称为一个**元组**（或记录），二维表的每一列数据称为**属性**（或字段），给每一列起一个名称即属性名（或字段名）。

【案例1-8】数码商品的一个关系，如表1-5所示。该关系的型为（商品ID，商品名称，价格，品牌，型号，颜色，生产商，产地），关系的元组（行）数为5，关系的属性（列）数为8，其中第一列的属性名为"商品ID"。属性的取值范围称为属性的域，如价格属性的域为实型数，商品名称的域为字符型。

表1-5 数码商品一个关系示例

商品 ID	商品名称	价格	品牌	型号	颜色	生产商	产地
KB20160123	U 盘	108	闪迪	SDCZ48-064G-Z46	黑色	SanDisk	深圳
KB20141102	闪存卡	34.9	东芝	SDHC/SDXC UHS-1	蓝色	亘立科技	深圳
SJ20151230	手机	5568	苹果	iPhone 6s Plus	白色	苹果公司	美国
SJ20131009	手机	5288	三星	alaxy S6 Edge	黑色	深圳金冠	深圳
SM20160128	数码相机	1336	佳能	PowerShot SX610	红色	固武长商贸	上海

（2）联系的关系表应用

关系模型可以用"二维表"简单表示概念模型中的实体及其联系，对应某个关系，包括相联系的各实体的键。如表1-3、表1-4和图1-8表示的学生、课程及选课联系，对应的关系模型包含3个关系，包括学生关系、课程关系和选课联系，选课联系所对应的关系如表1-6所示，在此对选课联系增加了成绩属性，其语义是学生选修课程的成绩。

表1-6 选课联系的关系表

学号	课程号	成绩
4051	C001	78
4051	C002	64
4052	C002	96
4052	C003	78
4061	C003	75
4061	C004	82

*（3）数据库的元关系

在关系模型为数据库逻辑结构建立的数据库系统中，所有数据及其结构（关系定义）都以关系（二维表）的形式定义和保存。为了区别于一般的保存数据的关系，将保存关系定义的关系（结构）称为该数据库的元关系（元数据、系统数据、数据字典等），其提供了数据库中所有关系的模式（即关系的型）。元关系是在用户建立数据库应用系统时，由DBMS根据该数据库中每个关系的模式自动定义（保存数据表结构备用）。学生选课关系模型的元关系（结构），如表1-7所示。

📂 **特别理解**
序号、属性名和类型

表1-7 学生选课关系模型的元关系

序号	属性名	类型	长度	关系名	
1	学号	C	7	学生	…
2	姓名	C	10	学生	…
3	性别	C	2	学生	…
4	专业	C	12	学生	…
5	出生日期	T	8	学生	…
6	家庭住址	C	28	学生	…
7	课程代码	C	5	课程	…
8	系部编号	C	5	课程	…

（续）

序号	属性名	类型	长度	关系名	
9	学期	C	8	课程	…
10	课程名称	C	28	课程	…
11	课程类型	C	12	课程	…
12	学分	N	4	课程	…
13	学号	C	7	选课	…
14	课程代码	C	5	选课	…
15	成绩	N	4	选课	…

（4）关系模型中的查询和更新

在关系数据库中，进行业务数据的查询和更新运算非常方便，用户在每个关系（二维表）和相关的若干个关系上都可进行，相关关系是依靠关系之间共同使用的相同属性实现的（以键保持记录——对应），其相同属性被称为连接属性或关联属性。

> 📖 **知识拓展**
> 关系模型中的查询和更新

（5）关系模型的优缺点

关系数据模型的优点如下。

1）坚实的数学理论基础。关系模型与非关系模型不同，它建立在严格的数学概念基础之上。自从 E. F. Codd 首次提出了数据库系统的关系模型后，很多研究人员对该相关问题进行了具体研究，已经形成一系列完整的关系代数和集合论理论基础。

2）数据结构简单易懂，应用广。关系模型实体（事物）及其之间的联系都由关系（二维表）表示，既表示数据的存储，也表示数据之间的联系。从用户角度看，模型中数据的逻辑结构是一张二维表（结构），符合用户使用数据的习惯且直观便于实现，各关系（表）可作为一个文件保存，业务数据应用广泛。

3）数据存取路径对用户清晰明确，有较好的数据独立性和数据安全性，这种机制也简化了建立数据库和程序员的开发与维护工作。

4）查询与处理便捷。在关系模型中，数据的操作比非关系模型便捷，一次操作不只是一个记录（行），还可以是多行记录集合，特别是利用条件语句时，一次可操作所有满足条件的所有记录。

5）数据独立性高。在关系模型中，用户对数据的操作可以不涉及数据的物理（实际）存储位置，而只需给出数据所在的表、属性等有关数据自身特性，具有较高的数据独立性。

关系数据模型的缺点：一是查询效率低，关系型数据库管理系统 RDBMS 提供了较高的数据独立性和非过程化的查询功能，致使系统负载较重，直接影响查询速度和效率。二是 RDBMS 实现复杂，由于 RDBMS 效率较低，需对关系模型进行查询优化，其工作繁杂且实现难度较大。三是关系模型根本无法有效地处理复杂的特殊数据（如地理及图像或空间数据处理）。

> 📖 **知识拓展**
> 关系模型的局限性

> **【案例 1-9】** 关系模型在空间数据表示的局限性。空间数据是指面向地理学及其相关对象的数据，主要包括地球表面、地质、大气等数据，这些数据具有数据量庞大、数据对象复杂和空间数据模型复杂等特点，关系模型仅针对常用的简单对象，无法表示空间数据。

关系模型用单一的二维表结构很难实现对空间复杂对象的描述，无法有效地管理各种复杂的地理对象，为了解决空间数据存储与管理问题，产生了空间数据库或专用数据库。

*4. 面向对象模型

面向对象模型（Object-Oriented Model，OOM）是以面向对象方法描述实体的逻辑组织、对象间限制、联系等的模型。将客观事物（实体）都模型化为一个对象，每个对象有一个唯一标识。共享同样属性和方法集的所有对象构成一个对象类（简称类），而一个具体对象就是某类的一个实例。将面向对象建模能力和关系数据库功能结合，使面向对象的关系数据库技术成为一个研究方向。

（1）面向对象的基本思想

面向对象的基本思想：主要通过对问题域的自然分割，以更接近人的思维方式建立问题域的模型，并进行结构模拟和行为模拟，从而使设计的软件能尽可能地直接表现出问题的求解过程。

面向对象方法以接近人类思维方式的思想，将客观世界的实体模型化为对象。每一种对象都有各自的内部状态和运动规律，不同对象之间相互作用和联系构成各种不同的系统，万物一切皆对象。其基本方法是将系统工程中的模块和构件视为问题空间的一个（类）对象。

（2）面向对象方法的基本特性及技术

在"面向对象程序设计"等课程中，已经介绍过面向对象方法等相关概念。面向对象方法的特性，主要包括抽象性、封装性、继承性和多态性等。面向对象数据模型的核心技术，主要包括分类、概括、聚集、联合和消息。

> 📖 知识拓展
> 面向对象的特性及核心技术

5. 4 种模型的比较

为了更清晰的了解以上 4 种模型，下面从发展历史、数据结构、数据联系等方面进行比较，见表 1-8。

表 1-8　逻辑数据模型的比较

比较项	层次模型	网状模型	关系模型	面向对象模型
产生时间	1968 年 IBM 公司的 IMS 系统	1971 年通过 CODASYLR 提出的 DBTG 报告	1970 年 E. F. Codd 提出关系模型	20 世纪 80 年代
数据结构	树状结构	有向图	二维表	对象
数据联系	指针	指针	实体间的公共属性值	对象标识
语言类型	过程性语言	过程性语言	非过程性语言	面向对象语言
典型产品	IMS	IDS/II、IMAGE/3000、IDMS，TOTAL	SQL Server、DB2、Oracle	ONTOS DB

🖋 讨论思考：

1）什么是数据模型？数据模型的组成要素是什么？

2）E-R 图基本构件有哪些？E-R 图在信息系统项目中起到的作用是什么？

3）数据模型的种类有哪些？它们各自有什么特点？

1.3　数据库系统的组成和类型

1.3.1　数据库系统的组成

在前面介绍过，数据库系统（DBS）是具有数据库功能特点的应用系统。一个典型的数据库系统组成包括数据库、数据库管理系统（DBMS）、应用系统和用户 4 个部分，如图 1-15 所示。其中，用户（User）主要是指开发、管理和使用数据库的人员，包括数据库管理员（Database Administrator，DBA）、系统分析员、数据库设计人员、应用程序员和终端用户等。在不至于混淆的情况下，通常将数据库系统简称为数据库。

🖥 说明：少数文献将"广义的"数据库系统组成分为数据库、DBMS、软件、硬件和用户 5 个主要部分。

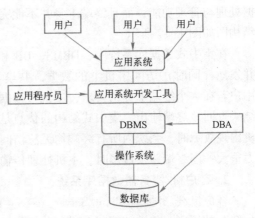

图 1-15　数据库系统组成

数据库管理系统（DBMS）是数据库系统的核心。DBMS 提供数据定义（建立）、组织存储、管理、控制、数据操作和数据维护等功能，同时为业务数据处理应用系统开发人员和最终用户提供相应的技术支持，具体请见 1.5 节中的介绍。

数据库技术实现了数据的独立和共享，使应用系统可以更便捷地处理数据与操作，主要通过操作系统和数据库管理系统统一管理控制相关文件及存取调用、应用程序与数据之间的操作，应用程序不再直接调用数据文件，数据库阶段应用程序与数据之间关系如图 1-16 所示。

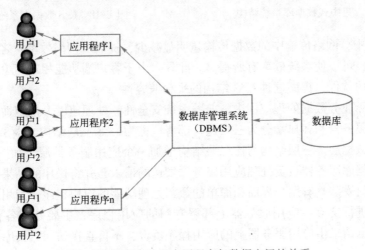

图 1-16　数据库阶段应用程序与数据之间的关系

1.3.2　数据库系统的类型

数据库系统的类型可以从不同的角度进行划分。根据数据库系统的部署位置不同可分为集中式、客户机/服务器式、分布式和并行式 4 种；根据用户数量分类，可分为单用户和多用户；根据用途和使用范围分类可分为数据仓库或决策支持等类型。下面重点介绍第一种分类方式。

1. 集中式数据库系统

集中式数据库系统（Centralized Database Systems）是指数据库中的数据和数据处理集中在一台计算机（称为主机）上完成，其他用户可使用终端设备访问数据库，其中终端不具有数据处理与管理功能，而且终端本身并不能完成任何操作，所有数据操作都由主机完成。其拓扑结构图如图 1-17 所示。

在集中式数据库系统中，DBMS、DB 和应用程序都集中部署在一台主机上。用户通过终端并发地（同时）访问主机上的数据，共享其中的数据，所有处理数据的工作都由主机完成。用户若在一个终端上提出要求，主机可根据用户的要求访问数据库，并对数据进行处理，再将结果发回该终端输出。集中式结构的优点是功能简单、容易实现、数据安全性高。其缺点是主机出现故障时，系统内所有终端均无法访问数据库，而且系统容错性低；终端到主机的通信压力很大；当终端并发过多时，主机处理传输效率较慢。

2. 客户机/服务器数据库系统

客户机/服务器（Client/Server，C/S）结构的关键是采用"功能分解"的原则，将功能或任务进行分解，一些功能由客户机完成，另一些功能由服务器执行。客户端完成本地个性化处理，并向服务器发送请求，同时显示服务器返回的数据结果；服务器端负责处理公共任务的部分。C/S 数据库系统的网络拓扑结构如图 1-18 所示。

> 📖 **知识拓展**
> C/S 结构与其优缺点

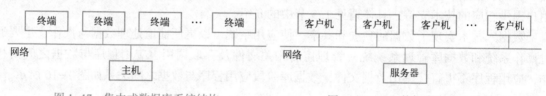

图 1-17　集中式数据库系统结构　　　　图 1-18　C/S 数据库系统的结构

在 C/S 结构中，网络传输中的数据传输量明显减少，提高了网络效率；客户端参与处理提高了硬件的利用，可以使系统效率有所提高。此外，由于客户端功能相对简单，可以开发适用于不同系统平台的软件，提高这种 C/S 结构的平台兼容性。

在大量的实际业务数据处理应用中，兼顾系统安全性、处理速度、稳定性和健壮性，通常将数据库、应用服务器和客户端分为三层进行部署，称为 C/S 三层结构。C/S 三层结构包括表示层、应用层和数据层。三层结构与比二层结构增加一个应用服务器层，如图 1-19 所示。在三层结构中，数据库服务器负责处理应用服务器发送的请求，并将操作的结果传送给应用服务器；客户机通常只安装具有用户界面和简单的数据处理功能的应用程序，为用户提供人机界面并与应用服务器进行交互；应用服务器上部署专门的应用程序，主要处理各种复杂的业务逻辑。客户端的数据请求由应用服务器上的应用程序负责，不再直接访问数据库，从而也提高了数据的安全性。

三层 C/S 结构的优点为：扩展性强，各层分工明确，其中任何一层的变动不会影响其他层；客户机功能更简洁，开发和管理工作集中在应用服务器端。需要指出的是，这种方式增加了业务分层和开发工作量，不适合小的应用系统建设。

> 📖 **知识拓展**
> 三层 C/S 结构的主要优点

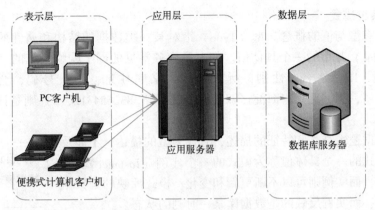

表示层   应用层   数据层

PC客户机

便携式计算机客户机

应用服务器

数据库服务器

图 1-19   三层 C/S 体系结构图

3. 分布式数据库系统

分布式数据库系统（Distributed Database Systems）的主要特点在 1.1.3 节中已经介绍过，其数据最显著特点是"逻辑整体性和物理存储分布性"。即通过计算机网络和专门的分布式管理软件，将在物理上分布在各个场地的数据库形成一个逻辑上的整体数据库，用户在使用该数据库时感觉不到数据场地的分散性，如同使用一个统一的本地数据库一样。在实际应用中，分布式数据库通常应用在大型跨国或跨地区的企事业机构。

4. 并行式数据库系统

随着各种网络技术的快速发展和普及，各种应用业务需要处理的数据剧增。对于大部分企业，数据规模已达到 TB 级，传统数据库系统存在固有的 I/O 和 CPU 瓶颈问题，导致一般的服务器无法满足数据存取的需求，特别是一些事物型数据库的数据读取要每秒处理数千万个以上的请求。集中式 DBS 和 C/S 式 DBS 都无法应付这种情况，只有并行技术与数据库结合才可以解决这类问题。📖

📖 知识拓展
数据容量及单位换算

并行式数据库系统（Parallel Database Systems）是新一代高性能的数据库系统，是在并行处理机（MPP）和集群并行计算环境的基础上建立的数据库系统。是并行处理技术与数据库技术结合的产物。并行数据库的特点：①高性能。通过将数据库在多个磁盘上分布存储，利用多个处理机对磁盘数据进行并行处理，解决磁盘 I/O 传输拥塞问题，更好地提高处理效率；②高可用性。通过数据复制增强数据库的可用性，当一个磁盘损坏时，该数据在其他磁盘上的副本仍可供使用；③可扩充性。当数据库遇到性能和容量瓶颈问题时，可以通过增加处理器和存储设备等方式扩展性能。

1.4 数据库的模式结构

数据模式是对数据库中全体数据逻辑结构和特征的描述，具有相对稳定性，而数据库中的数据则是不断变化的。通常，从数据库管理系统角度看，数据库系统内部的结构分为三级模式结构，并提供了二级映像（转换），基于相对稳定的数据模式便于实现数据的独立性。

1.4.1 数据库的三级模式结构

在数据库系统中，整体数据的逻辑结构及存储结构因业务等需要可能发生更新和变化，用户不适应熟悉的网站等局部数据的逻辑结构经常变更。DBMS 运行环境可能有所不同，内部数据的存储结构及所用的语言各异，数据常用三级模式结构。

1. 数据库系统模式

数据模型中有型与值的概念。型（Type）指对某一类数据的结构和属性的描述（如同实体型），值（Value）是型的一个具体值。如电子商务常见的网上购物系统的"会员"信息的记录型为（会员ID，姓名，性别，所在地区，家庭住址，手机号码，会员等级），而（BJ0444516，赵明，男，北京，海淀区双清路102号，3832654312，2）则是该记录型的一个具体记录值。

模式是对数据逻辑结构和特征的描述，它仅为型的描述，不涉及其具体的值。模式的一个具体值称为模式的一个实例（Instance）。模式是相对稳定的，而实例则可以不断更新和变化。模式反映的是数据的结构及其联系，而实例反映的是数据库某一时刻的状态。

> 📖 **知识拓展**
> 数据模式（结构）与实例

2. 数据库的三级模式结构

为了有效地组织、管理数据，提高数据系统的逻辑独立性和物理独立性，数据库采用公认的三级模式结构来组织和管理数据。数据库系统的三级模式结构包括外模式、模式（概念模式）和内模式，分别代表了观察数据库的3个不同角度。在这三级模式之间还提供了外模式/模式映像、模式/内模式二级映像，保证数据的逻辑和物理独立性。数据库系统的三级模式结构如图1-20所示。

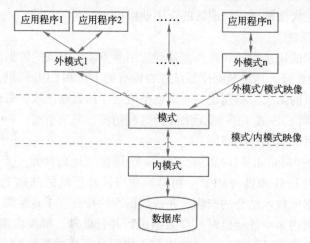

图1-20 数据库系统的三级模式结构

（1）外模式（External Schema）

外模式也称子模式（Subschema）或用户模式，是局部数据的逻辑结构和特征的描述。外模式是模式的子集，一个数据库可以有多个外模式，是各个用户的数据视图（不同用户通过终端查看网站或应用界面等）。外模式是数据库安全的一个有力保障措施，每个用户只能访问与外模式中对应的数据。通常情况下，DBMS提供外模式的数据定义语言（DDL）来描述外模式。

（2）模式（Schema）

模式也称逻辑模式（Logic Schema）、概念模式（Conceptual Schema）或概念视图，是数据库中所有数据的逻辑结构和特征的描述，是用户的公共数据视图，是数据库系统模式结构的中间层，与硬件和软件环境无关。一个数据库只有一个模式，是数据的逻辑表示，即描述数据库中存储具体的数据及其之间存在的联系。DBMS提供模式的数据定义语言（DDL）来描述模式。

（3）内模式（Internal Schema）

内模式也称存储模式（Storage Schema），是数据物理结构和存储方式的描述，是数据在数据库内部的表达方式，对应于实际存储在外存储介质上的数据库。如记录的存储方式、位置、是否检索与顺序存储，数据是否压缩存储与加密等。一个数据库只有一个内模式。DBMS 提供内模式的数据定义语言（DDL）来描述内模式。

三级模式结构是数据库公认的标准结构，是数据库实现数据逻辑独立性和物理独立性的基础。具体来说，将外模式和模式分开来保证数据的逻辑独立性；将模式和内模式分开来实现数据的物理独立性。📖

> 📖 知识拓展
> 逻辑独立性和物理独立性

三级模式结构的优点，主要有以下 3 点。

1）有利于数据的安全性。不同的用户在各自的外模式（视图只读模式）下根据要求操作数据，只能对限定的数据进行操作，提高了数据的安全性。

2）有利于数据共享，减少数据冗余。外模式机制的引入，同一数据可针对不同的应用定义（确定）多个外模式，提高了数据的共享性，减少了数据冗余。

3）简化用户接口。按照外模式编写应用程序或输入命令，无须了解数据库的全局逻辑结构和内部的存储结构，方便用户使用系统。

1.4.2　数据库的二级映像

在数据库系统三级模式结构的基础上，DBMS 在三级模式之间提供了二级映像（外模式/模式映像和模式/内模式映像）（对应转换），以保证数据物理独立性和逻辑独立性。

1. 外模式/模式映像

外模式/模式映像定义了外模式和模式之间的对应关系。外模式描述数据的局部逻辑结构，模式描述数据的全局逻辑结构。数据库中的同一模式可以有多个外模式（不同查看视图），对于每个外模式，都存在一个外模式/模式映像。

映像是指外模式和模式之间的对应关系。这些映像确定了数据的局部逻辑结构与全局逻辑结构之间的对应关系。当模式改变时（如增加新关系（数据表）、新属性（列）等），由数据库管理系统对某个外模式/模式映像作相应改变，可保证外模式不变。应用程序根据数据的外模式编写，外模式不变时应用程序则无须修改，保证了数据的逻辑独立性（数据与程序之间的逻辑独立性）。

2. 模式/内模式映像

模式/内模式映像定义了数据的全局逻辑结构与存储结构之间的对应关系。数据库中的模式和内模式都只有一个，因此模式/内模式映像也是唯一的。应用程序依赖于数据的外模式，与数据的模式和存储结构独立，当数据库的存储结构发生变化时，只需要数据库管理员对模式/内模式的映像做相应改变，可以使模式保持不变，从而保证用户程序无须改变，保证了数据的物理独立性。

数据与应用程序之间相互独立，可使数据的定义、描述和存取等问题与应用程序进行分离，更好地实现数据共享且冗余少。此外，由于数据的存取由 DBMS 实现，用户不必考虑存取路径等问题，可以简化很多应用程序的设计与编写，也极大地减少了应用程序的维护、管理和修改。

1.5 数据库管理系统概述

1.5.1 数据库管理系统的模块组成

在上述 1.1.2 节中，已介绍过数据库管理系统（DBMS）的概念，是对数据库及数据进行统一管理和控制的系统软件。DBMS 是一个复杂的软件系统，由许多模块组成。由于 DBMS 的用途、版本及复杂程度各异，其程序不尽相同，按程序实现的功能 DBMS 可以分为 4 部分。📖

📖 知识拓展
按模块结构分 DBMS 组成

1）语言编译处理程序，主要包括数据定义语言（Data Definition Language，DDL）、数据操作语言（Data Manipulation Language，DML）、数据控制语言（Data Control Language，DCL）和事务管理语言（Transact Management Language，TML）功能及其编译程序。

2）系统运行控制程序，主要包括系统总控程序、安全性控制程序、完整性控制程序、并发控制程序、数据存取和更新程序，以及通信控制程序。

3）系统建立与维护程序，主要包括装配程序、重组程序和系统恢复程序。

4）数据字典，对于用户为一组只读的表，其内容包括数据库中所有模式对象特征的描述信息，如表、视图及索引等；还包括来自用户的信息、系统状态信息和数据库的统计信息等。🗁

🗁 特别理解
数据字典的基本概念

1.5.2 数据库管理系统的主要功能和机制

1. DBMS 的主要功能

在计算机系统中，对数据的管理是通过 DBMS 和数据库实现的。其主要功能如下。

1）数据定义（建立）功能，主要通过 DBMS 的数据定义语言（DDL）提供，主要定义数据库及其组成元素的结构。用户利用 DDL 可以方便地对数据库中的相关内容进行定义，如对数据库、基本表、视图和索引进行定义。

2）数据操作（操纵）功能，主要是通过 DBMS 的数据操作语言（DML）进行提供。用户可用 DML 实现对数据库的基本操作，如对数据库中数据进行查询、插入、删除和修改等。个别文献称为数据操纵语言，并将数据查询语言（Data Query Language，DQL）单列。

3）事务与运行管理是 DBMS 的核心功能。DBMS 提供了数据控制语言（DCL）、事务管理语言（TML）和系统运行控制程序等，在数据库的建立、运行和维护时，可由 DBMS 统一管理和控制具体事务的操作与运行，并保证数据的安全性、完整性、多用户对数据并发使用及意外时的系统恢复。

4）组织、管理和存储数据。DBMS 可对各种数据进行分类组织、管理和存储，包括用户数据、数据字典、数据存取路径等。确定文件结构种类、存取方式（索引查找、顺序查找等）和数据的组织，实现数据之间的联系等，提高了存储空间的利用率和存取效率。

5）数据库的建立和维护功能。数据库的建立是指数据的载入、存储、重组与恢复等。数据库的维护是指数据库及其组成元素的结构修改、数据备份等。数据库的建立和维护主要包括数据库初始数据的输入、转换，数据库的转储与恢复，数据库的重新组织功能、性能监视、分析功能等。上述功能可利用相关的应用程序或管理工具实现。

6）DBMS 的其他功能，主要包括 DBMS 同其他软件系统的数据通信功能，不同 DBMS 或文件系统的数据转换功能，不同数据库之间的互访和互操作功能等。

2. DBMS 的工作机制

DBMS 的工作机制是将用户对数据的操作转化为对系统存储文件的操作，有效地实现数据库三级模式结构之间的转化。通过 DBMS 可以进行数据库及数据的定义和建立、数据库和数据的操作（输入、查询、修改、删除、统计、输出等）与管理，以及数据库的控制与维护、故障恢复和交互通信等。📖

> 📖 **知识拓展**
> DBMS 基于数据模型

1.5.3 数据库管理系统的工作模式

DBMS 是数据库系统的核心和关键，用于统一管理控制数据库系统中的各种操作，包括数据定义、查询、更新及各种管理与控制。如定义（建立）、操作（处理）、管理与维护数据库和数据，以及数据库的备份与恢复等。DBMS 的工作模式示意图，如图 1-21 所示。

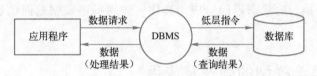

图 1-21 DBMS 的工作模式示意图

DBMS 的查询操作工作模式如下。

1）接收应用程序（用户）的数据请求和处理请求。

2）将用户的查询数据请求（高级指令）转换成复杂的低层指令。

3）低层指令实现对数据库的具体操作。

4）接收数据库操作得到的查询结果。

5）对查询结果进行处理，包括相应的格式转换。

6）将处理结果返回给用户（终端）。

【**案例 1-10**】 利用 DBMS 查询示例图。为了使读者对数据库系统工作有一个更具体深入的了解，下面以一个查询 select 操作为例，演示该命令执行的主要步骤，其执行过程如图 1-22 所示。

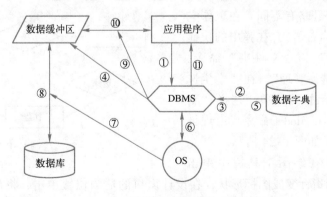

图 1-22 用户访问数据的过程

DBMS 是数据库系统的核心，需要借助操作系统对数据进行统一管理和控制。

① 当用户执行应用程序，查询一条数据库记录时，就会向 DBMS 发出查询 select 命令。

② DBMS 接到命令后，首先对命令进行语法检查。语法检查通过后，对其进行语义检查和存取权限检查。

③ DBMS 对查询（对象：数据库、数据表、数据，以及结构、格式和位置等）进行优化。

④ DBMS 在数据缓冲区中查找记录，如果找到则转到步骤⑨；否则，转到步骤⑤。

⑤ DBMS 与数据字典进行交互，得到数据存储模式信息。

⑥ DBMS 向操作系统发出读取记录命令。

⑦ 操作系统接到 DBMS 的文件读取指令后，读取相应文件。

⑧ 操作系统将读取到的数据送到数据缓冲区。

⑨ DBMS 导出用户所要的数据。

⑩ 应用程序将缓存区的数据传送到终端。

⑪ DBMS 将命令执行的状态返回给应用程序，应用程序根据返回状态判断命令执行是否成功。

1.6 实验 1 概念模型的画法及应用

1.6.1 实验目的

1）掌握使用 Power Designer 建模工具绘制 E-R 图。

2）学会使用 Power Designer 建模工具生成物理模型图。

3）理解使用建模工具生成 SQL Server 数据库对应的 SQL 脚本。

1.6.2 实验内容及步骤

使用 Power Designer 绘制概念模型 E-R 图，绘制 E-R 图的步骤如下。

1）下载、安装、启动 Power Designer（简称 PD）工具软件。

2）新建概念模型图。概念模型图类似于在上述课程中介绍的 E-R 图（如图 1-23 所示），只是模型符号略有不同。在工作空间中单击右键（简称右击），在弹出的快捷菜单中选择"新增"→"文件夹"命令，然后更名为"学生选课管理"。在"学生选课管理"上右击弹出快捷菜单，选择"新增"→Conceptual Data Model 命令，出现创建概念模型图界面，如图 1-24 所示。

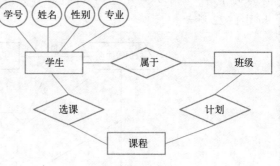

图 1-23　绘制 E-R 图示例

3）添加实体。在绘图工具栏中单击"实体"按钮，鼠标指针变成图标形状，在设计窗口的适当位置单击，将出现一个实体符号，在绘图窗口的空白区域右击，使得指针变为正常的箭头形状。然后选中该实体并双击，打开实体属性窗口。其中 General 选项卡中主要选项的含义为：①Name 为实体名，常用中文。②Code 为实体代号，一般为英文。③Comment 为注释，输入对此实体更加详细的说明。

4）添加属性。不同标准的 E-R 图中使用椭圆表示属性，在 Power Designer 中添加属性只需打开 Attributes（属性）选项卡，如图 1-25 所示。

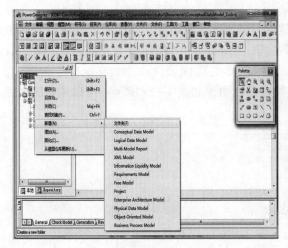

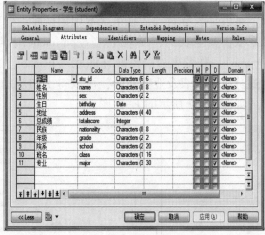

图 1-24　创建概念模型图界面　　　　　　图 1-25　Attributes（属性）选项卡

5）添加实体之间的关系。同理，添加课程实体，并添加相应的属性。

可以通过自行操作完成练习。添加上述两个实体之间的关系，如果两个实体间是多对多的关系，建立关系的方法有两种：一种是从绘图工具栏中单击 Relationship（关系）按钮，直接建立多对多关系；第二种是先添加 Association 联系对象，再通过两个实体分别与联系对象通过 Association Link 按钮建立关系，可在 Association 联系对象上添加额外的属性。

在绘图工具栏中单击 Relationship（关系）按钮。单击第一个实体"学生"，按住鼠标左键并拖拽到第二个实体"课程"上，然后释放左键，建立一个默认关系。选中图中定义的关系，双击打开 Relationship Properties（关系属性）对话框。在 General 选项卡中定义关系的常规属性，修改关系名称和代号。

两个实体间的映射基数需要在 Details 选项卡中详细定义。假定一个学生可以有多门课程的成绩。

6）单击"保存"按钮，保存为"学生选课概念模型图"，文件扩展名默认为"＊.cdm"。

7）检查概念模型。选择 Tool（工具）→Check Model 命令，出现检查窗口。单击"确定"按钮后出现检查结果。如果有错误，将在 Result List 中出现错误列表，用户可根据这些错误提示信息进行改正，直到出现 0-error(s) 信息。

8）生成物理模型图。绘出概念模型图并经过项目组和客户讨论后，可进一步选择具体的数据库，生成物理模型图。选择 Tool（工具）→Generate Physical Data Model 命令，出现 PDM Generation Options 窗口。单击"保存"按钮，保存为 teachingSystem，扩展名默认为"＊.pdm"。

9）生成 SQL 数据库脚本。选择 Database→Generate Database 命令，在弹出的对话框中输入 SQL 脚本文件名，单击"确定"按钮，将自动生成对应数据库的 SQL 脚本。

　　说明：生成的 SQL Sever 脚本只有建表语句，无建库语句（需要人工添加）。验证由 PowerDesigner 生成的 SQL Sever 脚本是否可行，可先在 SQL Server 2019 中建立一个数据库，然后单击"新建查询"，将脚本语句复制到新建查询窗口中，选择刚建立的数据库，单击"执行"，即可建立数据库。

1.6.3 实验应用练习

某大学教务管理信息系统常用数据库进行建模，共有 6 个数据表，其中 4 个实体表和两个联系表，实体表为：学院表（department）、学生表（student）、教师表（teacher）、课程表（course）；联系表为：教师开课表（teacher_course）、学生选课表（student_teacher_course）。通过分析数据表及业务功能，可以得出初步的数据模型图，如图 1-26 所示。可以用 PD 软件完成如图 1-27 所示的 E-R 图。

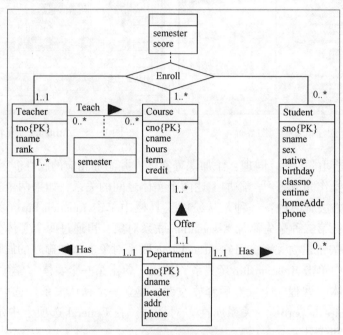

图 1-26　某高校教务系统数据模型图

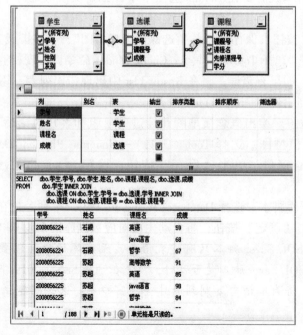

图 1-27　学生-选课-课程的 E-R 图

利用上述方法建立学院（department）、学生（student）、教师（teacher）、课程（course）4 个实体 Entity 对象，以及教师开课（teacher_course）和学生选课（student_teacher_course）两个联系 Association 对象。

具体要求包括添加每个实体的属性，然后添加各个实体之间的关系，绘制完毕后对概念模型图进行检查，选择 SQL Server 数据库生成物理模型图。最后生成 SQL Sever 对应的 SQL 脚本。建立好一个数据库，验证 SQL 脚本的正确性。

在实验过程中需要注意：PowerDesigner 建模工具的使用方法，正确添加每个实体及其属性，正确建立各个实体之间的关系。学生应在教师的指导、检查和帮助下按时完成上机任务。

1.7　本章小结

本章讲述了数据、数据处理、数据库、数据库系统和数据库管理系统等相关的基本概念，数据库技术相关的基本内容和主要实际应用，数据库系统的数据模型、组成、结构和数据库管理系统等，其中，数据库管理系统是数据库系统的核心和关键。

数据库系统的特点：对数据统一管理与控制且采取统一的标准，数据整体结构化，数据高共享、低冗余、易扩充，数据独立性高且程序维护便利，数据的完整性和安全性高，保证数据一致性等。通过对数据库系统的发展和趋势的简介，概述了数据库技术的产生和发展，说明了各阶段数据库系统的特点。

数据模型是研究数据库的重要基础。本章介绍了组成数据模型的三个要素和概念模型。概念模型也称信息模型，用于信息世界的建模，E-R 模型是这类模型的典型代表，E-R 模型简单、清晰，应用十分广泛。

在数据库系统中，数据具有三级模式结构的特点，由外模式、模式内模式组成。三级模式结构使数据库中的数据具有较高的逻辑独立性和物理独立性。一个数据库系统中只有一个模式和一个内模式，但可以有多个外模式。内模式是唯一的，而每一个外模式都有自己的外模式/模式映像。在此基础上，介绍了数据库管理系统的工作机制、主要功能和组成，概述了概念模型与数据模型及其实际应用与画法。

1.8　练习与实践 1

1. 单选题

（1）数据库（DataBase，DB）是存储在计算机上的（　　）相关数据集合。
　　A. 结构化的　　　　　　　　　B. 特定业务
　　C. 具体文件　　　　　　　　　D. 其他
（2）反映现实世界中实体及实体间联系的信息模型是（　　）。
　　A. 关系模型　　　　　　　　　B. 实体联系（E-R）模型
　　C. 网状模型　　　　　　　　　D. 层次模型
（3）学生实体（型）与选课实体（型）之间具有的联系是（　　）联系。
　　A. 一对一　　　　　　　　　　B. 一对多
　　C. 多对多　　　　　　　　　　D. 多对一

(4) 数据管理技术经历了 4 个发展阶段，其中数据独立性最高的是（　　　）阶段。

    A. 程序管理　　　　　　　　　B. 文件系统

    C. 人工管理　　　　　　　　　D. 数据库系统

(5) 应用数据库技术的主要目的是为了（　　　）。

    A. 解决数据保密问题　　　　　B. 解决数据完整性问题

    C. 解决数据共享问题　　　　　D. 解决数据管理的问题

(6) 在数据库管理系统中，（　　　）不是数据库存取的功能模块。

    A. 事务管理程序模块　　　　　B. 数据更新程序模块

    C. 交互式程序查询模块　　　　D. 查询处理程序模块

2. 填空题

(1) 数据处理（Data Processing）是对数据 ＿＿＿＿＿＿＿＿ 的过程。

(2) 数据库管理系统 DBMS 按程序实现的功能可分为以下 4 部分：语言编译处理程序、系统运行控制程序、＿＿＿＿＿＿＿＿和数据字典。

(3) 树状结构中表示实体类型及实体间联系的数据模型称为＿＿＿＿＿＿＿＿。

(4) 关系模型是一种简单的 ＿＿＿＿＿＿＿＿＿＿＿＿ 结构。

(5) 面向对象方法具有抽象性、封装性、＿＿＿＿＿＿＿＿＿＿＿等特性。

(6) 数据库系统外部的体系结构分为集中式、并行式、分布式和＿＿＿＿＿＿4 种。

3. 简答题

(1) 数据管理技术的发展经历了哪几个阶段？简述各个阶段的主要特征。

(2) 什么是信息？什么是数据？简述两者之间的联系及区别。

(3) 什么是数据处理？什么是数据管理？两者之间的区别是什么？

(4) 什么是 DB？什么是 DBMS？什么是 DBS？简述三者之间的联系。

(5) 概述数据库系统的结构及特点。

(6) 分布式数据库系统和面向对象数据库系统各有哪些特点？

(7) DBMS 的组成及功能有哪些？

(8) 什么是数据模型？数据模型有哪几种？简述几种数据模型之间的联系及区别。

(9) 什么是实体联系（E-R）模型？简述实体（型）之间的基本联系类型。

(10) 什么是元组、属性和属性名？请举例说明。

(11) 什么是数据管理？与数据处理有何区别？

(12) 数据库系统与数据库管理系统的区别有哪些？

(13) 数据库技术的主要特点有哪些？

(14) 什么是 C/S 系统的一般结构？试画图表示。

(15) 什么是数据模式？请举例说明。

(16) 什么是数据库系统的三级模式结构？并画图表示。

(17) 什么是概念模型？E-R 模型的基本构件有哪些？

4. 实践题

(1) 通过调研了解数据库技术的重要作用，并了解 DBA 应具备的素质和能力。

(2) 现有关于班级、学生、课程的信息如下。

描述班级的属性有：班级号、班级所在专业、入校年份、班级人数、班长的学号；

描述学生的属性有：学号、姓名、性别、年龄；

描述课程的属性有：课程号、课程名、学分。

假设每个班有若干个学生，每个学生只能属于一个班，学生可选修多门课程，每个学生选修的每门课程有一个成绩记录。试根据语义，画出其 E-R 模型。

（3）上题中再加入实体集教师和活动小组。

描述教师的属性有：教师号、姓名、职称、专业；

描述活动小组的属性有：活动小组名称、成立时间、负责人姓名、会费。

假设每门课程由多位教师讲授，每位教师可讲授多门课程；每个学生可加入多个活动小组。试根据语义，画出班级、学生、课程、教师和活动小组之间的 E-R 模型。

第 2 章　关系数据库基础

进入 21 世纪现代信息化社会，信息技术的快速发展和广泛应用，促使移动互联、大数据、云计算和信息安全成为影响人类生存和发展的重要因素。关系数据库作为应用最为广泛的各种业务数据存储与处理的一种信息化技术已经成为热门技术。关系数据库基本理论知识对于深入学习和运用数据库技术极为重要。💻

```
💻 教学目标
  ● 掌握关系数据模型及关系数据库的基本概念
  ● 掌握关系模型的完整性规则及用法
  ● 学会运用常用的关系运算解决实际问题
  ● 了解关系演算和查询优化的基本方法及过程
  ● 掌握常量、变量、函数和表达式的概念和用法
```

2.1　关系模型概述

```
【案例 2-1】关系模型的应用最广泛。关系型数据库系统主要是利用关系型数据库管理系统 RDBMS 为核心统一管理控制各种业务数据的处理，关系型数据库在实际业务中应用最广泛，极大地推动了商业、金融、交通运输、物流、办公等各领域或行业大量业务数据的处理。
```

2.1.1　关系模型的基本概念

关系模型是近几十年最重要和应用最广泛的数据库模型，大型数据库管理系统 SQL Server、Oracle、DB2 和 Sybase 等都是基于关系模型设计研发的，其数据结构直观、简洁，可统一用一张二维表来表示现实世界中的实体（事物）及其之间的联系。

1. 关系及关系模型常用概念

为了后续更好地掌握数据库技术，下面对关系模型中常用的重要概念逐一进行介绍。

1）关系。关系是一张二维表（简称为表），表示数据的逻辑结构，将现实世界中实体（事物）之间的联系归结（转化）为简单的二维关系，其中，表中的每一行代表一个记录（元组），每一列代表一个属性（其属性值称为域），可以用下面更一般的形式定义。

常用 $R(D_1, D_2, \cdots, D_n)$ 表示 $D_1 \times D_2 \times \cdots \times D_n$ 的子集域 $D_1, D_2, \cdots, D_n$ 上的关系，其中 R 表示关系名，n 是关系的目或度（列数）。

2）记录和属性。在关系模型中，二维表（关系）中的行称为记录（或元组）。二维表的列称为属性。每个属性对应表中一个字段，属性名即字段名，属性值为各行字段值。

3）域。域（Domain）是一组具有相同数据类型值的集合。用域表示属性的取值范围，属性 A 的域可以用 DOM(A) 表示，每个属性对应一个域，不同的属性可以具有相同的域。

【案例2-2】不同域应用示例。D1 = {百分制成绩 X，1≤X≤100} 表示百分制成绩的集合。D2 = {男，女} 表示性别集合。D3 = {企业职工}，表示企业 18~60 岁在职职工（特殊情况延迟退休等除外）的集合。

4）关系模型。关系模型（Relation Model）是指以二维表结构表示的实体关系，用键表示实体间联系的数据模型，其中键唯一标识一个记录，并且键可以是单一属性或属性的组合。

关系模型的组成包括关系数据结构、关系操作和关系完整性约束三部分。关系模型是关系数据库的构建基础，所有关系数据库都支持关系模型。在关系模型中，无论实体还是实体之间的联系均为二维表结构，每个关系对应一张二维表，如学生实体由学生关系表示。

【案例2-3】高校学生数据表。高校学生数据表包含的主要信息为：学号、姓名、性别、专业、出生日期和家庭地址。表头表示关系型，从第二行开始以下各行都是这个关系型的实例（记录），如表2-1所示。

表 2-1　高校学生数据表

学号	姓名	性别	专业	出生日期	家庭地址
BX15120	赵一	男	网络工程	1996-03-26	上海市杨浦区南京路 23 号
BX15236	周二	女	对外贸易	1995-10-08	大连市西岗区人民路 17 号
BE16118	张三	男	电气工程	1995-09-09	北京市海淀区人大路 13 号
BE16227	李四	男	机械工程	1996-07-09	北京市石景山区阜石路 115 号
BG16245	王五	女	软件技术	1995-10-09	北京市海淀区黄庄路 56 号

5）元数和基数。元数是指关系（二维表）中属性（列）的个数。基数是指记录（行）的个数。表2-1的关系的元数和基数分别为 6 和 5。

2. 键、主键和外键

键也称为码，在关系中由唯一可标识记录的属性或属性组构成，如学生的学号，公民的身份证号或（学号，姓名）等。

1）候选键。若关系表中的某一属性或属性组的值可唯一确定一个记录，则称该属性或属性组为候选码。

2）主键。主键（primary key）是在候选键中选定一个键作为记录标识。一般情况下，若不加以说明，键均指主键（码），如果关系中有多个候选键，可取其中一个作为该关系的主键，主键不允许为空值（没有取值），如商品（订单号，商品名称，商品编号，价格）的主键可以选"订单号"，也可以选（订单号，商品名称）。

3）外键。外键指若在关系 R 中包含另一个关系 S 的主键所对应的属性或属性组 K，则称 K 为 R 的外键（码）。如对于商品（订单号，商品名称，商品编号，价格），其中的"商品编号"就是"商品"关系的外键。

🔔注意：外键是另一个关系的主键，而并非本关系的主键。关系数据库的表间关系需要借助外键建立关联，实现记录一一对应（避免出现差错）。此外，外键需要满足外键约束条件，即外键为空值或是另外一个关系已存记录的主键。

关系模型中主键和外键为现实世界中实体之间的联系建立了桥梁。基本关系 R 称为参照关系，基本关系 S 称为被参照关系或目标关系。📁

2.1.2　关系的类型和性质

关系有 3 种类型：基本关系（或称基本表或表）、查询表和视图表。基本表是实际存在的表，是实际存储数据的"二维表"。查询表是查询结果对应的表（可能是部分数据）。视图表是由基本表或其他视图表导出的表，是虚表，不对应实际存储的数据。

关系（表）具有以下几条基本性质。📖

1）关系中的列（属性/字段）是同质的（Homogeneous），即每一列中的数据项（属性值/字段值）是同一种类型，即要求同列同类同域。

2）关系中属性（列）必须是原子值，即每个属性（列）都必须是不可再分的数据项。关系模型要求关系必须规范化，即要求关系必须满足必要的规范条件。这些规范条件中最基本的一条是：关系的每一个分量必须是一个不可再分的数据项（属性值/字段值）。

3）任何两行不能完全相同。如果完全相同则表明记录存在重复，会造成不一致或错误，因此要保证实体的唯一性和完整性。如一次存款只能有一条记录。

4）任何两列不能同名。不同的列可以来自同一域，即列值的类型可以相同。

5）关系中的行（记录）不分先后顺序，任意两行记录的次序可以交换。如存款记录与先后办理的顺序无关。

【案例 2-4】高校学生数据表。高校学生数据表主要包含以下数据项：学号、姓名、性别、专业、出生日期（年、月、日）（不规范）和家庭地址。表头表示关系型，从第二行开始都是一个关系型的实例，如表 2-2 所示。

表 2-2　学生数据表

学号	姓名	性别	专业	出生日期			家庭地址
				年	月	日	
BX15120	赵一	男	网络工程	1996	03	26	上海市杨浦区南京路 23 号
BX15236	周二	女	对外贸易	1995	10	08	大连市西岗区人民路 17 号
BE16118	张三	男	电气工程	1995	09	09	北京市海淀区人大路 16 号
BE16227	李四	男	机械工程	1996	07	09	北京市石景山区阜石路 115 号
BG16245	王五	女	软件技信	1995	10	09	北京市海淀区黄庄路 56 号

对比【案例 2-3】和【案例 2-4】学生数据表的"出生日期"属性的设计，【案例 2-3】中"出生日期"使用一个日期类型的数据进行存储，该属性不可分，而【案例 2-4】中属性"出生日期"再分为年、月、日 3 个部分（不是原子的），导致属性"出生日期"不符合关系分量规范，是一种不合适且不规范的关系数据库设计，将直接影响数据处理。

2.1.3　关系模式的表示

关系模式（Relation schema）是对关系结构特征的描述，可形式化地表示为：

$$R(U, D, DOM, F)$$

其中，R 为关系名，U 为组成该关系的属性（列）名集合，D 为属性组 U 中属性取值的域，DOM 为属性域的映像（对应）集合，F 为属性之间数据的依赖关系集合。

通常，关系模式可以简记为 $R(U)$ 或 $R(A_1, A_2, \cdots, A_n)$，其中 R 为关系名，$A_1, A_2, \cdots, A_n$ 为属性名。例如，学生关系的关系模式（二维表）可表示为（另一种表示形式）：

学生(学号, 姓名, 性别, 专业, 出生日期, 家庭地址)

关系模式主要描述（确定）两方面的内容。

1）关系模式指明关系（表）的结构（型），即构成的属性（列）及其域（具体关系数据库中常为属性的数据类型和长度），以及属性与域之间的映射（对应）关系。

2）关系模式应说明属性间的相互关联关系和属性本身的约束条件。通过两个示例进行说明。如，男性职工年龄小于等于 60 岁（实行延迟退休的特殊情况除外）。又如，百分制成绩必须在 0~100 之间。对于属性间的相互关联关系具体表现为一个表的主键同其外键（另外表的主键），详见 2.2.2 节中的介绍。

> 📂 **特别理解**
> 关系数据库的型与值

2.1.4　由 E-R 图向关系模型的转换

1. 转换规则

E-R 图组成三要素包括实体、实体的属性和实体间的联系，而关系模型是用二维表表示现实世界中实体之间的联系，即关系模式集合，所以将 E-R 图转换为关系模型（表），就是将 E-R 图转换成关系模式集合的过程。实体类型和二元联系类型的转换规则如下。

1）实体转换关系规则。将每一个实体转换成一个关系模式时，实体的属性就是关系的属性，实体的标识符就是关系的键，如【案例 2-3】中的学生信息实体的学号为关系模式中的键。

2）二元联系类型的转换规则如下。①若实体间的联系为一对一（1:1），则将两个实体类型转换成两个关系模式的过程中，任选一个属性或属性组在其中加入另一个关系模式的键和联系类型的属性。②若实体间的联系是一对多（1:n），则在多的一端实体的关系模式中，加上一的一端实体类型的键和联系类型的属性。③若实体间的联系是多对多（m:n），则将联系类型也转换为关系模式，其属性为两端实体类型的键加上联系类型的属性，而键为两端实体键的组合。

2. 转换方法

1）一对一联系的转换方法。

对于一对一（1:1）、一对多（1:n）和多对多（m:n）3 种情况的两个实体（事物）联系转换为关系（二维表）的方法，可以通过应用实例分别介绍。

> 【案例 2-5】每个学生只有一个身份证，每个身份证只属于一个学生，学生和身份证之间的关系为一对一关系。学生与身份证实体关系图如图 2-1 所示。在学生端加入身份证号作为联系属性在两者之间建立一对一关系。
>
> 学生（学号，身份证号，姓名，性别，专业，出生日期，家庭地址），其中学号为主键（PK），身份证号为外键（FK）关联到关系身份证。
>
> 身份证（身份证号，签发机关，有效期始，有效期止），身份证号为主键。

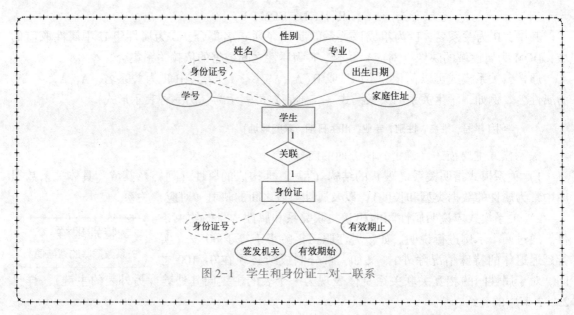

图 2-1　学生和身份证一对一联系

2）一对多联系的转换方法。📖

方法一：可以将联系与多的一端实体（事务）所对应的关系模式合并，并加一端实体的主键和联系的属性，组成新的关系（表）的属性（列）。

方法二：可以将联系转换为一个独立关系模式，其属性包含联系自身的属性以及相连接的两端实体的主键，组成新的关系（表）的属性（列）。

📖 知识拓展
数据表与属性的命名规范

【案例 2-6】商品订单和订单项之间的一对多关系。每一个商品订单包含一个或多个订单项，同时，一个或多个订单项组成一个订单。订单和订单项的关系定义如下。订单和订单项的 E-R 图如图 2-2 所示。

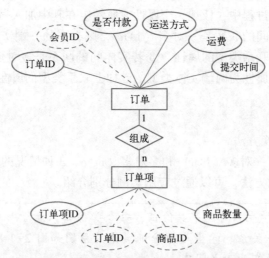

图 2-2　订单与订单项一对多联系

订单表（订单 ID，会员 ID，是否付款，运送方式，运费，提交时间）。

订单项表（订单项 ID，订单 ID，商品 ID，商品数量）。

3）多对多联系的转换方法。

对于实体之间是多对多的联系情况，各个实体可以直接转换为关系模式，联系则独立转换为一个关系模式，其属性包括联系自身的属性和相连各实体的主键。

【案例 2-7】高校学生选课联系。一个学生可以选多门课程，一门课程可被多个学生选修，学生与课程是多对多联系。将学生和课程实体转换为相应的独立关系模式，同时选课联系转换为一个单独关系模式。其 E-R 图如图 2-3 所示。具体关系模式如下。

学生(学号,身份证号,姓名,性别,专业,出生日期,家庭地址),其中学号为主键(PK)。

课程(课程代码,系部编号,学期,课程名称,课程类型,学分),其中课程代码为主键。

学生选课(学号,课程代码,成绩),学号和课程代码为组合主键,学号、课程代码为外键。

图 2-3　学生选课关系多对多 E-R 图

讨论思考:

1）什么是关系模式？它的形式化表示是什么？

2）关系应该具有哪些性质？

2.2　关系模型的完整性

关系模型的完整性规则是指对关系的某种约束条件，即关系的值在变化时应满足的一些规定条件，是关系操作在数据不断更新时应遵守的规则，用于保证数据的正确相容性。

在关系模型中主要有 3 类完整性约束，即实体完整性、参照完整性和用户定义的完整性，其中前两个约束称为关系的不变性，是关系模型必须满足的完整性约束条件，由系统自动实现。用户定义的完整性是业务应用时需要遵循的规则，由实际应用条件确定。

2.2.1　实体完整性

实体完整性（Entity Integrity）规则。如果属性 A（单一属性或属性组）是基本关系 R 的主属性，则属性 A 不能取空值。

由于主键是记录的唯一标识（调用的指定位置），如果主属性为空将导致记录不可区分，这与实体的定义矛盾。例如，学生数据表的"学号"不能为空，如果为空则表明学生不存在，后续的学生选课和学生选课成绩就无从谈起。

实体完整性要求每个关系（二维表）有且仅有一个主键，而且每个主键的值必须唯一，不能为空值或重复，以确保数据操作的正确、完整、可靠。📖

> 📖 **知识拓展**
> 实体的完整性规则

2.2.2 参照完整性

现实世界中的某些实体（事务）之间具有一定的联系，在关系模型中实体及其之间的联系可用关系表示。如用户查询数据时经常需要关系（数据表）之间的关联或引用，即多表间的数据选取及调用。在关系数据库中，多表之间的关联或引用需要将一个表中的主键作为另一个表中的外键，确保数据一一对应，如学生表中的"学号"为主键，是选课表的外键。

参照完整性（Referencial Integrity）形式化的定义：如果 F 是关系 R 的一个或一组属性，但不是 R 的键，K 是关系 S 的主键。若 F 与主键 K 相对应，则称 F 是关系 R 的外键（Foreign Key）。并称关系 R 为参照关系（Referencing Relation），关系 S 为被参照关系（Referenced Relation）或目标关系（Target Relation）。

参照完整性体现在两方面：实现多表之间的联系，外键的取值必须是另一表的主键的有效值或空值。

☐ **注意**：在实际应用中，外键不一定与对应主键同名。在关系模式中，主键常用下画线标出，外键常用波浪线标出。此外，外键值是否允许为空，应视具体问题而定。如外键是主键中的属性即主属性，则不能取空值。

参照完整性规则是外键和主键之间的引用规则。若属性或属性组 F 是关系 R 的外键，F 与关系 S 的主键 K 相对应（关系 R 和 S 不一定是不同关系），则对于 R 中每个记录在 F 上的值为空，或等于 S 中某个记录的主键。

> **【案例 2-8】** 高校学生实体和专业实体之间的联系。学生（学号，身份证号，姓名，性别，专业编号，出生日期，家庭地址），其中学号为主键（PK）。专业（专业编号，专业名称）其中专业编号为主键（PK）同时是"学生"关系的外键。

学生和专业两个关系存在属性的引用，即学生关系引用了专业关系的主键"专业编号"，此处学生关系中的"专业编号"的取值需要参照专业关系中的"专业编号"，即对学生关系中"专业编号"的取值或为空值（表明学生还没分配专业），或取某个具体值。例如，在插入数据时，关系数据库中 DBMS 负责验证外键是否合法，并决定是否插入该记录。

> **【案例 2-9】** 企业职员数据表。职员（职员编号，姓名，性别，民族，出生年月，所在部门，籍贯，政治面貌，家庭地址，联系电话，主管）。职员关系中，"职员编号"为主键，"主管"属性表示该员工主管的编号，它引用了本关系"职员编号"，因为主管也是职员中有一员，只是职位不同。所以职员关系中主管必须是"职员编号"（列/字段）中的某个值，或者为空值（表示尚未分配主管）。

2.2.3 用户定义的完整性

关系数据库系统除了必须满足实体完整性和参照完整性之外，还需要遵循特定应用领域的约束条件（实际应用要求），保证数据在规定的范围内取值。用户定义的完整性（User-defined Integrity）是指针对某一具体关系数据库的约束条件，是某一具体实际应用所涉及的数据必须满足的语义要求。例如，学生百分制成绩取值范围为 0~100。

用户定义的完整性是对数据表中字段属性的约束（要求），包括属性的值域、类型、宽度和小数点位数等约束，是由确定关系结构时所定义字段的属性决定的。例如，在客户申请银行卡时，银行会对身份证进行合法验证，要求身份证字段长度为 18 位。

🖋 讨论思考：

1）在关系模型中具体有哪 3 类完整性约束？
2）关系模型中为什么必须满足实体完整性和参照完整性？
3）试举例说明用户定义的完整性。

2.3 常用的关系运算

在实际应用中，数据查询是最常用的操作。关系代数是一种抽象的查询语言，是以集合运算为基础，以关系（表）为运算对象的高级运算。关系运算具有三大要素，即运算对象、运算符和运算结果。关系代数的运算对象和运算结果都是关系。

2.3.1 关系运算种类和运算符

1. 关系运算的种类

关系运算的种类可分为两类，即传统的关系运算和专门的关系运算。传统的关系运算将关系（表）作为集合，而且对"水平"方向（行）进行运算，而专门的关系运算不仅涉及行还涉及列。

（1）传统的关系运算

传统的关系运算主要使用传统的集合运算方法，将关系（数据表）作为行（记录）的集合，从关系（表）的行方向进行（集合）运算，常用的是两个关系的运算。

传统的集合运算可以实现的基本操作如下。

1）并运算。在数据库中，可以实现对指定数据的插入和添加操作。
2）差运算。在数据库中，可以实现对指定数据记录的删除操作。
3）差并结合。修改数据的操作，由先删除（差）后插入（并）两个操作实现。

（2）专门的关系运算

专门的关系运算是针对关系数据库专门设计的，不仅涉及关系（表）的行（记录），也涉及关系的列（属性）。利用比较运算符和逻辑运算符可以实现辅助专门的关系运算符操作。有时还需要对关系（表）本身进行运算，如果需要显示表中某列的值，就需要利用关系的专门运算中的"投影"。

2. 关系运算符

关系运算符有 4 类，即集合运算符、专门的关系运算符、（算术）比较运算符和逻辑运算符。具体的使用方法将在后面章节结合应用案例进行介绍。

1）集合运算符：∪（并运算）、−（差运算）、∩（交运算）、×（笛卡儿积）。
2）专门的关系运算符：σ（选择）、π（投影），⋈（连接）、÷（除）。

3）（算术）比较运算符：>（大于）、≥（大于等于）、<（小于）、≤（小于等于）、=（等于）、≠（不等于）。

4）逻辑运算符：¬（非）、∧（与）、∨（并）。

2.3.2 传统的关系运算

实际上，传统的关系运算可以归纳为集合运算，即对两个关系的集合运算，传统的关系运算主要包括4种，即并、差、交和广义笛卡儿积。

1. 并运算

设关系R和关系S具有相同的n目（属性/列），且相应的属性取自同一个域，则关系R和关系S的并（Union）由属于R或属S的行（记录）组成。其结果关系的目仍为n，记为R∪S。形式化定义为

$$R \cup S = \{t \mid t \in R \lor t \in S\}$$

其中，t表示关系R或S中的记录，即关系R或S中的行。

🔔 注意：R∪S的结果集合是R中记录和S中记录合并在一起构成的一个新关系，特别要指出的是，合并后的结果必须要去除重复记录。

【案例2-10】已知关系R和关系S如表2-3和表2-4所示，计算出关系R和关系S的并R∪S，其计算结果如表2-5所示。

表2-3 关系R

学号	姓名	出生日期
1403070101	张皖平	1996-03-08
1403070102	吴雨潇	1995-06-09
1403070103	周鑫	1996-08-08

表2-4 关系S

学号	姓名	出生日期
1403070104	张华	1995-04-08
1403070102	吴雨潇	1995-06-09
1403070105	周平	1995-09-08

表2-5 R∪S结果

学号	姓名	出生日期
1403070101	张皖平	1996-03-08
1403070102	吴雨潇	1995-06-09
1403070103	周鑫	1996-08-08
1403070104	张华	1995-04-08
1403070105	周平	1995-09-08

2. 差运算

设关系R和关系S具有相同的n目（列/属性），且相应的属性取自同一个域，则关系R和关系S的差（Difference）由属于R且不属于S的记录组成。其结果关系的目数仍为n，记为R-S。形式化定义为

$$R-S = \{t \mid t \in R \land t \notin S\}$$

其中，t表示属于R且不属于（差掉）S的所有记录。

【案例2-11】已知关系R和关系S如表2-3和表2-4所示，求关系R和S的差R-S，其计算结果如表2-6所示。

表2-6 关系R-S

学号	姓名	出生日期
1403070101	张皖平	1996-03-08
1403070103	周鑫	1996-08-08

3. 交运算

设关系 R 和关系 S 具有相同的 n 目（列/属性），且相应的属性取自同一个域，则关系 R 和关系 S 的交（Intersection）由属于 R 且属于 S 的记录组成。其结果关系的属性数仍为 n，记为 R∩S。形式化定义为

$$R∩S = \{t\mid t \in R \wedge t \in S\}$$

其中，t 为同时属于关系 R 和 S 中的所有记录，即关系 R 且 S 中行的公共部分。📖

【案例 2-12】已知关系 R 和关系 S，如表 2-3 和表 2-4 所示，计算关系 R 和 S 的交 R∩S，其计算结果如表 2-7 所示。

表 2-7　关系 R∩S

学号	姓名	出生日期
1403070102	吴雨潇	1995-06-09

4. 广义笛卡儿积

设关系 R 和关系 S 的目（列/属性）分别为 r 及 s。关系 R 和 S 的广义笛卡儿积（Extended Cartesian）R×S 是一个（r+s）目的记录集合（新关系有 r+s 列），每个记录前 r 个分量（属性值）来自关系 R 的一个记录，后 s 个分量是关系 S 的一个记录。关系 R 和关系 S 的笛卡儿积记为 R×S，其形式化定义为

$$R×S = \{t \mid t=<t^r, t^s> \wedge t^r \in R \wedge t^s \in S\}$$

🖥 说明：t^r、t^s 中 r，s 为上标，分别表示 r 个分量和 s 个分量。若关系 R 的基数（行数）k_1，关系 S 的基数为 k_2，则关系 R 和关系 S 的笛卡儿积的基数为 $k_1 \times k_2$。

【案例 2-13】已知关系 R 和关系 S 如表 2-4 和表 2-8 所示，求关系 R 和 S 的广义笛卡儿积 R×S，具体的结果如表 2-9 所示。

表 2-8　关系 S

学号	课程号	成绩
1403070101	C001	85
1403070103	C002	90

表 2-9　关系 R×S

R 学号	姓名	出生日期	S 学号	课程号	成绩
1403070104	张华	1995-04-08	1403070101	C001	85
1403070104	张华	1995-04-08	1403070103	C002	90
1403070102	吴雨潇	1995-06-09	1403070101	C001	85
1403070102	吴雨潇	1995-06-09	1403070103	C002	90
1403070105	周平	1995-09-08	1403070101	C001	85
1403070105	周平	1995-09-08	1403070103	C002	90

💬 注意：关系 R 和关系 S 中有相同的属性名"学号"，在计算结果中为了区分，需要在其属性名前标注上相应的关系名，如 R.学号和 S.学号。

在实际应用中，单独的笛卡儿积本身没有具体实际意义和用途，只有在两表连接时加上限制条件，才会起到正确处理有效数据的作用。

2.3.3 专门的关系运算

专门的关系运算有 4 种：选择运算、投影运算、连接运算和除运算。其中，选择运算可以在多表中选取符合满足条件的记录并构成新关系（表）；投影运算可选取记录中指定的属性（列）构成新关系；连接运算可选取符合条件的记录串联（连接）成新关系；除运算可选取象集符合条件的记录的多个属性（列）构成新关系。

1. 选择运算

选择（Selection）运算也称限制（Restriction），是对关系（表）进行水平（行）分割，也可以理解为对数据表（记录）水平方向（行）的选取。选择是在表中选取符合指定条件的记录，记为 $\sigma_F(R)$。其中，σ 为选择运算符，F 表示选择条件，F 通常是一个逻辑表达式，其取值为逻辑值"真"（成立）或"假"（不成立）。$\sigma_F(R)$ 表示从 R 中选取满足条件 F 的记录（行）所构成的新关系，形式化定义为

$$\sigma_F(R) = \{t \mid t \in R \wedge F(t) = \text{true}\}$$

逻辑表达式 F 的基本形式为：$X\theta Y$，其中，θ 表示比较运算，可以是 >、⩾、<、⩽、=、≠。X 和 Y 为属性名，或为常量，或为简单函数，属性名可以用其序号来替代。在基本的选择条件中可以进一步进行逻辑运算，包括非（¬）、与（∧）、或（∨）运算。

【案例 2-14】在商品数据表中，如表 2-10 所示，查询出所有产地为"深圳"的商品信息。在商品数据表中，进行选择运算 $\sigma_{产地='深圳'}$ 或 $\sigma_8='深圳'$，其结果如表 2-11 所示。

表 2-10 商品数据表

商品 ID	商品名称	价格/元	品牌	型号	颜色	生产商	产地
KB20160123	U 盘	108	闪迪	SDCZ48-064G-Z46	黑色	SanDisk	深圳
KB20141102	闪存卡	34.9	东芝	SDHC/SDXC UHS-1	蓝色	亘立科技	深圳
SJ20151230	手机	5568	苹果	iPhone 6s Plus	白色	苹果公司	美国
SJ20131009	手机	5288	三星	alaxy S6 Edge	黑色	深圳金冠	深圳
SM20160128	数码相机	1336	佳能	PowerShot SX610	红色	固武长商贸	上海

表 2-11 产地为"深圳"选择结果

商品 ID	商品名称	价格/元	品牌	型号	颜色	生产商	产地
KB20160123	U 盘	108	闪迪	SDCZ48-064G-Z46	黑色	SanDisk	深圳
KB20141102	闪存卡	34.9	东芝	SDHC/SDXC UHS-1	蓝色	亘立科技	深圳
SJ20131009	手机	5288	三星	alaxy S6 Edge	黑色	深圳金冠	深圳

【案例 2-15】查询商品价格低于 500 元的商品信息。在商品数据表中，选择运算 $\sigma_{价格}<500$ 或 $\sigma_3<500$，其结果如表 2-12 所示。

表 2-12 价格低于 500 元选择运算结果

商品 ID	商品名称	价格/元	品牌	型号	颜色	生产商	产地
KB20160123	U 盘	108	闪迪	SDCZ48-064G-Z46	黑色	SanDisk	深圳
KB20141102	闪存卡	34.9	东芝	SDHC/SDXC UHS-1	蓝色	亘立科技	深圳

2. 投影运算

投影（Projection）运算是对关系（表）进行垂直分割，即对关系的列方向进行筛选。

投影运算是在一个关系中选取某些属性或列，并重新排列属性的顺序，再删掉重复记录后构成的新关系，是对二维表进行垂直分割，记为 $\pi_A(R)$，其中，π 为投影运算符，A 为关系 R 中的属性列。投影运算的形式化定义为

$$\pi_A(R)=\{t[A]\mid t\in R\}📖$$

【案例 2-16】已知商品数据表如 2-10 所示，查询商品的产地信息。

投影运算 $\pi_{产地}$(商品信息表) 或 π_8(商品信息表) 的结果如表 2-13 所示。

表 2-13 投影"产地"运算结果

产地
深圳
美国
上海

【案例 2-17】已知商品数据表如 2-10 所示，查询商品的名称和价格信息。

投影 $\pi_{商品名称,价格}$(商品信息表) 或 $\pi_{2,3}$(商品信息表) 的结果如表 2-14 所示。

表 2-14 投影"商品名称"和"价格"运算结果

商品名称	价格/元
U 盘	108
闪存卡	34.9
手机	5568
手机	5288
数码相机	1336

3. 连接运算

连接（Join）运算也称为 θ 连接，是从两个关系的广义笛卡儿积中选取属性间满足一定条件的记录。形式化定义为

$$R\underset{A\theta B}{\bowtie}S=\{t_r\hat{t}_s\mid t_r\in R\wedge t_s\in S\wedge t_r[A]\theta t_s[B]\}$$

其中，A 和 B 分别为关系 R 和关系 S 上目数相同且可比的属性组。θ 为比较运算符。连接运算从 R 和 S 的笛卡儿积 R×S 中选取 R 关系在 A 属性组上的值与 S 关系在 B 属性组上值满足比较关系 θ 的记录。

连接运算中有两种最常用的连接，即等值连接（Equijoin）和自然连接（Natural Join）。

1）等值连接是指 θ 为"="的连接运算。等值连接从关系 R 和关系 S 的广义笛卡儿积中选取 A 与 B 属性（列）相等的记录，即等值连接为

$$R\underset{A=B}{\bowtie}S=\{t_r\hat{t}_s\mid t_r\in R\wedge t_s\in S\wedge t_r[A]=t_s[B]\}$$

2）自然连接是一种特殊的等值连接。要求两个关系中进行比较的分量（属性值/数据项）必须是相同的属性组，并且在结果中把重复的属性列去掉。如果关系 R 和 S 具有相同的属性组 B，则自然连接可记为

$$R\bowtie S=\{t_r\hat{t}_s\mid t_r\in R\wedge t_s\in S\wedge t_r[B]=t_s[B]\}$$

🔔 注意：通常连接操作是从行的角度进行运算。而自然连接还需要取消重复列（常为后面的列），所以是同时从行和列的角度进行的运算。

【案例 2-18】 设有两个关系 R 和关系 S，分别如表 2-15 和表 2-16 所示，求 $R \bowtie_{C<E} S$、$R \bowtie_{R.B=S.B} S$ 和 $R \bowtie S$，结果如表 2-17~表 2-19 所示。

表 2-15 关系 R

A	B	C
a1	b1	5
a1	b2	8
a2	b3	7
a2	b4	10

表 2-16 关系 S

B	E
b1	2
b2	7
b3	9
b4	8
b5	2

表 2-17 关系 $R \bowtie_{C<E} S$

A	R.B	C	S.B	E
a1	b1	5	b2	7
a1	b1	5	b3	9
a1	b1	5	b4	8
a1	b2	8	b3	9
a2	b3	7	b3	9
a2	b3	7	b4	8

表 2-18 $R \bowtie_{R.B=S.B} S$

A	R.B	C	S.B	E
a1	b1	5	b1	2
a1	b2	8	b2	7
a2	b3	7	b3	9
a2	b4	10	b4	8

表 2-19 $R \bowtie S$

A	B	C	E
a1	b1	5	2
a1	b2	8	7
a2	b3	7	9
a2	b4	10	8

自然连接与等值连接的主要区别如下。

1) 等值连接中相等的属性可以是相同属性，也可以是不同属性，而自然连接中相等的属性必须是相同的属性。

2) 自然连接连接结果必须去除重复属性，而等值连接的结果不需要去除重复属性。

3) 自然连接用于有公共属性的情况。若两个关系没有公共属性，则它们不能进行自然连接，而等值连接无此要求。自然连接常用于多表数据调用。

4. 除运算

给定关系 R(X,Y) 和 S(Y,Z)，其中 X、Y、Z 为属性组。R 中的 Y 与 S 中的 Y 可以有不同的属性名，但必须出自相同的域集。

R 与 S 的除运算（Division）得到一个新的关系 P(X)，P 是 R 中满足下列条件的记录在 X 属性列上的投影：记录在 X 上分量值 x 的象集 Y_x 包含 S 在 Y 上投影的集合。记作

$$R \div S = \{ t_r[X] \mid t_r \in R \land \pi_Y(S) \subseteq Y_x \}$$

其中 Y_x 为 x 在 R 中的象集，$x = t_r[X]$。

除运算通常是从关系的行和列的角度进行操作。

除运算的计算过程可按下列过程进行。

1）将被除关系的属性分为象集属性和结果属性两部分，与除关系相同的属性归于象集，不相同的属性归于结果集。

2）在除关系中，在与被除关系相同的属性（象集属性）上投影，得到除目标数据集。

3）将被除关系分组结果属性值相同的记录分为一组。

4）观察每个组，若它的象集属性值中包括除目标数据集，则对应的结果属性值应该属于除法运算结果集，并去掉与原被除关系相同的分组。

【案例 2-19】（源自：数据库系统工程师 2005 年 5 月试题 44），已知关系 R（表 2-20）和关系 S（表 2-21），求 R÷S。

表 2-20 关系 R

A	B	C	D
2	1	a	c
2	2	a	d
3	2	b	d
3	2	b	c
2	1	b	d

表 2-21 关系 S

C	D	E
a	c	5
a	c	2
b	d	6

具体除运算的计算过程：

1）关系 R 中属性组 A、B 的取值为{(2,1),(2,2),(3,2)}，其中，(2,1)的象集为{(a,c),(b,d)}，(2,2)的象集为{(a,d)}，(3,2)的象集为{(b,d),(b,c)}。

2）关系 S 在属性组 C、D 上的投影为{(a,c),(b,d)}。

3）找出全部属性组 A、B 象集包含关系 S 属性组 C、D 上的投影的取值，即为新关系 R÷S，此处通过比较 1）和 2），可以发现只有记录(2,1)的象集包含关系 S 在属性组 C、D 上的投影，所以 R÷S 只有一个记录(2,1)，即 R÷S 运算结果如表 2-22 所示。

除的基本运算可以表示为等价关系表达式

$$\pi_A(R) - \pi_A(\pi_A(R) \times S - R)$$

下面试举几个关系代数综合运算应用案例。

设商品销售数据库有 3 个关系：商品关系、售货员关系和售货关系。三个关系的关系模式如下。

商品（商品编号，商品名，产地，价格，等级）

售货员（售货号编号，姓名，性别，年龄）

售货（商品编号，售货员编号，数量）

📖 知识拓展
除法运算的实际应用

表 2-22 R÷S

A	B
2	1

【案例 2-20】查询所有产地为北京的商品信息。

$$\sigma_{产地='北京'}(商品)$$

查询年龄 35 岁以下男性的售货员编号和姓名。

$$\pi_{售货员编号,姓名}(\sigma_{年龄<35 \wedge 性别='男'}(售货员))$$

查询售出商品编号为 K006 的售货员姓名。

$$\pi_{姓名}(\sigma_{商品编号='K006'}(售货 \bowtie 售货员))$$

📝 讨论思考：

1) 交、并、差运算的两个关系必须满足什么条件？

2) 除运算的结果表示什么含义？

3) 等值连接和自然连接之间的区别是什么？

*2.4 关系演算与查询优化

关系演算不同于关系运算，是以数理逻辑中的谓词演算为基础的一种运算。与关系代数相比较，关系演算是非过程化的。关系演算只需描述结果的信息，而无须给出获得信息的具体过程。按谓词变元的不同，关系演算可分为记录关系演算和域关系演算。记录关系演算以记录为变量，域关系演算以域为变量。

*2.4.1 关系演算概述

1. 记录关系演算

记录关系演算（Tuple Relational Calculus）中，其形式化表达为

$$\{t \mid \phi(t)\}$$

其中，t 为记录变量，表示一个元数固定的记录，$\phi(t)$ 是以元组变量 t 为基础的公式。该表达式的含义是使 $\phi(t)$ 为真的记录 t 的组合。关系演算由原子公式和运算符组成。

原子公式有以下 3 类。

1) R(t)。R 是关系名，t 是记录变量，R(t)表示 t 是关系 R 的一个记录。

2) $t[i]\theta t[j]$。其中 t 和 s 是记录变量，θ 是算术比较运算符（如 >、<、=、≥ 等）。$t[i]\theta t[j]$ 表示记录 t 的第 i 个分量与记录 s 的第 j 个分量满足 θ 关系。例如，$t[3] \geq s[5]$ 表示 t 第 3 个分量大于等于 s 的第 5 个分量。

3) $t[i]\theta C$ 或 $C\theta t[i]$。其中 C 表示一个常量，t 是记录变量，θ 是算术比较运算符。$t[i]\theta C$ 表示 t 的第 i 个分量与常量 C 满足关系 θ。例如，$t[2]>5$ 表示 t 的第 2 个分量大于 5。

公式可递归定义如下。

1) 每个原子公式是公式。

2) 如果 ϕ_1 和 ϕ_2 是公式，则 $\phi_1 \wedge \phi_2$，$\phi_1 \vee \phi_2$，$\neg \phi_1$ 也是公式。其中，$\phi_1 \wedge \phi_2$ 表示，只有 ϕ_1 和 ϕ_2 同时为真时 $\phi_1 \wedge \phi_2$ 为真，否则 $\phi_1 \wedge \phi_2$ 为假；$\phi_1 \vee \phi_2$ 表示只有 ϕ_1 和 ϕ_2 同时为假时 $\phi_1 \vee \phi_2$ 为假，否则 $\phi_1 \vee \phi_2$ 为真；$\neg \phi_1$ 表示，如果 ϕ_1 为真，则 $\neg \phi_1$ 为假。

3) 如果 φ 为公式，则 $\exists t(\phi)$ 也是公式。其中符号 ∃ 是存量词符号，$\exists t(\phi)$ 表示，若有一个 t 使 φ 为真，则 $\exists t(\phi)$ 为真，否则 $\exists t(\phi)$ 为假。

4) 如果 φ 为公式，则 $\forall t(\phi)$ 也是公式。其中 ∀ 是全称量词符号，$\forall t(\phi)$ 表示，如果对所有 t，都使 φ 为真，则 $\forall t(\phi)$ 为真，否则 $\forall t(\phi)$ 为假。

5) 在记录演算公式中，各种运算符的优先级如下。

① 算术比较运算符最高。

② 量词次之，且 ∃ 的优先级高于 ∀ 的优先级。

③ 逻辑运算符最低，且 ¬ 的优先级高于 ∧ 的优先级，∧ 的优先级高于 ∨ 的优先级。

④ 加括号时，括号中运算符优先，同一括号内的运算符之优先级遵循 ①、②、③。

6) 有限次地使用上述 5 条规则得到的公式是记录关系演算公式，其他公式不是记录关系演算公式。

关系代数的运算均可以用关系演算表达式来表示（反之亦然）。下面用关系演算来表示关系代数的 5 种运算。

（1）并运算

$$R \cup S = \{t \mid R(t) \lor S(t)\}$$

（2）差

$$R-S = \{t \mid R(t) \land \lnot S(t)\}$$

（3）笛卡儿积

$$R \times S = \{t^{n+m} \mid (\exists u^n)(\exists v^m)(R(u) \land S(v) \land t[1]=u[1] \land \cdots \land t[n]=u[n] \land t[n+1]$$
$$= v[1] \land \cdots \land t[n+m]=v[m]\}$$

（4）投影

$$\pi_{i1,i2,\cdots,ik}(R) = \{t^{(k)} \mid (\exists u)(R(u) \land t[1]=u[i_1] \land \cdots \land t[k]=u[i_k])\}$$

（5）选择

$$\sigma_F(R) = \{t \mid R(t) \land F'\}$$

其中，关系 F′是 F 的等价条件。

下面给出一个关系演算的应用案例，供读者参考。

【案例 2-21】查询商品表中所有产品的价格大于 500 元的商品，$\{t \mid$ 商品$(t) \land t[4]>500\}$；查询性别为女的所有售货员的编号和姓名，$\{t \mid (\exists u)($售货员$(u) \land u[3]='女' \land t[1]=u[1] \land t[2]=u[2]\}$

2. 域关系演算

域关系演算与记录关系演算相似，记录关系演算中表达式使用的是记录变量，记录变量的变化范围是一个关系，域关系演算表达式中以属性列为变量，即域变量，域变量的变化范围是上述的某值域。

域关系演算的原子公式有两种形式。

1）$R(x_1,x_2,\cdots,x_k)$。其中，R 是一个元数为 k 的关系，x_i 是一个常量或域变量。如果 $(x_1,x_2,\cdots,x_k)$ 是 R 的一个记录，则 $R(x_1,x_2,\cdots,x_k)$ 为真。

2）$x\theta y$。其中，x 和 y 是常量或域常量，但至少有一个是域变量。θ 是算术比较运算符。如果 x 和 y 满足关系 θ，则 $x\theta y$ 为真。

域关系演算表达式的**一般形式**为：$\{x_1,x_2,\cdots,x_k \mid \phi(x_1,x_2,\cdots,x_k)\}$

其中，$x_1,x_2,\cdots,x_k$ 都域变量，ϕ 是公式。该表达式的含义是：使 ϕ 为真的域变量 x_1, $x_2,\cdots,x_k$ 组成的记录集合。

下面应用域的关系演算对商品销售数据库进行查询。

【案例 2-22】查询性别为男的所有售货员的编号和姓名。
$\{x_1 x_2 \mid (\exists u_1)(\exists u_2)(\exists u_3)(\exists u_4)$售货员$(u_1 u_2 u_3 u_4) \land u_3='男' \land x_1=u_1 \land x_2=u_2\}$

*2.4.2 查询优化常用规则与算法

查询是应用最广泛的操作，查询策略和方法至关重要。为了提高效率，可以先将查询语句转换为执行时间少的关系运算，并选择较优的存取路径，即查询优化。

1. 关系代数等价变换规则

关系代数是各种数据库查询语言的基础，各种查询语言都能转换成关系代数表达式，所以关系代数表达式的优化是查询优化的基本方法。两个关系代数表达式等价是指用同样的关系实例代替两个表达式中相应的关系时，所得到的结果相同。

两个关系表达式 E_1 和 E_2 等价可表示为 $E_1 \equiv E_2$。

等价变换规则指出两种不同形式的表达式是等价的，可利用第二种形式的表达式代替第一种，或者用第一种形式的表达式代替第二种，主要原因是这两种表达式在任何有效的数据库中运行后将得到同样的结果。

常用的等价变换规则如下。

（1）笛卡儿积和连接表达式的等价交换律

设 E_1 和 E_2 是两个关系代数表达式，F 是连接运算的条件，则

$$E_1 \times E_2 \equiv E_2 \times E_1$$
$$E_1 \bowtie E_2 \equiv E_2 \bowtie E_1$$
$$E_1 \underset{F}{\bowtie} E_2 \equiv E_2 \underset{F}{\bowtie} E_1$$

（2）笛卡儿积和连接的结合律

设 E_1、E_2 和 E_3 是 3 个关系代数表达式，F_1 和 F_2 是两个连接运算的限制条件，F_1 只涉及 E_1 和 E_2 的属性，F_2 只涉及 E_2 和 E_3 的属性，则

$$(E_1 \times E_2) \times E_3 \equiv E_1 \times (E_2 \times E_3)$$
$$(E_1 \bowtie E_2) \bowtie E_3 \equiv E_2 \bowtie (E_2 \bowtie E_3)$$
$$(E_1 \underset{F_1}{\bowtie} E_2) \underset{F_2}{\bowtie} E_3 \equiv E_1 \underset{F_1}{\bowtie} (E_2 \underset{F_2}{\bowtie} E_3)$$

（3）投影的串联

设 E 是一个关系表达式，$L_1, L_2, \cdots, L_n$ 是属性名，则

$$\pi_{L_1}(\pi_{L_2}(\cdots(\pi_{L_n}(E))\cdots)) \equiv \pi_{L_1}(E)$$

📰 说明：投影运算序列中，只有最后一个运算是需要的，其余可以省略。

（4）选择的串联

设 E 是一个关系表达式，F_1 和 F_2 是两个选择条件，则

$$\sigma_{F_1}(\sigma_{F_2}(E)) \equiv \sigma_{F_1 \wedge F_2}(E)$$

（5）选择和投影的交换

设 E 为一个关系代数表达式，选择条件 F 只涉及 L 中的属性，则

$$\pi_L(\sigma_F(E)) \equiv \sigma_F(\pi_L(E))$$

若上式中 F 还涉及不属于 L 的属性集 K，则有

$$\pi_L(\sigma_F(E)) \equiv \pi_L(\sigma_F(\pi_{L \wedge U}(E)))$$

（6）选择对笛卡儿积的分配律

设 E_1 和 E_2 是两个关系代数表达式，若 F 只涉及 E_1 的属性，则

$$\sigma_F(E_1 \times E_2) \equiv \sigma_F(E_1) \times E_2$$

若 $F = F_1 \wedge F_2$，并且 F_1 只涉及了 E_1 中的属性，并且 F_2 只涉及了 E_2 中的属性，则

$$\sigma_F(E_1 \times E_2) \equiv \sigma_{F_1}(E_1) \times \sigma_{F_2}(E_2)$$

若 F_1 只涉及了 E_1 中的属性，而 F_2 只涉及了 E_1 和 E_2 中的属性，则

$$\sigma_F(E_1 \times E_2) \equiv \sigma_{F_2}(\sigma_{F_2}(E_1) \times E_2)$$

（7）选择对并的分配律

设 E_1 和 E_2 有相同的属性名，或者 E_1 和 E_2 表达的关系的属性有对应性，则

$$\sigma_F(E_1 \cup E_2) \equiv \sigma_F(E_1) \cup \sigma_F(E_2)$$

（8）选择对差的分配律

设 E_1 和 E_2 有相同的属性名，或者 E_1 和 E_2 表达的关系的属性有对应性，则

$$\sigma_F(E_1-E_2) \equiv \sigma_F(E_1) - \sigma_F(E_2)$$

（9）投影对并的分配律

设 E_1 和 E_2 有相同的属性名，或者 E_1 和 E_2 表达的关系的属性有对应性，则

$$\pi_L(E_1 \cup E_2) \equiv \pi_L(E_1) \cup \pi_L(E_2)$$

（10）投影对笛卡儿积的分配律

设 E_1 和 E_2 是两个关系代数表达式，L_1 是 E_1 的属性集，L_2 是 E_2 的属性集，则

$$\pi_{L_1 \cup L_2}(E_1 \times E_2) \equiv \pi_{L_1}(E_1) \times \pi_{L_2}(E_2)$$

其他的等价关系变换规则请查阅相关文献，此处不再一一列举。

2. 关系表达式的优化算法

关系代数表达式的优化是由 DBMS 的 DML 编译器完成的。对于给定的查询，根据关系代数等价规则，得到与之等价的优化关系表达式序列，其中每个表达式序列执行的代价有所不同。对于优化器而言，存在选择查询最佳策略问题。

等价规则变换优化关系表达式的算法（关系代数表达式的优化）如下。

输入：一个待优化的关系表达式的语法树。

输出：计算表达式的一个优化序列。

方法：

1）利用等价变换规则（4）将形如 $\sigma_{F_1 \wedge F_2 \cdots \wedge F_n}(E)$ 变换为 $\sigma_{F_1}(\sigma_{F_2}(\cdots \sigma_{F_n}(E)\cdots))$。

2）对每一个选择，利用等价变换规则（4）~规则（8）尽可能将它移动到叶端。

3）对每一个投影利用等价变换规则（3）、规则（5）、规则（10）中的一般表达式尽可能将它移动到树的叶端。

4）利用等价变换规则（3）~规则（5）将选择和投影的串接合并为单个选择、单个投影或一个选择后跟一个投影。使多个选择或投影能同时执行，或在一次扫描中全部完成。

5）将上述得到的语法树的内结点分组，每一个二元运算和它所有的直接祖先为一组。若其后代直到叶子全是一元运算，则也将它们并入该组，但当二元运算是广义笛卡儿积并且后面不是与它组成等值连接的选择时，则不能将选择与这个二元运算组成同一组，而是将这些一元运算单独分为一组。

🎵 讨论思考：

1）什么是关系演算？在关系演算公式中，各种运算符的优先级是什么？

2）记录关系演算和域关系演算有什么区别和联系？

3）进行查询优化的原因是什么？

4）试举例说明关系表达式优化的过程。

2.5　常量、变量、函数和表达式

在数据库业务数据处理过程中，经常用到标识符、常量、变量、函数和表达式的概念及使用方法，也常用上述语句构成复杂的函数、触发器和存储过程。

2.5.1　标识符及使用规则

标识符（Identifer）是指用于标识数据库对象名称的字符串，如服务器、数据库、表、视

图、索引、触发器和存储过程等。操作数据库对象时需要标识符，如查询指定表的数据必须指定查询表的表名，但也有一些对象是可选的标识符，如创建约束时的标识符可由系统默认生成。按照其用法标识符分为两类：常规标识符和界定标识符。

1. 常规标识符

常规标识符（Regular identifer）又称规则标识符，其命名规则如下。

> 📖 **知识拓展**
> @和#标识符及其用法

1）标识符由字母、数字、下画线、@符号、#和$符号组成，其中字母可以是大小写英文字母或其他语言的字符，如表名："商品信息A_1"。📖

2）标识符的首字符不能是数字或$符号。

3）标识符不允许使用SQL保留字，如命令sp_help或函数名max、desc、asc等。

4）标识符内不允许有空格或特殊字符，如？、%、&、*等。

5）标识符的长度不能超过128个字符。

2. 界定标识符

界定标识符又称分隔标识符，包括以下两种。

1）方括号或引号。对不符合标识符命名规则的标识符，例如，标识符中包含SQL Server关键字或包含内嵌的空格和其他不是规则规定的字符时，要使用界定标识符方括号（［　］）或双引号（""）将标识符括起来。

2）空格和保留字。例如，在标识符［product name］和"insert"中，分别将界定标识符用于带有空格和保留字insert的标识符中。

💻 **说明：**

1）符合标识符格式的可用标识符可以分隔，也可不分隔。对于不符合格式规则的标识符必须进行分隔。例如，对于标识符product Type Name必须进行分隔，分隔后的标识符为［product Type Name］或"product Type Name"。📖

> 📖 **知识拓展**
> Quoted_Identifier 开关的作用

2）有两种情况需要使用分隔标识符，即对象名称中包含SQL Sever保留关键时需要使用界定标识符，如［select］；对象名称中使用了未列入限定字符的字符，如［prodoct［1］table］。

3）引用标识符。默认情况下，只能使用括号作为界定标识符。如果使用引用标识符，需要将Quoted_Identifier标志设为ON。

> **【案例2-23】** 常规标识符应用示例。规范的常规标识符示例：_Product、Company、
> 课程数据表、Customer_01、Product_Type_Name；而不规范的常规标识符示例：tbl
> product、productName&123。

2.5.2　常用的数据类型

在SQL Server中，常用操作需要指定列、常量、变量、表达式和参数等对象的数据类型，指定对象的数据类型相当于定义该对象的下列特性。

1）对象所含的数据类型，如字符型、整数型、货币型。

2）每列所存储的数据项（字段）值的长度（宽度）或大小。

3）数值精度、小数位数（仅用于数值数据类型）。

SQL Server提供的系统数据类型如表2-23所示，详见数据类型手册。

表 2-23 SQL Server 系统数据类型

类　别	数 据 类 型
整数型	bigint、int、smallint、tinyint、bit
字符型	char、varchar、text
精确数值型	decimal、numeric
近似数值型	float、real
货币型	money、smallmoney
二进制型	binary、varbinary、image
双字节型	nchar、nvarchar、ntext
日期时间型	datetime、smalldatetime
时间戳型	timestamp
其他	cursor、table、sql_variant、uniqueidentifier

2.5.3 常量和变量及其用法

1. 常量的表示及用法

常量是指在程序运行过程中其值保持不变的量。常量是表示一个特定数据值的符号，也称为文字值或标量值。其格式取决于它所表示的值的数据类型，具体数据类型如表 2-23 所示。

根据不同的数据类型，常量可分为字符型常量、整型常量、日期时间常量、实型常量、货币常量和全局唯一标识符。

（1）字符型常量

字符型常量由字母（a~z，A~Z）、数字字符（0~9）和特殊字符（!、@ 和#等）组成，通常放在单引号内。如果字符型常量中包含单引号字符，需要使用两个单引号表示，例如，定义一个字符型常量 I'm a student，应写成'I''m a student'。

字符型常量有两种：ASCII 和 Unicode。

1）ASCII 字符型常量：由 ASCII 字符构成的字符串，应放在单引号内，如'abcd'。

2）Unicode 字符型常量：在常量前面加一个 N，如 N'abcd'（其中 N 必须大写，在 SQL92 标准中表示国际语言）。📖

> 📖 **知识拓展**
> Unicode 字符型常量的用法

（2）整型常量

整型常量通常表示整数。主要包括二进制整数、十进制整数和十六进制整数。例如，二进制 1100，十六进制 0x4b 等。

（3）日期时间型常量

日期时间型常量用于表示日期或时间，常用单引号将所表示的日期或时间括在其中。例如，'2019-08-09''July-10-1998''08/24/1998'和'2020 年 8 月 9 日'等。

（4）实型常量

实型常量用于表示定点数或浮点数，如 126.35、5E10。

（5）货币常量

以货币符号开头，如￥600.45。SQL Server 不强制分组，每隔 3 个数字由一个逗号分隔。

（6）全局唯一标识符

全局唯一标识符（Globally Unique Identification Numbers，GUID）是一个 128 位的二进制数（16 字节），用于所有需要唯一标识的计算机和网址。

2. 变量的表示及用法

变量是指在程序运行过程中其值可以发生变化的量，包括局部变量和全局变量两种。

（1）局部变量

局部变量是由用户定义，其作用域局限在一定范围内的 SQL 对象。

作用域：若局部变量在一个批处理、存储过程或触发器中被定义，则其作用域就是此批处理、存储过程和触发器。

局部变量的声明：局部变量的声明语句格式如下。

declare @ 变量名 1［AS］数据类型,@ 变量名 2［AS］数据类型,…,@ 变量名 n［AS］数据类型

🔔 注意:

① 局部变量名必须以@ 开头。

② 局部变量必须先定义，然后才能在 SQL 语句中使用，默认值为 NULL。

③ 数据类型要求为系统提供的类型、用户定义的数据类型或别名数据类型。变量不能是 text、ntext 或 image 数据类型。

局部变量的赋值。局部变量的赋值语句的语法如下。

格式一：set @ 变量名＝表达式

格式二：set @ 变量名＝表达式

或，select @ 变量名＝输出值 from 表 where 条件

或，select @ 变量名 1＝表达式 1［,@ 变量名 2＝表达式 2,…,@ 变量 n＝表达式 n］🔖

> 📖 **知识拓展**
>
> 变量命名和 set 变量赋值

【案例 2-24】利用 select 命令为变量@ bookName 赋值，并通过此命令使变量输出结果（实际的具体书名）。

```
use Library
go
declare @ bookName varchar(64)
select @ bookName ＝书名
from books
where 馆藏号＝'WC13201'
    select @ bookName as '书名'
```

执行结果如图 2-4 所示。

【案例 2-25】利用 select 命令查询变量返回多个结果，并将最后一个结果值赋给变量。

```
use Library
    go
    declare @ bookName varchar(64)
    select @ bookName ＝书名
    from books
    select @ bookName as '书名'
```

执行结果如图 2-5 所示。

　　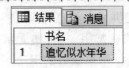

图 2-4　【案例 2-24】执行结果　　　　图 2-5　【案例 2-25】执行结果

【案例 2-26】利用 set 语句给局部变量赋值的实际用法。

```
use Library
go
declare @ no varchar(18)
set @ no = 'WC13201'
declare @ bookName varchar(64)
select @ bookName = 书名
from books
where 馆藏号 =@ no
select @ bookName as '书名'
```

执行结果如图 2-6 所示。

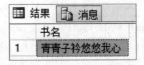

图 2-6　【案例 2-26】执行结果

（2）全局变量

全局变量是 SQL Sever 系统定义并提供信息的变量。用于检测服务器及系统的运行情况，用户不能定义全局变量，也不能使用 set 语句对全局变量进行赋值。

定义全局变量的格式如下。

　　@@变量名

SQL Server 系统提供 33 个全局变量，方便用户掌握 SQL Server 服务器的运行情况。常用的全局变量如表 2-24 所示，更多内容可查阅 SQL Server 手册。

表 2-24　常用的系统全局变量

全局变量名	说　　明	全局变量名	说　　明
@@ERROR	返回最后执行的 Transact-SQL 语句的错误代码	@@MAX_CONNECTIONS	返回 SQL 服务器上允许的用户同时连接的最大数
@@IDENTITY	返回最后插入的标识值	@@SERVERNAME	返回运行 SQL 服务器的名称
@@CONNECTIONS	返回自上次 SQL 启动以来连接或试图连接的次数	@@TOTAL_ERRORS	返回 SQL 服务器自启动后，所遇到的磁盘读/写错误数
@@IDLE	返回 SQL 自上次启动后闲置的时间，单位为 ms	@@TOTAL_READ	返回 SQL 服务器自启动后读取磁盘的次数

2.5.4　常用函数及其用法

函数是指具有完成某种特定功能的程序，在 SQL 编程中也可理解为具有一定功能的 SQL

语句集合，其处理结果称为返回值，处理过程称为函数体。

SQL Server 提供了丰富的内置函数，且允许用户自定义函数。利用这些函数可以方便地实现各种运算和操作，常用 select 查看函数的返回值（结果）。

1. SQL Server 常用函数的用法

SQL Server 提供的常用内置函数分为 14 类。每种类型的内置函数都可以完成某种类型的操作，其内置函数的分类如表 2-25 所示。

表 2-25　SQL Server 的内置函数种类及功能

函 数 种 类	主 要 功 能
聚合函数	对一组值进行运算，但返回一个汇总值
配置函数	返回当前配置信息
加密函数	支持加解密、数字签名和签名验证等操作
游标函数	返回游标信息
日期时间函数	对日期和时间输入值执行运算，然后返回字符串、数字或日期和时间值
数字函数	基于作为函数的参数提供的输入值执行运算，然后返回数字值
元数据函数	返回有关数据库和数据库对象的信息
排名函数	对分区中的每一行均返回一个排名值
行集函数	返回可在 SQL 语句中像表引用一样使用的对象
安全函数	返回有关用户和角色的信息
字符串函数	对字符串（char 或 varchar）输入值执行运算，然后返回一个字符串或数字值
系统统计函数	返回系统的统计信息
系统函数	执行运算后返回 SQL Server 实例中有关值、对象和设置的信息
文本和图像函数	对文本或图像的输入值或列执行运算，然后返回有关值的信息

（1）聚合函数及其用法

聚合函数又称为统计函数。所有聚合函数均为确定性函数，只要使用一组特定输入值（数值型）调用聚合函数，该函数就会返回同类型的值。

SQL Server 提供了大量聚合函数，聚合函数的名称和功能见表 2-26。

表 2-26　常用的聚合函数及功能

函数名称	功能描述
AVG	返回指定组中的平均值，空值被忽略
COUNT	返回指定组中项目的数量
MAX	返回指定数据的最大值
MIN	返回指定数据的最小值
SUM	返回指定数据的和，只能用于数字列，空值被忽略
COUNT_BIG	返回指定组中的项目数量，与 COUNT 函数不同的是 COUNT_BIG 返回 bigint 值，而 COUNT 返回的是 int 值
GROUPING	产生一个附加的列，当用 CUBE 或 ROLLUP 运算符添加行时，输出值为 1。当所添加的行不是由 CUBE 或 ROLLUP 产生时，输出值为 0
BINARY_CHECKSUM	返回对表中的行或表达式列表计算的二进制校验值，用于检测表中行的更改
CHECKSUM_AGG	返回指定数据的校验值，空值被忽略
STDEV	返回指定表达式中所有值的统计标准偏差

(续)

函数名称	功能描述
STDEVP	返回指定表达式中的所有值的填充统计标准偏差
VAR	返回指定表达式中所有值的统计方差
VARP	返回指定表达式中所有值的填充的统计方差

注意：在所有聚合函数中，除了 COUNT 函数以外，聚合函数均忽略空值。

【案例 2-27】查询图书表中价格最高的图书。请看一个常用的聚合函数的应用实例，注意其具体用法。

```
use Library
go
select * from books
where 单价 = (select max(单价) from books)
```

执行结果如图 2-7 所示。

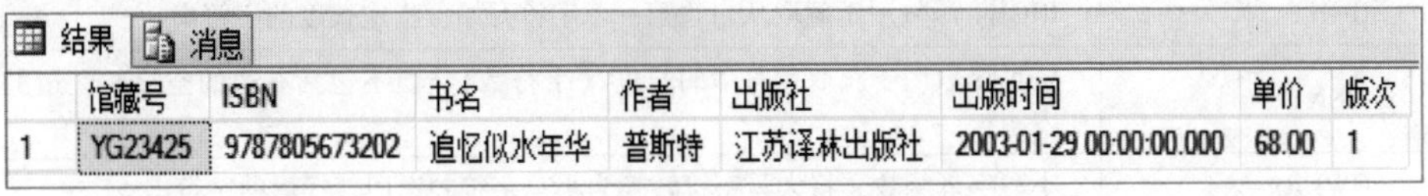

	馆藏号	ISBN	书名	作者	出版社	出版时间	单价	版次
1	YG23425	9787805673202	追忆似水年华	普斯特	江苏译林出版社	2003-01-29 00:00:00.000	68.00	1

图 2-7 【案例 2-27】执行结果

(2) 数学函数及其用法

数学函数用于对数字表达式进行数学运算并返回计算结果。SQL Server 提供了 20 多个数学函数。常用的数学函数及功能如表 2-27 所示。

表 2-27　常用的数学函数及功能

函数名称	功能描述
ABS	对一个数值表达式结果计算绝对值（bit 数据类型除外），返回整数
CEILING	返回大于等于数值表达式（bit 数据类型除外）的最小整数值
FLOOR	返回小于等于数值表达式（bit 数据类型除外）的最大整数值
RAND	返回随机的 0~1 之间的浮点数
ROUND	将数值表达式输入到指定长度和精度
PI	返回圆周率 float
POWER	返回指定表达式的指定幂的值
SQUARE	返回指定浮点值的平方
SQRT	返回指定浮点值的平方根（开方）
EXP	返回指定表达式以 e 为底的指数
SIN	以近似数字（float）表达式返回指定角度（以弧度为单位）的三角正弦值
COS	以近似数字（float）表达式返回指定角度（以弧度为单位）的三角余弦值
SIGN	返回数值表达式的正号（+）、负号（-）或零
LOG10	返回数值表达式以 10 为底的对数
LOG	返回数值表达式的自然对数

以下为几个常见数学函数的应用示例。

```
select abs(-1)              输出:1
select ceiling(123.1)       输出:124
select floor(123.9999)      输出:123
select pi( )                输出:3.14159265358979
select power(2,10)          输出:1024
```

（3）字符函数及其用法

字符函数也称为字符串函数，用于字符型数据的运算、格式化和处理字符型变量，或将对象转换为字符型。SQL Server 提供的常用的字符型函数及功能如表 2-28 所示。

表 2-28 常用的字符型函数及功能

函数名称	功能描述
ASCII	返回字符表达式中最左侧的字符的 ASCII 码值
CHAR	获取 ASCII 码对应的字符
LEFT	LEFT 函数用于截取从左边第一个字符开始，指定长度的字符串
RIGHT	RIGHT 函数用于截取从右边第一个字符开始，指定长度的字符串
LEN	LEN 函数用于获取字符串的长度（字符数），但不包括右边的空格。左边的空格计算在内
LOWER	小写字母函数，将大写字符转换为小写字符并返回转换后的字符串
UPPER	大写函数，返回小写字符数据转换为大写字符的表达式
LTRIM	删除前导空格字符串，返回删除了前导空格之后的字符串
RTRIM	用于清空右边连续的空格
REPLACE(e1,e2,e3)	用 e3 表达式替换 e1 表达式中出现的 e2 表达式，并返回替换后的字符串
SPACE	SPACE 函数可以生成任意多个空格组成的字符串
STR	数字向字符转换函数
SUBSTRING	取子串函数

由于字符函数在实际编程中应用较为广泛，下面就表 2-28 中的每个函数给出相应的示例，示例如表 2-29 所示。

表 2-29 常用的字符函数应用示例

函数名称	示例	结果
ASCII	select ASCII(f)	102
CHAR	select char(102)	f
LEFT	select left('123456789',3)	123
RIGHT	select right('123456789',3)	789
LEN	select len('天下之大,无奇不有')	9
LOWER	select lower('ABCDEFG')	abcdefg
UPPE	select upper('abcdefg')	ABCDEFG
LIRIM	select ltrim(' 123456789')	123456789
RIRIM	select rtrim('123456789 ')	123456789
REPLACE(e1,e2,e3)	select replace('abcde','abc','xxx')	xxxde
SPACE	select('hello'+space(5)+'world')	hello world

（续）

函数名称	示 例	结 果
STR	select str(123.456789)	123
	select str(123.456789,7)	123（前面有 4 个空格）
	select str(123.456789,7,3)	123.457
SUBSTRING	select substring('hello',1,2)	he

（4）日期时间函数及其用法

SQL Server 提供了 9 个日期时间处理函数。其中，一些日期时间函数常量及其含义如表 2-30 所示。

表 2-30 常用的日期时间常量及含义

常 量	含 义	常 量	含 义
yy 或 yyyy	年	dy 或 y	年日期（1~366）
qq 或 q	季	dd 或 d	日
mm 或 m	月	Hh	时
wk 或 ww	周	m 或 n	分
dw 或 w	周日期	ss 或 s	秒
ms	毫秒		

SQL Server 提供的 9 个常用日期时间函数及功能如表 2-31 所示。

表 2-31 常用日期时间函数及功能

日期函数	功能描述
DATEADD	返回指定日期加上一个时间间隔后的新 datetime 值
DATEDIFF	返回跨两个指定日期的日期边界数和时间边界数
DATENAME	返回表示指定日期的指定日期部分的字符串
DATEPART	返回表示指定日期的指定日期部分的整数
DAY	返回一个整数，表示指定日期的天 datepart 部分
GETDATE	以 datetime 值的 SQL Server 标准内部格式返回当前系统日期和时间
GETUTCDATE	返回当前协调世界时（UTC）的 datetime 值
MONTH	返回表示指定日期的"月"部分的整数
YEAR	返回表示指定日期的"年"部分的整数

【案例 2-28】常用的日期时间函数实际应用格式和方法。请看几个表 2-31 中常用的日期时间函数的应用实例，注意其具体用法。

1）DATEADD 函数示例，该函数参数中第 1 个参数是增加时间类型，包括天、月、年等，第 2 个参数是增加数量，第 3 个参数为要增加的日期，返回值为增加日期后的时间。

```
select getdate() as '当前日期'
select dateadd(day,1,getdate()) as '当前日期加 1 天'
select dateadd(month,1,getdate()) as '当前日期加 1 月'
select dateadd(year,1,getdate()) as '当前日期加 1 年'
```

2) DATEDIFF 函数示例。

```
declare @ end datetime
declare @ start datetime
set @ end = getdate( )
set @ start = dateadd( year, -2, @ end)
select @ start as '开始时间'
select @ end as '结束时间'
select datediff( year, @ start, @ end) '结束时间与开始时间的差'
```

3) DATENAME 函数示例。

```
select getdate( ) as '当前日期'
select datename( dw, getdate( ) ) as '当天星期几'
select datename( day, getdate( ) ) as '当月第几天'
select datename( month, getdate( ) ) as '当年第几月'
select datename( year, getdate( ) ) as '当前年'
```

* 2. 自定义函数

SQL Server 为了扩展性和方便用户, 提供了自定义函数, 其返回值是一个临时表或数值。自定义函数不支持输出参数 (可用存储过程)。根据函数返回值形式的不同可创建三类自定义函数。

(1) 标量值自定义函数

标量值自定义函数的返回值是一个确定类型的标量值, 其返回值类型为除 text、ntext、image、timestamp 和 table 类型之外的任意类型, 即标量值自定义函数返回的是一个数值。

定义标量值自定义函数的语法结构如下。

```
CREATE FUNCTION 函数名称(@ 参数 1 类型 1, [@ 参数 2 类型 2,…, @ 参数 n 类型 n])
RETURNS 返回值类型
[ WITH ENCRYPTION ]
[ AS ]
BEGIN
    函数体语句序列
    RETURN 返回值
END
```

🖳 说明:

WITH 子句指出了创建函数的选项。如果 ENCRYPTION 参数被指定, 则创建的函数是被加密的, 函数定义的文本将以不可读的形式存储在 syscomments 表中, 任何人都不可查看该函数的定义, 包括函数的创建者和管理员。

【案例 2-29】 在 Libaray 示例数据库中创建函数, 根据读者卡号, 查询该用户的借书数。

函数定义如下:

```
create function getBorrowBookCount( @ cardno char( 10) )
returns int
as
begin
```

```
        declare @ bookCount int
        set @ bookCount =(select count(卡号) from borrowing where 卡号=@ cardno)
        return @ bookCount
    end
```

创建函数后执行以下语句:

```
    use Library
    go
    select dbo. getBorrowBookCount ('2008213124') as '借书数量'
```

	借书数量
1	3

图 2-8 【案例 2-29】
执行结果

执行结果如图 2-8 所示。

（2）内联表值自定义函数

内联表值自定义函数是以表形式返回一个值（表的数据）。内联表值自定义函数没有
BEGIN…END 语句中包含的函数体，而是直接用 RETURNS 子句，其中包含 SELECT 语句将数
据从数据库中筛选形成表。使用内联表值自定义函数可提供参数化的视图功能。

内联表值自定义函数的语法结构如下。

```
CREATE FUNCTION 函数名称(@ 参数 1 类型 1,[@ 参数 2 类型 2,…,@ 参数 n 类型 n])
RETURNS TABLE
[ WITH ENCRYPTION ]
[ AS ]
RETURN ( 查询语句)
```

【案例 2-30】 在 Libaray 示例数据库中，创建函数根据读者卡号，查询该用户所借的
所有图书。

```
    create function getBorrowBookList(@ cardno char(10))
    returns table
    as
    return
    (
        select * from borrowing where 卡号=@ cardno
    )
```

执行语句：select * from getBorrowBookList ('2008213124')

执行结果如图 2-9 所示。

	卡号	馆藏号	是否续…	借阅时间	归还时间
1	2008213124	DS63245	0	2015-12-11 12:36:00	2016-01-05 15:24:00
2	2008213124	SC12502	1	2012-12-18 13:57:00	2014-12-18 12:22:00
3	2008213124	WC17401	1	2014-12-11 18:43:00	2015-01-05 15:54:00

图 2-9 【案例 2-30】执行结果

（3）多语句表值自定义函数

多语句表值自定义函数可看作标量值和内联表值自定义函数的结合体。此类函数的返回值
是一个表，但与标量值自定义函数一样，有一个有 BEGIN…END 语句块中包含的函数体，返
回值表中的数据是由函数体中的语句插入的。因此，其可以进行多次查询，对数据进行多次筛

选与合并，弥补了内联表自定义函数的不足。

2.5.5 常用运算符及其用法

运算符是指具体的运算符号，用于执行算术运算、字符串连接、赋值或在字段、常量和变量之间进行比较。运算符主要有六大类：算术运算符、赋值运算符、比较运算符、逻辑运算符、连接运算符和按位运算符。运算符在表达式中连接常量、变量和函数，需注意连接过程中的优先级。

1. 运算符的种类

1）算术运算符。可以在两个表达式上执行数学运算，这两个表达式可以是任何数值数据类型。SQL Server 中主要的算术运算符如表 2-32 所示。

2）比较运算符。用于比较两个同类表达式的大小，表达式可以是字符、数字或日期型数据，其比较结果是 Boolean 值。SQL Server 中主要的比较运算符见表 2-33。

表 2-32　算术运算符

运算符	作　　用
+	加法运算
−	减法运算
*	乘法运算
/	除法运算，返回商
%	求余运算，返回余数

表 2-33　比较运算符

运算符	含　义
=	等于
>	大于
<	小于
>=	大于等于
<=	小于等于
<>	不等于

3）逻辑运算符。可将多个逻辑表达式连接运算，返回 TRUE、FALSE 或 UNKNOWN 的 Boolean 数据类型值。SQL Server 中主要的逻辑运算符如表 2-34 所示。

表 2-34　主要的逻辑运算符

运　算　符	含　　义
ALL	如果一组的比较都为 TRUE，则返回 TRUE
AND	如果两个布尔表达式都为 TRUE，则返回 TRUE
ANY	如果一组的比较中任何一个为 TRUE，则返回 TRUE
BETWEEN	如果操作数在某个范围之内，则返回 TRUE
EXISTS	如果子查询包含一些行，则返回 TRUE
IN	如果操作数等于表达式列表中的一个，则返回 TRUE
LIKE	如果操作数与一种模式相匹配，则返回 TRUE
NOT	对任何其他布尔运算符的值取反
OR	如果两个布尔表达式中的一个为 TRUE，则返回 TRUE
SOME	如果在一组比较中，有些为 TRUE，则返回 TRUE

4）连接运算符。连接（+）是字符串串联运算符，可以将多个字符串连接，合并成一个新字符串。

5）按位运算符。按位运算符在两个表达式之间执行位操作，其中的两个表达式可以是整数数据类型中的任何数据类型。SQL Server 中主要的逻辑运算符如表 2-35 所示。

此外，还有赋值运算符（＝）和一元运算符（＋（正）、－（负）、～（位非））。

2. 运算符的优先级

运算符的优先级用于确定运算符与变量、常量、函数的运算顺序，其优先级从高到低如表 2-36 所示，若两个运算符优先级相同，则按照从左到右的顺序进行运算。

表 2-35 按位运算符

运算符	含　义
&	位与
|	位或
^	位异或
~	位非

表 2-36 运算的优先级

优先级	运　算　符
1	~（位非）
2	*（乘）、/（除）、%（求余）
3	+(正)、-(负)、+(加)、+(连接)、-(减)、&(位与)、^(位异或)、|(位或)
4	=、>、<、>=、<=、<>、!=、!>、!<（比较运算符）
5	NOT
6	AND
7	ALL、ANY、BETWEEN、IN、LIKE、OR、SOME
8	=（赋值）

2.5.6 常用表达式及其用法

表达式是指由常量、变量或函数等利用运算符按规则连接的式子。常用于"列"或"变量"运算。表达式分为 4 类：数学表达式、字符串表达式、比较表达式和逻辑表达式。

1. 数学表达式

数学表达式用于各种数字变量的运算。常用的数据类型有 int、smallint、tinyint、float、real、money 和 smallmoney。用于数学表达式的符号主要是算术运算符（见表 2-32）。

2. 字符串表达式

字符串表达式由字母、符号或数字组成。常用"+"实现字符或字符串的连接。在数据类型中，常用的数据类型有 char、varchar、nvarchar、text 及可以转换为 char 或 varchar 的数据类型。例如，在查询中执行以下代码，则变量 str 值为"Jsp&Oracle"。

> 📖 **知识拓展**
> 运算符常用的优先级

【案例 2-31】3 个字符串连接的实际应用。

```
declare @ str as varchar(128)
set @ str='JSP'+ '&' +'Oracle'
select @ stras '字符串连接'
```

执行结果如图 2-10 所示。

图 2-10 【案例 2-10】执行结果

3. 比较表达式

比较表达式用于两个表达式的比较，常用比较表达式运算符见表 2-33。需要指出的是，比较表达式的运算优先级和数学表达式一样，并可使用"（）"。

4. 逻辑表达式

逻辑表达式有 3 种连接符：AND、OR、NOT。

> 📖 **知识拓展**
> 数学表达式适用的数据类型

1）AND 表达式。当所有子表达式的值为"真"时，其逻辑表达式的值（结果）才为"真"，否则表达式的值为"假"。

2）OR 表达式。只要有一个子表达式的返回值为"真"，其逻辑运算值即为"真"。

3）NOT 表达式。表达式的值为"真"并进行 NOT 运算后，其表达式的值为"假"，反之亦然。

表达式运算的优先级按照运算符的优先级，从高到低依次为 NOT、AND、OR。逻辑表达式常用的数值型数据类型为：binary、varbinary、int smallint、tinyint、bit 等，也可用于多个逻辑表达式的运算，只需要各个表达式的结果为 TRUE 或 FALSE。

比较运算符或逻辑运算符组合成的多个表达式，其结果的数据类型为 Boolean，且值只能是三种情况之一：TRUE、FALSE 或 UNKNOWN。

📎 讨论思考：

1）标识符有哪几种？其命名和使用规则分别是什么？
2）什么是常量？什么是变量？它们之间的区别是什么？它们的种类有哪些？
3）什么是函数？常用函数分为哪几类？其功能分别是什么？
4）SQL Server 提供哪些种类的运算符？其优先级如何排列？

2.6 实验 2 常量、变量、函数和表达式的应用

2.6.1 实验目的

1）掌握常量、变量的基本概念和命名规则。
2）学会用 SQL Server 的 SSMS 进行变量定义、赋值和运算。
3）掌握 SQL Server 的常用全局变量和用法。
4）理解并掌握 SQL Server 的各种数据类型和用法。
5）掌握 SQL Server 的常用函数和用法，了解自定义函数的步骤和方法。
6）掌握 SQL Server 的常用运算符和表达式用法，并能根据要求写出表达式并求值。

2.6.2 实验内容

1）使用 SMSS 新建查询和执行 SQL 语句。
2）检验标识符命名标识是否合法。
3）通过新建查询窗口，定义 SQL Server 支持的各种数据类型变量，并对变时进行赋值，使用运算符定义算术表达式和逻辑表达式。
4）输出 SQL Server 全局变量。
5）使用 SQL Server 内置函数进行计算。

2.6.3 实验练习

1. 使用 SMSS 新建查询和执行 SQL 脚本

1）在 SMSS 中，单击 🖵 新建查询(N) 按钮，并在弹出的窗口中输入以下内容。

```
declare @ x int
declare @ y int
set @ x = 10
set @ y = 10
print @ x * @ y
```

2）单击 ! 执行(X) ✓ 按钮，即可看到输出结果为：100。

2. 标识符命名是否合法

1）在 SMSS 中，单击 ![新建查询(N)] 按钮，并在弹出的窗口中输入以下内容。

```
declare @ _Product varchar(64)
declare @ Company varchar(128)
declare @ 课程数据表 varchar(128)
declare @ Customer_01 varchar(128)
declare @ Product_Type_Name varchar(128)
```

2）单击 ![执行(X) ✓] 按钮，查看输出结果。

3）将步骤 1）中的输入内容清空，然后输入以下内容。

```
declare @ tbl product varchar(128)
declare @ productName&123 varchar(128)
```

4）单击 ![执行(X) ✓] 按钮，查看输出结果。

3. 通过新建查询窗口，定义 **SQL Server** 支持的各种数据类型变量，并对变量进行赋值，使用运算符定义算术表达式、逻辑表达式

1）在新建的查询窗口中定义以下类型的变量并赋值。

① 字符串常量。

```
declare @ studentName varchar(18)
declare @ major char(15)
set @ studentName = '周一山'
set @ major = '软件技术'
select @ studentName as '学生姓名',@ major as '专业'
```

② 数据常量。

```
declare @i int
declare @j smallint
declare @x float
declare @y real
set @i = 10
set @j = 10
set @x = 0.689
set @y = 3.1415926
select @i,@j,@x,@y
```

③ 日期类型。

```
declare @ birthday datetime
set @ birthday = '1998-09-09 08:12:00'
select @ birthday
```

2）在上述变量定义的基础上，计算表达式的值。

① 算术表达式。

```
select @i * @j,@x * @y
```

② 字符表达式。

```
select @ major+convert(varchar,@x)
```

3）计算，按位运算表达式。

```
select 128&129,128 | 129,128^129
```

4）单击 ! 执行(X) ✓ 按钮，执行结果如图 2-11 所示。

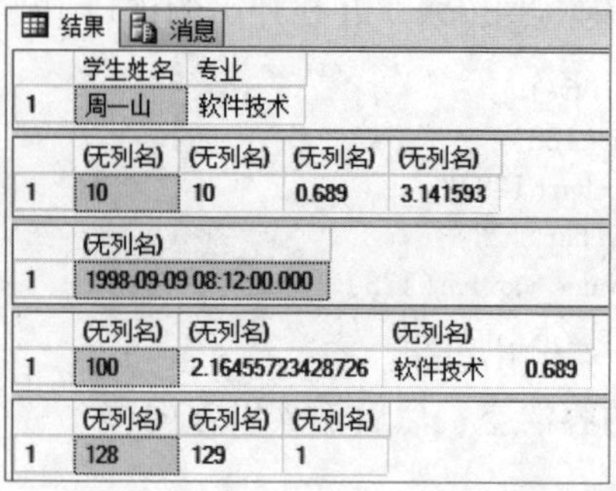

图 2-11 执行结果

4. 使用 SMSS 新建查询，依次输入表 2-24 中的全局变量，查看输出结果

5. 使用 SQL Server 中内置函数进行计算

1）聚合函数练习，将书中的图书馆数据库导入 SQL Server 中，基于 Libaray 数据库练习表 2-26 中的函数，并查看输出结果。

2）基于表 2-27 练习常用数学函数，并查看输出结果。

3）基于表 2-29 练习常用字符函数，并查看输出结果。

4）基于表 2-31 练习常用日期函数，并查看输出结果。

2.7 本章小结

本章系统讲解了关系数据库的有关概念和重要基础知识，包括关系模型的数据结构、关系完整性、关系代数、关系演算、查询优化。其中关系模型及完整性是整个关系数据的基础，对后续知识的学习有重要的作用；关系代数是以集合代数为基础的抽象查询语言，是关系操作的一种传统表达方式，它是 SQL 查询和操纵语言的基础，学习它可以加深对后续 SQL 语句的理解；关系演算是以数理逻辑中的谓词演算为基础的运算，是非过程化的，分为记录关系演算和域关系统演算；查询优化是数据库管理工作中不可或缺的一个重要环节，理解查询优化的理论和算法有助于后续 SQL Server 管理优化工作。

最后，结合案例详细讲解了 SQL Server 的常量、变量、函数和表达式的使用方法与注意事项，并在实验环节介绍了使用 SQL Server SSMS 进行 SQL 脚本的编写和调试方法。

2.8 练习与实践 2

1. 选择题

（1）对关系模型叙述错误的是（   ）。

　　A. 建立在严格的数学理论、集合论和谓词演算公式的基础之上

　　B. 微机 DBMS 绝大部分采取关系数据模型

　　C. 用二维表表示关系模型是其一大特点

　　D. 不具有连接操作的 DBMS 也可以是关系数据库系统

（2）关系数据库管理系统应能实现的专门关系运算包括（   ）。

　　A. 排序、索引、统计　　　　　　　　　B. 选择、投影、连接

C. 关联、更新、排序　　　　　　　　　D. 显示、打印、制表

（3）笛卡儿积是（　　　）进行运算。

A. 向关系的垂直方向

B. 向关系的水平方向

C. 既向关系的水平方向也向关系的垂直方向

D. 先向关系的垂直方向，然后再向关系的水平方向

（4）关系模型中，一个关键字（　　　）。

A. 可由多个任意属性组成

B. 至多由一个属性组成

C. 可由一个或多个其值能唯一标识该关系模式中任何记录的属性组成

D. 以上都不是

（5）自然连接是构成新关系的有效方法。一般情况下，当对关系 R 和 S 使用自然连接时，要求 R 和 S 含有一个或多个共有的（　　　）。

A. 记录　　　　　　B. 行　　　　　　C. 记录　　　　　　D. 属性

（6）关系运算中花费时间可能最长的运算是（　　　）。

A. 投影　　　　　　B. 选择　　　　　　C. 笛卡儿积　　　　D. 除

（7）关系模式的任何属性（　　　）。

A. 不可再分　　　　　　　　　　B. 可再分

C. 命名在该关系模式中可以不唯一　　D. 以上都不是

（8）在关系代数的传统集合运算中，假定有关系 R 和 S，运算结果为 W。如果 W 中的记录属于 R，并且属于 S，则 W 为（　　　）运算的结果。

A. 笛卡儿积　　　　B. 并　　　　　　C. 差　　　　　　D. 交

（9）数据完整性约束条件主要指（　　　）。

A. 用户操作权限的约束　　　　　B. 用户口令校对

C. 值的约束和结构的约束　　　　D. 并发控制的约束

（10）关系代数的 5 个基本操作是（　　　）。

A. 并、交、差、笛卡儿积、除法　　　B. 并、交、选取、笛卡儿积、除法

C. 并、交、选取、投影、除法　　　　D. 并、选取、差、笛卡儿积、投影

（11）以下有关空值的叙述中不正确的是（　　　）。

A. 用 = NULL 查询指定列为空值的记录

B. 包含空值的表达式其计算结果为空值

C. 聚集函数通常忽略空值

D. 对允许空值的列排序时，包含空值的记录总是排在最前面

（12）自然连接是（　　　）进行运算。

A. 向关系的垂直方向

B. 向关系的水平方向

C. 既向关系的水平方向也向关系的垂直方向

D. 先向关系的垂直方向，然后再向关系的水平方向

2. 填空题

（1）一个关系模式的定义格式为＿＿＿＿＿＿＿＿＿＿＿＿＿＿＿＿＿＿＿＿＿＿＿＿＿＿＿。

（2）一个关系模式的定义主要包括＿＿＿＿＿＿、＿＿＿＿＿＿、＿＿＿＿＿＿、＿＿＿＿＿＿和

_____。

（3）关系代数运算中，传统的集合运算有_____、_____、_____和_____。

（4）关系代数运算中，基本的运算是_____、_____、_____、_____和

_____。

（5）关系代数运算中，专门的关系运算有_____、_____和_____。

（6）关系数据库中基于数学上的两类运算是_____和_____。

（7）已知系（系编号，系名称，系主任，电话，地点）和学生（学号，姓名，性别，入学日期，专业，系编号）两个关系，系关系的主关键字是_____，系关系的外关键字是_____，学生关系的主关键字是_____，外关键字是_____。

（8）完整性约束条件所用的对象有_____、_____和_____。

（9）关系代数是用对关系的运算来表达查询的，而关系演算是用_____查询的，它又分为_____演算和_____演算两种。

（10）传统的集合"交、并、差"运算施加于两个关系时，这两个关系的_____必须相等，_____必须取自同一个域。

（11）在一个实体表示的信息中，称_____为关键字。

3. 简答题

（1）简述等值连接与自然连接的区别。

（2）设有如下所示的关系 S（S#,SNAME,AGE,SEX）、C（C#,CNAME,TEACHER）和 SC（S#,C#,GRADE），试用关系代数表达式表示下列查询语句。

1）检索"程军"老师所授课程的课程号（C#）和课程名（CNAME）。

2）检索年龄大于 21 的男学生学号（S#）和姓名（SNAME）。

3）检索至少选修"程军"老师所授全部课程的学生姓名（SNAME）。

4）检索"李强"同学不学课程的课程号（C#）。

5）检索至少选修两门课程的学生学号（S#）。

6）检索全部学生都选修的课程的课程号（C#）和课程名（CNAME）。

7）检索选修课程包含"程军"老师所授课程之一的学生学号（S#）。

8）检索选修课程号为 k1 和 k5 的学生学号（S#）。

9）检索选修全部课程的学生姓名（SNAME）。

10）检索选修课程包含学号为 2 的学生所修课程的学生学号（S#）。

11）检索选修课程名为"C 语言"的学生学号（S#）和姓名（SNAME）。

（3）设有如图 2-12 所示的关系 R 和 S：

R

A	B	C
a	b	c
b	a	f
c	b	c

S

A	B	C
a	b	c
d	a	c

图 2-12 简答题（3）图

计算下列运算的值。

1）R-S

2）$\pi_{A,B}(S)$

（4）设有关系 R，S 如图 2-13 所示，求 R⋈S。

R

学号	姓名	年龄
001	张三	18
002	李四	20

S

学号	课程名	成绩
001	数据库	68
002	数据库	80
002	英语	89

图 2-13　简答题（4）图

（5）设关系 R，S 分别如图 2-14 所示，求 R÷S 的结果。

R

A	B	C
a1	b1	c2
a2	b3	c7
a3	b4	c6
a1	b2	c3
a4	b6	c6
a2	b2	c3
a1	b2	c1

S

B	C	D
b1	c2	d1
b2	c1	d1
b2	c3	d2

图 2-14　简答题（5）图

（6）设有如图 2-15 所示的关系 R、S、T，计算：R∪T、$\sigma_{C<A}(R)$、$\tau_{F,E}(S)$、R⋈S、R÷S。

R

A	B	C
3	6	7
2	5	7
7	2	3
7	6	3
4	4	3

S

A	E	F
3	4	5
7	2	3

T

A	B	C
1	5	3
3	6	7

图 2-15　简答题（6）图

4. 实践题

（1）设某商业集团数据库中有 3 个实体集。一是"公司"实体集，属性有公司编号、公司名、地址等；二是"仓库"实体集，属性有仓库编号、仓库名、地址等；三是"职工"实体集，属性有职工编号、姓名、性别等。公司与仓库间存在"隶属"联系，每个公司管辖若干仓库，每个仓库只能属于一个公司管辖；仓库与职工间存在"聘用"联系，每个仓库可聘用多个职工，每个职工只能在一个仓库工作，仓库聘用职工有聘期和工资。

试画出 E-R 图，并在图上注明属性、联系的类型。再转换成关系模式集，并指出每个关系模式的主键和外键。

（2）使用 SQL Server SMSS 完成以下程序的编写：假设三角形的 3 条边长分别为 a、b 和 c，使用海伦公式计算三角形的面积。

（3）使用 SQL Server SMSS 完成以下程序，编写函数实现一元二次方程 $ax^2+bx+c=0$ 求解，为了简化问题，假设 $b^2-4ac>0$，即方程有两个不同根的情况。

第3章 SQL Server 2019 基础

SQL Server 是 Microsoft 公司发布的适用于大型网络环境的数据库产品，是一个典型的关系数据库管理系统，它一经推出便得到了广大用户的积极响应，成为数据库市场上的一个重要产品。Microsoft 公司经过对 SQL Server 的不断更新换代，目前已推出最新的 SQL Server 2019 版本。本章将介绍 SQL Server 2019 的基础知识，包括 SQL Server 的发展过程，SQL Server 2019 的新特性，SQL Server 2019 的体系结构，SQL Server 2019 数据库语句以及 SQL Server 2019 的安装、配置与管理工具等，为 SQL Server 2019 业务数据处理的实际操作和应用奠定基础。

> 🖥 **教学目标**
> - 了解 SQL Server 的发展过程
> - 了解 SQL Server 2019 的新增功能及版本
> - 理解 SQL Server 2019 的体系结构及文件类型
> - 掌握 SQL Server 2019 的系统数据库及作用
> - 掌握数据库命令语法规则及特点和用法
> - 掌握 SQL Server 2019 的安装与配置

3.1 SQL Server 的概念和发展

> 【案例3-1】SQL Server 的强大功能已获得国际研究调查机构 Gartner 的肯定，在 2015 年 10 月发布的 Gartner 魔力象限操作数据库管理系统报告中，将微软 SQL Server 评选在领导者象限内，领先 Oracle、IBM 与 SAP 等业界厂商，并评选其在市场远见、强大执行力和效能与支持服务等方面具有极大优势。荣登过 Gartner 魔力象限领导者冠军地位，表示微软 SQL Server 的强大功能将为企业带来绝佳的领先优势，并提供让企业无后顾之忧的支持服务。

3.1.1 SQL Server 的概念及发展概况

1. SQL 及 T-SQL 的基本概念

1974 年，IBM 圣约瑟实验室的 Boyce 和 Chamberlin 为关系数据库管理系统设计一种查询语言，当时称为 SEQUEL 语言，后简称为结构化查询语言（Structured Query Language，SQL）。其率先在 IBM 公司的关系数据库系统 System R 上实现，是用于访问和处理数据的标准计算机语言。

1986 年美国国家标准局（American Natural Standard Institute，ANSI）正式批准 SQL 为关系数据库语言的国家标准。1987 年获得国际标准化组织（International Organization for Standardization，ISO）的通过，成为国际通用标准。在信息化业务数据处理应用中，所有的企事业机构的关系数据库管理系统 DBMS 产品基本都支持 SQL，SQL 已经被广泛应用于各行各业。

T-SQL 是 Transact-SQL 的简称，是微软在 SQL Server 系统中使用的事务-结构化查询语言。它是 SQL Server 的核心组件，也是对 SQL 的一种扩展形式。

2. SQL Server 的发展概况

SQL Server 最初由微软、Sybase 和 Ashton-Tate 这 3 家公司共同研发，是一种广泛应用于网络业务数据处理的关系型数据库管理系统。从 SQL Server 6.0 开始，首次由微软公司独立研发，1996 年推出 SQL Server 6.5 版本，1998 年又推出了 7.0 版。并于 2000 年 9 月发布了 SQL Server 2000，正式进入企业数据库的行列。而 SQL Server 2005 则真正走向了成熟，与 Oracle、IBM DB2 形成了三足鼎立之势；之后 SQL Server 经历了 2008、2008 R2、2012、2014、2016、2017、2019 各版本的持续投入和不断进化。

3.1.2　SQL Server 版本及优点

微软从 1995 年到 2019 年 20 多年来，不断地开发和升级数据库管理系统 SQL Server，各种业务数据处理新技术得到了广泛应用且不断快速发展和完善，其版本发布时间和开发代号如表 3-1 所示。

表 3-1　SQL Server 版本发布时间和开发代号

发 布 时 间	产 品 名 称	开 发 代 号	内 核 版 本
1995 年	SQL Server 6.0	SQL 95	6.x
1996 年	SQL Server 6.5	Hydra	6.5
1998 年	SQL Server 7.0	Sphinx	7.x
2000 年	SQL Server 2000	Shiloh	8.x
2003 年	SQL Server 2000 Enterprise 64 位版	Liberty	8.x
2005 年	SQL Server 2005	Yukon	9.x
2008 年	SQL Server 2008	Katmai	10.x
2010 年	SQL Server 2008 R2	Kilimanjaro	10.5
2012 年	SQL Server 2012	Denali	11.x
2014 年	SQL Server 2014	Hekaton	12.x
2016 年	SQL Server 2016	Data Explorer	13.x
2017 年	SQL Server 2017	–	14.x
2019 年	SQL Server 2019	–	15.x

SQL Server 2019（15.x）是微软最新研发的新一代旗舰级数据库和分析平台，该平台提供开发语言、数据类型、本地或云以及操作系统选项。

SQL Server 2019 为所有数据工作负载带来了创新的安全性和合规性功能、业界领先的性能、任务关键型可用性和高级分析，还支持内置的大数据。同时带来了十大全新的亮点，将行业领先的性能和 SQL Server 安全性引入所选的语言、平台、结构化和非结构化数据。

1）利用大数据的力量。具备由 SQL Server、Spark 和 HDFS 组成的可扩展计算和存储功能的大数据群集。数据可在扩展数据集市中缓存。

2）将 AI 引入工作负载。完整的 AI 平台，可使用 Azure Data Studio Notebooks 在 SQL Server ML 服务或 Spark ML 中培训和实施模型。

3）消除数据迁移的需求。借助数据虚拟化，用户可以查询关系和非关系数据，而无须对数据进行迁移或复制。

4）了解可视数据并与之进行交互。使用 SQL Server BI 工具和 Power BI 报表服务器进行可视化数据浏览和交互式分析。

5）对操作数据运行实时分析。使用 HTAP 对操作数据进行分析。通过持久内存提高并发性和规模。

6）自动调整 SQL Server。智能查询处理改善了查询的扩展，自动计划更正解决了性能问题。

7）减少数据库维护并延长业务正常运行时间。在线索引操作的增加延长了正常运行时间。可使用 Kubernetes 在容器上运行 Always On 可用性组。

8）提高安全性并保护使用中的数据。SQL Server 支持多个安全层，包括 Always Encrypted Secure Enclave 中的计算保护。

9）跟踪复杂资源的合规性。通过数据发现和分类（可通过标记确保遵守 GDPR）以及漏洞评估工具跟踪合规性。

10）利用丰富选择和灵活性进行优化。支持选择 Windows、Linux 和容器。支持在 SQL Server 上运行 Java 代码，并存储和分析图形数据。

📎讨论思考：

1）什么是 SQL 和 T-SQL？它们与 SQL Server 之间有什么关系？

2）SQL Server 2019 对比同类数据库系统具有哪些亮点？

3.2 SQL Server 2019 的新功能及版本

3.2.1 SQL Server 2019 的新增功能

【案例 3-2】全球数据量急剧增加需要快速处理。据全球权威 IT 研究与咨询机构 Gartner 统计，未来 10 年的数据量将增长 40 多倍。互联网数据中心（Internet Data Center, IDC）的研究报告称中国数据增长最显著，到 2020 年将占全球的 21%。面对庞杂的数据处理，SQL Server 是世界上应用最广泛的关系型网络数据库管理系统，微软最新的 SQL Server 2019 可帮助企事业更好地适应快速增长的业务需求。

SQL Server 2019 为 SQL Server 引入了大数据群集，它还为 SQL Server 数据库引擎、SQL Server Analysis Services、SQL Server 机器学习服务、Linux 上的 SQL Server 和 SQL Server Master Data Services 提供了附加功能和改进。

（1）可缩放的大数据解决方案

SQL Server 2019 支持部署 SQL Server、Spark 和在 Kubernetes 上运行的 HDFS 容器的可缩放群集；在 Transact-SQL 或 Spark 中读取、写入和处理大数据；通过大容量大数据轻松合并和分析高价值关系数据；查询外部数据源；在由 SQL Server 管理的 HDFS 中存储大数据；通过群集查询多个外部数据源的数据；将数据用于 AI、机器学习和其他分析任务；在大数据群集中部署和运行应用程序；SQL Server 主实例数据库使用 Always On 可用性组等。

（2）数据库引擎安全

SQL Server 2019 具有安全 Enclave 的 Always Encrypted；暂停和恢复透明数据加密（TDE）的初始扫描；SQL Server 配置管理器中的证书管理等。

（3）图形

SQL Server 2019 支持在图形数据库中的边缘约束上定义级联删除操作；使用 MATCH 内的 SHORTEST_PATH 来查找图中任意 2 个节点之间的最短路径，或执行任意长度遍历；已分区表和已分区索引的数据被划分为多个单元，这些单元可以跨图形数据库中的多个文件组分散；在图形匹配查询中使用派生表或视图别名。

（4）索引

SQL Server 2019 支持在 SQL Server 数据库引擎内启用优化，有助于提高索引中高并发插入的吞吐量，此选项旨在用于易发生最后一页插入争用的索引，常见于有顺序键（如标识列、序列或日期/时间列）的索引；联机聚集列存储索引生成和重新生成；可恢复联机行存储索引生成。

（5）内存中数据库

SQL Server 2019 数据库引擎的新功能，可以在需要时直接访问位于永久性内存（PMEM）设备上数据库文件中的数据库页；SQL Server 2019 引入了属于内存数据库功能系列的新功能，即内存优化 tempdb 元数据，它可有效消除此瓶颈，并为 tempdb 繁重的工作负荷解锁新的可伸缩性级别。在 SQL Server 2019 中，管理临时表元数据时所涉及的系统表可以移动到无闩锁的非持久内存优化表中。

（6）Unicode 支持

SQL Server 2019 支持使用 UTF-8 字符进行导入和导出编码，并用作字符串数据的数据库级别或列级别排序规则。Unicode 支持可将应用程序扩展到全球范围，其中提供全球多语言数据库应用程序和服务的要求对于满足客户需求和特定市场规范至关重要。

（7）PolyBase

SQL Server 2019 外部表列名可用于查询 SQL Server、Oracle、Teradata、MongoDB 和 ODBC 数据源；外部表支持 UTF-8 字符。

此外，SQL Server 2019 在性能监视、语言扩展、空间、性能、可用性组、设置、错误消息、Linux 上的 SQL Server、SQL Server 机器学习服务、Master Data Services、Analysis Services 等方面均有更新。

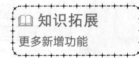
📖 知识拓展
更多新增功能

3.2.2　SQL Server 2019 的版本及对应功能

SQL Server 2019 共有 5 个版本，主要包括：Enterprise（企业版）、Standard（标准版）、Web（网站版）、Developer（开发人员版）和 Express（精简版），后两个可免费下载使用。其版本及对应功能，如表3-2所示。

表3-2　SQL Server 2019 的主要版本及功能

版　本	主要功能说明
Enterprise	作为高级产品/服务，SQL Server Enterprise 版提供了全面的高端数据中心功能，性能极为快捷，无限虚拟化，还具有端到端的商业智能，可为关键任务工作负荷提供较高服务级别并且支持最终用户访问数据
Standard	SQL Server Standard 版提供了基本数据管理和商业智能数据库，使部门和小型组织能够顺利运行其应用程序并支持将常用开发工具用于内部部署和云部署，有助于以最少的 IT 资源获得高效的数据库管理
Web	对于为从小规模至大规模 Web 资产提供可伸缩性、经济性和可管理性功能的 Web 宿主和 Web VAP 来说，SQL Server Web 版本是一项总拥有成本较低的选择
Developer	SQL Server Developer 版支持开发人员基于 SQL Server 构建任意类型的应用程序。它包括 Enterprise 版的所有功能，但有许可限制，只能用作开发和测试系统，而不能用作生产服务器。SQL Server Developer 是构建和测试应用程序的人员的理想之选
Express	Express 版本是入门级的免费数据库，是学习和构建桌面及小型服务器数据驱动应用程序的理想选择。它是独立软件供应商、开发人员和热衷于构建客户端应用程序人员的最佳选择。如果需要使用更高级的数据库功能，则可以将 SQL Server Express 无缝升级到其他更高端的 SQL Server 版本。SQL Server Express LocalDB 是 Express 的一种轻型版本，该版本具备所有可编程性功能，在用户模式下运行，并且具有快速零配置安装和必备组件要求较少的特点

🎤 讨论思考：

1）SQL Server 2019 的新增功能主要包含哪些方面？

2）SQL Server 2019 的版本有哪几种？说明各版本的功能差异？

3.3 SQL Server 2019 的体系结构和文件

3.3.1 SQL Server 2019 的体系结构

1. 客户机/服务器体系结构

SQL Server 2019 的客户机/服务器（C/S）体系结构主要体现在：由客户机负责与用户的交互和数据显示，服务器负责数据的存取、调用和管理，客户机向服务器发出各种操作请求（语句命令或界面菜单操作指令），服务器验证权限后根据用户请求处理数据，并将结果返回客户机，如图 3-1 所示。

2. 数据库的三级模式结构

SQL Server 2019 支持数据库共有的三级模式结构，其中外模式对应视图，模式对应基本表，内模式对应存储文件，如图 3-2 所示。

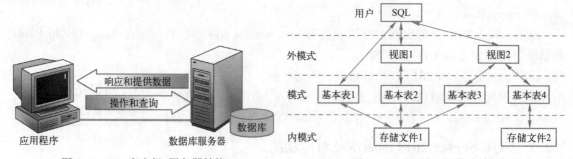

图 3-1 SQL 客户机/服务器结构　　　　图 3-2 SQL 的三级模式结构

（1）基本表

基本表（Base Table）也称基表，是实际存储在数据库中的数据表，是独立存在的，并非由其他表导出的表。一个基本表对应一个实际存在的关系。关系模型中的数据（记录）为基本表的行，属性为列。

（2）视图

视图（View）是查看数据的一种方式，是从表或其他视图导出的数据并按需要做成的虚表（如网页中的图书，只是其局部信息），视图只在刚刚打开的一瞬间，通过定义从对应的基表中搜集并调用数据，展现给用户的是数据库外模式（可见的部分数据形式）。用户可以通过视图（如网页）调用数据库中对应基本表的数据。视图以一种逻辑定义形式保存在数据字典中。当基本表中的数据发生变化时，从视图中查询的数据也将相应改变。在第 5 章将对视图进行具体介绍。

视图和基本表的主要区别如下。

1）视图是已经编译好的 SQL 语句，而基本表不是。

2）视图没有实际的物理记录，而基本表有具体数据（记录）。

3）基本表是具体的数据结构及内容，视图是可见的窗口。

4）基本表占用物理（存储）空间而视图不占用，视图只以逻辑概念（定义）存在；基本表可以及时进行修改，视图只能用创建的语句修改。

5）基本表是内模式（存储在计算机中），视图是外模式。

6）视图是查看数据表的一种方法，可以查询数据表中某些字段构成的数据，只是一些 SQL 语句的集合。从安全的角度来说，视图可以避免用户接触数据表，从而不知道表结构。

7）基本表属于全局模式中的表（结构及数据），是实表；视图属于局部模式的表（部分数据），是虚表。

8）视图的建立和删除只影响视图本身，不影响对应的基本表。

（3）存储文件

存储文件是数据库内模式（内部存储方式及逻辑结构）的基本单位，其逻辑结构构成了关系数据库的内模式。物理结构（如存取路径及索引）可由需要而定。存储文件的存储结构对用户很明确，各存储文件与外存设备上的物理文件对应。基本表和存储文件的关系如下。

1）每个基本表可以对应一个或几个存储文件（如索引文件）。

2）每个存储文件可以存放一个或几个基本表。

3）每个基本表可以有多个索引，索引存放在存储文件中。

（4）SQL 用户

SQL 用户主要是指利用终端对数据库系统及应用程序进行操作的操作者，包括终端用户、数据库管理员和数据库应用程序员。通常，各种用户可以利用 SQL 依其具体使用权限，通过网络应用系统的界面对视图和基本表进行业务数据的操作，如网上购物和网银操作等。

3. SQL Server 2019 的体系结构

SQL Server 具有大规模处理联机事务、数据仓库和商业智能等许多强大功能，这与其内部完善的体系结构是密切相关的。SQL Server 2019 主要包括数据库引擎（Database Engine）、分析服务（Analysis Services）、集成服务（Integration Services）、报表服务（Reporting Services）以及主数据服务（Master Data Services）等组件，各组件的组成结构如图 3-3 所示。SQL Server 2019 主要组件之间的关系如图 3-4 所示。

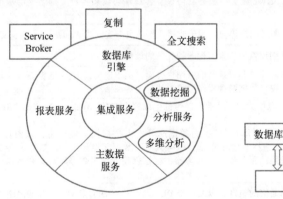

图 3-3　SQL Server 的组成结构

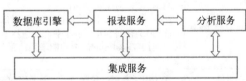

图 3-4　SQL Server 各组件间的关系

用于操作、管理和控制的数据库引擎是整个系统的**主要核心**，其他所有组件都与其有着密不可分的联系。SQL Server 数据库引擎有 4 大组件：协议（Protocol）、查询引擎（Query Compilation and Execution Engine）、存储引擎（Storage Engine）和 SQLOS（User Mode Operating System）。各客户端提交的操作指令都与这 4 个组件交互。

（1）服务器组件

使用 SQL Server 2019 安装向导的"功能选择"页面，可以选择安装 SQL Server 服务器组件。表 3-3 列出了 SQL Server 2019 的主要服务器组件。

表 3-3　SQL Server 2019 服务器组件

服务器组件	主要功能说明
SQL Server 数据库引擎	SQL Server 数据库引擎包括数据库引擎、部分工具和数据库引擎服务（DQS）服务器。其中引擎是用于存储、处理和保护数据，复制及全文搜索的核心服务；工具用于管理数据库分析集成中和可访问 Hadoop 及其他异类数据源的 PolyBase 集成中的关系数据和 XML 数据
Analysis Services （分析服务）	Analysis Services 包括一些工具，可用于创建和管理联机分析处理（OLAP），以及数据挖掘应用程序
Reporting Services （报表服务）	Reporting Services 包括用于创建、管理和部署表格报表、矩阵报表、图形报表，以及自由格式报表的服务器和客户端组件。Reporting Services 还是一个可用于开发报表应用程序的可扩展平台
Integration Services （集成服务）	Integration Services 是一组图形工具和可编程对象，用于移动、复制和转换数据。它还包括数据库引擎服务的 Integration Services（DQS）组件
Master Data Services （主数据服务）	Master Data Services（MDS）是针对主数据管理的 SQL Server 解决方案。可以配置 MDS 来管理任何领域（产品、客户、账户）；MDS 中可包括层次结构、各种级别的安全性、事务、数据版本控制和业务规则，以及可用于管理数据的用于 Excel 的外接程序
机器学习服务 （数据库内）	机器学习服务（数据库内）支持使用企业数据源的分布式、可缩放的机器学习解决方案。支持 R 和 Python
机器学习服务器 （独立）	机器学习服务器（独立）支持在多个平台上部署分布式、可缩放机器学习解决方案，并可使用多个企业数据源，包括 Linux 和 Hadoop。支持 R 和 Python

（2）管理工具

在实际应用中，经常使用的 SQL Server 2019 的主要管理工具，如表 3-4 所示。

表 3-4　SQL Server 2019 主要管理工具

管 理 工 具	主要功能说明
SQL Server Management Studio （SSMS）	SQL Server Management Studio 是用于访问、配置、管理和开发 SQL Server 组件的集成环境。Management Studio 使各种技术水平的开发人员和管理员都能使用 SQL Server。SQL Server Management Studio 需单独下载并安装
SQL Server 配置 管理器	SQL Server 配置管理器为 SQL Server 服务、服务器协议、客户端协议和客户端别名提供基本配置管理
SQL Server Profiler	SQL Server Profiler 提供了一个图形用户界面，用于监视数据库引擎实例或 Analysis Services 实例
数据库引擎优化顾问	数据库引擎优化顾问可以协助创建索引、索引视图和分区的最佳组合
数据质量客户端	数据质量客户端提供了一个非常简单和直观的图形用户界面，用于连接到 DQS 数据库并执行数据清理操作。它还允许用户集中监视在数据清理操作过程中执行的各项活动
SQL Server Data Tools	SQL Server Data Tools 提供 IDE 以便为以下商业智能组件生成解决方案：Analysis Services、Reporting Services 和 Integration Services。 SQL Server Data Tools 还包含"数据库项目"，为数据库开发人员提供集成环境，以便在 Visual Studio 内为任何 SQL Server 平台（包括本地和外部）执行其所有数据库设计工作。数据库开发人员可以使用 Visual Studio 中功能增强的服务器资源管理器，轻松创建或编辑数据库对象和数据或执行查询
连接组件	安装用于客户端和服务器之间通信的组件，以及用于 DB-Library、ODBC 和 OLE DB 的网络库

4. 数据库存储结构及文件种类

（1）数据库的存储结构

数据库的存储结构包括两种：数据库的逻辑结构和物理结构。

1）数据库的逻辑结构。表示数据库中各数据之间的逻辑关系，数据库由多个用户界面可视对象构成，主要包括数据库对象，如数据表、视图、约束、规则、默认和索引等。

2）数据库的物理结构。数据库中数据的存储方式和方法（存储如路径及索引方式），主要描述数据存储的实际位置，对应一系列的物理文件，一个数据库及由一个或多个文件组成。

（2）数据库文件

常用的数据库文件主要有 3 种，包括主数据文件、次要数据文件和事务日志文件。

1）主数据文件。数据库的起点，指向数据库中文件的其他部分，记录数据库所拥有的文件指针。每个数据库有且只有一个主数据文件，默认扩展名为 .mdf。

2）次要数据文件。也称为辅助数据文件，包含除主数据文件外的所有数据文件。有些数据库可能无次要数据文件，而有些数据库可能有多个，不是数据库必需的文件，默认扩展名是 .ndf。

3）事务日志文件。简称日志文件，是包含用于恢复数据库所需的所有操作日志信息的文件。每个数据库必须至少有一个日志文件，默认扩展名是 .ldf。

使用这些扩展名有助于标识文件的用途，但 SQL Server 不强制使用 .mdf、.ndf 和 .ldf 作为文件扩展名。一个数据库文件组织的案例如图 3-5 所示。

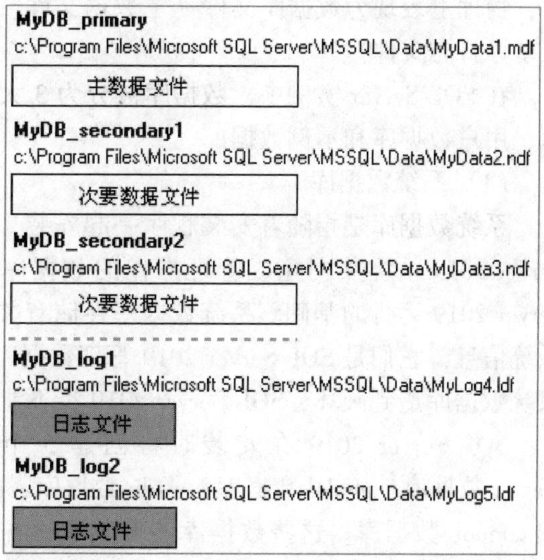

（3）数据库文件组

为了便于管理和分配数据，SQL Server 将

图 3-5　数据库文件组织案例

多个数据库文件组成一个组。数据库文件组是数据文件的逻辑组合。主要包括以下 3 类。

1）主文件组。包含主数据文件和未指明组的其他文件。如在创建数据库时，未指定其他数据文件所属的文件组。数据库的所有系统表都被分配到（包含在）主文件组中。当主文件组的存储空间用完之后，将无法向系统表中添加新的目录信息，一个数据库有一个主文件组。

2）次文件组：也称用户自定义文件组，是用户首次创建或修改数据库时自定义的，其目的在于数据分配，以提高数据表的读写效率。

3）默认文件组。各数据库都有一个被指定的默认文件组。若在数据库中创建对象时没指定其所属的文件组，则将被分配给默认文件组。

数据库文件和文件组遵循的规则：一个文件或文件组只能被一个数据库使用；一个文件只能属于一个文件组；日志文件不能属于任何文件组。

🔔注意：为了提高使用效率，使用数据文件和文件组时应注意以下几点。

1）在创建数据库时，需要考虑数据文件可能会出现自动增长的情况，应当设置上限，以免占满磁盘。

2）主文件组可以容纳各系统表。当容量不足时，后更新的数据可能无法添加到系统表中，数据库也可能无法进行追加或修改等操作。

3）建议将频繁查询或频繁修改的文件分放在不同的文件组中。

4）将索引、大型的文本文件、图像文件放到专门的文件组中。

3.3.2　SQL Server 数据库的种类及文件

1. SQL Server 数据库种类和特点

数据库对象是指数据库中的数据在逻辑上被组成一系列对象（数据库的组成部分），当一个用户连接到数据库后，所看到的是逻辑对象，而不是物理的数据库文件。如在"对象资源管理器"中可以查看的（数据）表、索引、视图等。

SQL Server 2019 数据库对象的类型如图 3-6 所示。

数据库是存放各种对象（表、视图、约束、规则、索引等）的逻辑实体。逻辑上表现（界面中看到的）为数据库对象，物理上表现为数据库文件（主数据文件、次要数据文件或事务日志文件）。

在 SQL Server 实例中，数据库被分为 3 大类：系统数据库、用户数据库和示例数据库。

（1）系统数据库

系统数据库是指随着安装程序一起安装，用于协助 SQL Server 2019 系统共同完成管理操作的数据库，它们是 SQL Server 2019 运行的基础。系统数据库存储有关 SQL Server 的系统信息，它们是 SQL Server 2019 管理数据库的依据。如果系统数据库遭到破坏，SQL Server 2019 将不能正常启动。

SQL Server 2019 在安装时将创建 5 个系统数据库：master 数据库、model 数据库、msdb 数据库、resource 数据库和 tempdb 数据库。这些数据库各司其职，各种数据库的作用如表 3-5 所示。

图 3-6 SQL Server 2019
数据库对象的类型

表 3-5 SQL Server 2019 的系统数据库

系统数据库	主要功能说明
master 数据库	记录 SQL Server 实例的所有系统级信息
model 数据库	用作 SQL Server 实例上创建的所有数据库的模板。对 model 数据库进行的修改（如数据库大小、排序规则、恢复模式和其他数据库选项）将应用于以后创建的所有数据库
msdb 数据库	用于 SQL Server 代理计划警报和作业
resource 数据库	一个只读数据库，包含 SQL Server 系统对象。系统对象在物理上保留在 resource 数据库中，但在逻辑上显示在每个数据库的 sys 架构中
tempdb 数据库	一个工作空间，用于保存临时对象或中间结果集

1）master 数据库。记录 SQL Server 系统的所有系统级信息。这包括实例范围的元数据（如登录账户）、端点、链接服务器和系统配置设置。在 SQL Server 中，系统对象不再存储在 master 数据库中，而是存储在 resource 数据库中。此外，master 数据库还记录了所有其他数据库的存在、数据库文件的位置以及 SQL Server 的初始化信息。因此，如果 SQL Server master 数据库不可用，则无法启动。

2）model 数据库。用于在 SQL Server 实例上创建的所有数据库的模板。因为 SQL Server 每次启动时都会创建 tempdb 数据库；model 数据库的全部内容（包括数据库选项）都会被复制到新的数据库中；启动期间，也可使用 model 数据库的某些设置创建新的 tempdb；因此 model 数据库必须始终存在于 SQL Server 系统中。

3）msdb 数据库。代理使用 msdb 数据库来计划警报和作业，SQL Server Management Studio、Service Broker 和数据库邮件等其他功能也要使用该数据库。

例如，SQL Server 在 msdb 中的表中自动保留一份完整的联机备份和还原历史记录。这些信息包括执行备份一方的名称、备份时间和用来存储备份的设备或文件。SQL Server Management

Studio 使用这些信息来提出计划，还原数据库和应用任何事务日志备份。msdb 数据库将会记录有关所有数据库的备份事件，即使它们是由自定义应用程序或第三方工具创建的。例如，如果使用调用 SQL Server 管理对象（SMO）的 Microsoft Visual Basic 应用程序执行备份操作，则事件将记录在 msdb 系统表、Microsoft Windows 应用程序日志和 SQL Server 错误日志中。为了保护存储在 msdb 中的信息，建议将 msdb 事务日志放在容错存储区中。

4）resource 数据库。resource 数据库为只读数据库，它包含了 SQL Server 中的所有系统对象。SQL Server 系统对象（如 sys. objects）在物理上保留在 resource 数据库中，但在逻辑上却显示在每个数据库的 sys 架构中。resource 数据库不包含用户数据或用户元数据。

resource 数据库的物理文件名为 mssqlsystemresource. mdf 和 mssqlsystemresource. ldf。这些文件位于 <drive>: \Program Files\Microsoft SQL Server\MSSQL<version>. <instance_name>\MSSQL\Binn\，不应移动。每个 SQL Server 实例都具有一个（也是唯一的一个）关联的 mssqlsystemresource. mdf 文件，并且实例间不共享此文件。

5）tempdb 数据库。tempdb 数据库是一个全局资源，可供连接到 SQL Server 实例或 SQL 数据库的所有用户使用。tempdb 用于保留：①显式创建的临时用户对象。例如，全局或局部临时表及索引、临时存储过程、表变量、表值函数返回的表或游标。②由数据库引擎创建的内部对象。其中包括用于储存假脱机、游标、排序和临时大型对象（LOB）存储的中间结果的工作表；用于哈希连接或哈希聚合操作的工作文件；用于创建或重新生成索引等操作（如果指定了 SORT_IN_TEMPDB）的中间排序结果，或者某些 GROUP BY、ORDER BY 或 UNION 查询的中间排序结果。③版本存储区，即数据页的集合，它包含支持使用行版本控制功能所需的数据行。

tempdb 中的操作是最小日志记录操作，以便回滚事务。每次启动时都会重新创建 tempdb 数据库，从而在系统启动时总是具有一个干净的数据库副本。在断开连接时会自动删除临时表和存储过程，并且在系统关闭后没有活动连接。因此 tempdb 中不会有什么内容从一个 SQL Server 会话保存到另一个会话。不允许对 tempdb 数据库进行备份和还原操作。

（2）用户数据库

用户数据库指由用户建立并使用的数据库，用于存储用户使用的数据信息。

用户数据库由用户建立，且由永久存储表和索引等数据库对象的磁盘空间构成，空间被分配在操作系统文件上。系统数据库与用户数据库结构如图 3-7 所示。用户数据库和系统数据库一样，也被划分成许多逻辑页，通过指定数据库 ID、文件 ID 和页号，可引用任何一页。当扩大文件时，新空间被追加到文件末尾。

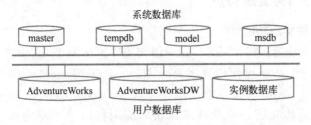

图 3-7　系统数据库与用户数据库结构

（3）示例数据库

示例数据库是一种实用的学习数据库的范例，SQL Server 2019 安装时，默认情况下不会自动安装，需要单独下载、安装和设置。

2. 数据库逻辑组件

数据库（空间）的存储（安排），实际上是按物理方式在磁盘上以多个文件方式实现的。用户使用数据库时主要调用的是逻辑组件，如图 3-8 所示。

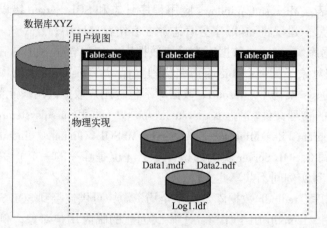

图 3-8　用数据库时使用的逻辑组件

📎 讨论思考：

1）请解释 SQL Server 2019 的体系结构？

2）SQL Server 数据库文件的种类具体有哪些？

3）SQL Server 系统数据库有哪些？其作用分别是什么？

3.4　数据库语句使用规则和特点

【案例 3-3】数据库语句使用规则特别重要。用于业务数据处理与管理等有两种常用的操作方式：一是通过 SSMS（SQL Server Management Studio）的界面菜单方式进行操作；二是利用 SQL 语句及扩展的事务-结构化查询语言 T-SQL 方式。T-SQL 是 SQL Server 的核心组件，对于数据处理与管理等常用操作语句，其使用规则极为重要，特别是在动态数据处理及系统运行中更为常用。

3.4.1　数据库语句的种类及特点

1. 数据库语句的种类及功能

根据数据库的基本功能，将常用操作命令语句主要概括为 5 类：数据定义语言（Data Definition Language，DDL）、数据操作语言（Data Manipulation Language，DML）、数据控制语言（Data Control Language，DCL）、事务管理语言（Transact Management Language，TML）和其他附加的语言应用等，具体功能特点及具体操作和应用将以第 4 章为重点在后续内容中进行介绍。

1）数据定义语言（DDL）。SQL Server 功能非常强大且性能优异高效，其中的数据定义语言的功能包括：对数据库、表（数据表）、视图、索引等操作对象的定义（建立）和删除（撤销）等，如表 3-6 所示。

表 3-6　SQL Server 常用的数据定义语言

操作对象	操作方式		
	创　建	修　改	删　除
数据库	CREATE DATABASE	ALTER DATABASE	DROP DATABASE
（数据）表	CREATE TABLE	ALTER TABLE	DROP TABLE
视图	CREATE VIEW	ALTER VIEW	DROP VIEW
索引	CREATE INDEX		DROP INDEX

2）数据操作语言（DML）。主要功能包括：插入数据 INSERT、更新修改数据 UPDATE、删除数据 DELETE 和数据查询 SELECT 等，具体操作及用法将在 4.3 节中进行具体介绍。

3）数据控制语言（DCL）。为了确保数据库的安全，需要对用户使用表中的数据的权限进行管理和控制。数据控制语言（DCL）主要用于实现对数据库进行安全管理和权限管理等控制，如 GRANT（赋予权限）、DENY（禁止赋予的权限）、REVOKE（收回权限）等语句。

4）事务管理语言（TML）。主要用于事务管理操作。如将资金从一个账户转账到另一个账户。可用 COMMIT 语句提交事务，也可用 ROLLBACK 语句撤销。

5）其他附加的语言。主要用于辅助命令语句的操作、标识、理解和使用，主要包括标识符、变量、常量、运算符、表达式、数据类型、函数、流程控制、错误处理、注释等。

2. 数据库 T-SQL 的主要特点

事务-结构化查询语言 T-SQL 实际是 SQL 在 Microsoft SQL Server 上的扩展，是用于数据处理应用程序与同 SQL Server 交互的主要语言。

T-SQL 语言的主要特点，可以概括如下。

1）多功能综合统一。交互式查询语言功能强大，简单易学，而且集数据定义、数据操作、数据控制、事务管理语言和附加语言元素为一体。

2）高度非过程化。用 SQL 语言进行数据操作时，只要提出"做什么"，却无须指明具体"怎么做"。而选择存取路径和 SQL 语句的操作过程由系统自动完成，极大地减轻了用户负担，提高了数据独立性。

3）面向集合的操作方式。SQL 语言操作的对象和结果都是集合（关系），用关系（二维数据表结构方式）表示数据处理操作更方便快捷。

4）一种语法，两种使用方式。SQL 语言既是自含式语言——在终端键盘上直接输入 SQL 命令对数据库进行操作，又是嵌入式语言——将 SQL 语句嵌入到高级语言中进行数据处理，如可在 C、C++、C#、Java、PHP 等编写的程序中使用 SQL 语句，且语法结构基本一致。

5）语言简洁，易学易用。SQL 语言极为接近人的思维习惯，而且常用操作的核心功能（建立、插入、修改、更新、删除、查询和权限管理等）语句比较少，易于理解和掌握。

3.4.2　数据库语法规则及注释语句

1. 命令语句使用的语法规则

结构化查询语言 SQL 是用于管理、控制和操作数据库的标准计算机语言，主要功能包括：创建（定义）、修改、删除数据库及数据表，存取、插入、更新、删除数据，在数据库中创建索引及视图、设置表、建立存储过程，以及授予视图和存储过程权限等。

SQL 及 T-SQL 主要用于 SQL Server 提供的数据定义和数据操作的具体应用、管理控制、调用数据库对象和数据处理等。

为了便于实际操作应用语句,在书写使用中的语法规则如下。

1)"< >"(尖括号)中的内容为"必选项",不可省略。

2)"[ ]"(方括号)中的内容为"可选项",省略时系统取默认值。

3)"|"(同或/)表示相邻前后两项"二者选其一",只能取一项。

4)"..."表示其中的内容可以重复书写,且各项之间须用逗号隔开。

5)一条较长语句可以分成多行书写且以";"(称为换行符或改行符,也可以使用回车操作)结尾,但是,在同一行不允许写多条语句。

6)在一个关键字的中间不能加入空格或换行符。

7)在T-SQL中,保留关键字是SQL中系统预留或事先定义好的关键字,命令和语句的书写不区分大小写。关键字不能被缩写也不能分行。

8)在书写各种SQL命令时,所涉及的标点符号,如括号、逗号、分号、圆点(英文句号)等都应是英文半角,若写成中文符号或全角符号,将会在执行命令时出错。

💻 说明:

1)上述语法规则1)~4)中的有关符号,只是用于与读者交流的书写"印刷符",在实际SQL Server系统操作中这些符号不可输入。

2)SQL语句不区分大小写,也可以用前4个字母缩写,但是为了便于阅读和维护不提倡缩写。通常在编写SQL时,还是尽量统一保留关键字的大小写。例如,以大写字母的形式写保留关键字,以小写字母的形式写表或列名,查阅SQL语句时也会更清晰。另外,根据使用的数据库的不同,在部分数据库中区分表或列名的大小写。

2. 注释语句

在T-SQL程序中,注释语句主要用于对程序语句的解释说明并增加阅读性,有助于对源程序语句的理解、修改和维护,系统对注释语句不予执行。当在查询分析器中使用注释语句时,相应被注释的部分变为蓝绿色。注释语句包括两种:多行注释语句和单行注释语句。

1)多行注释语句。多行注释语句也称为块注释语句,通常放在程序(块)的前面,用于对程序功能、特性和注意事项等方面的说明,以/ *开头并以 */结束。

举例如下。

```
/ * 以下为数据修改程序
请注意修改的具体条件及确认 */
```

2)单行注释语句。单行注释语句也称为行注释语句,通常放在一行语句的后面,是用于对本行语句进行具体说明,以两个减号(– –)开始的若干字符。

举例如下。

```
-- 定义(声明)局部变量
-- 为局部变量赋初始值
```

🎵 讨论思考:

1)T-SQL常用的语法规则是什么?

2)T-SQL常用操作语言的种类具体有哪些?

3)T-SQL语言的特点及注释语句是什么?

3.5 实验3 SQL Server 2019的安装及操作界面

本实验主要介绍SQL Server 2019的安装、配置、登录、操作界面及功能操作。

3.5.1　实验目的

（1）掌握 SQL Server 2019 的安装或升级方法及过程。
（2）理解 SQL Server 2019 服务器配置和登录方法。
（3）掌握 SQL Server 2019 的常用操作界面及功能。

3.5.2　实验要求及安排

（1）运行环境
运行环境：SQL Server 2019 RTM 官方版
操作系统：Windows 10
（2）学时安排
学时安排：建议 2~3 学时（可以安排课后补充练习）

3.5.3　实验内容及步骤

1. SQL Server 2019 的安装与升级
（1）常用的全新安装过程
常用 SQL Server 2019 安装向导进行安装。SQL Server 安装向导提供了一个用于安装所有
SQL Server 组件的功能树，便于用户根据需要分别安装这些组件。

还可采用其他方法安装 SQL Server 2019。
- 从命令提示符安装 SQL Server 2019。
- 使用配置文件安装 SQL Server 2019。
- 使用 SysPrep 安装 SQL Server 2019。
- 创建新的 SQL Server 故障转移群集（安装程序）。
- 使用安装向导（安装程序）升级到 SQL Server 2019。

SQL Server 2019 常用的安装步骤如下。

1）下载或插入 SQL Server 2019 安装软件，然后双击根目录中的 Setup.exe，出现安装界面。

2）这里要创建新的 SQL Server 安装，所以单击左侧导航栏中的"安装"选项，然后单击
"全新 SQL Server 独立安装或向现有安装添加功能"链接，如图 3-9 所示，进入安装过程。

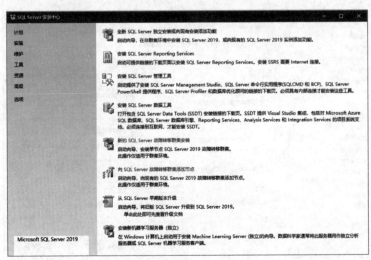

图 3-9　SQL Server 安装中心界面

3）进入"Microsoft 更新"界面。检查完成后，单击"下一步"按钮。

4）进入"安装规则"界面。进行安装程序文件和安装规则的检查并显示结果，如图 3-10 所示，单击"下一步"按钮。

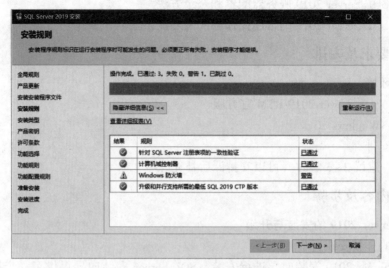

图 3-10 "安装规则"界面

5）进入"安装类型"选择界面。选择默认的"执行 SQL Server 2019 RC1 的全新安装"后，单击"下一步"按钮。

6）进入"产品密钥"界面。选择某个选项以安装免费的 SQL Server 版本，还是安装具有 PID 密钥的生产版本。选择完毕后，单击"下一步"按钮。

7）进入"许可条款"界面。选中"我接受许可条款"复选框，然后单击"下一步"按钮。为了帮助改进 SQL Server，还可启用功能使用情况选项并将报告发送给 Microsoft。

8）进入"功能选择"界面。选中"数据库引擎服务"复选框即可，如图 3-11 所示，单击"下一步"按钮。

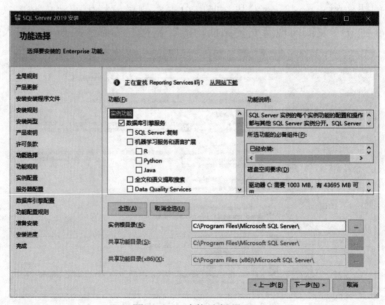

图 3-11 功能选择界面

9）进入"实例配置"界面。在此选择"默认实例"（一台服务器只能有一个默认实例）或"命名实例"（需要输入有效的命名实例名称）后，单击"下一步"按钮。📖

📖 知识拓展
默认实例和命名实例

10）进入"服务器配置"界面。在此保持默认配置，单击"下一步"按钮。

11）进入"数据库引擎配置"界面。选择使用"混合模式"，输入密码后单击下部的"添加当前用户"按钮，如图 3-12 所示，单击"下一步"按钮。还可利用其他选项卡进行更多的设置。

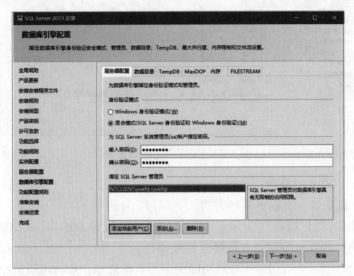

图 3-12　"数据库引擎配置"界面

12）进入"准备安装"界面，如图 3-13 所示。

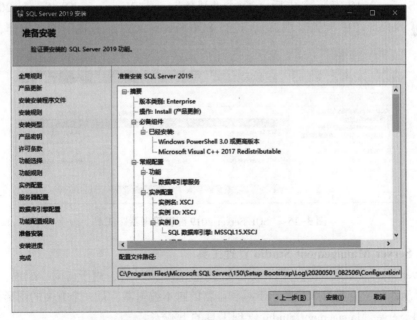

图 3-13　"准备安装"界面

13）单击"安装"按钮，出现"安装进度"界面。安装完成后，出现安装"完成"界面，如图 3-14 所示。单击"关闭"按钮完成 SQL Server 2019 的安装。

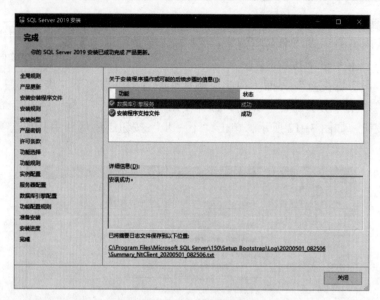

图 3-14 安装"完成"界面

（2）SQL Server 2019 的升级

若需要进行升级安装，有以下两种方式。

1）若需要从旧（低）版本（如 SQL Server 2017）升级到 SQL Server 2019，单击"安装"选项页里的"从 SQL Server 早期版本升级"链接即可；

2）若需要从 SQL Server 2019 升级到功能更全的其他版本，如标准版到企业版，单击"维护"选项页里的"版本升级"即可。

2. SQL Server 2019 服务器配置

在 SQL Server 2019 安装完成后，通过"开始"→"Microsoft SQL Server 2019｜配置工具"→"SQL Server 2019 配置管理器"，进行 SQL Server 2019 服务器的配置操作，如图 3-15 所示。

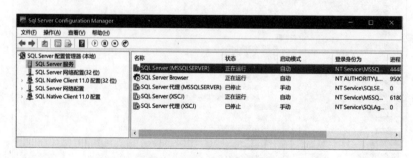

图 3-15 "SQL Server 2019 配置管理器"工具

3. SQL Server Management Studio 管理工具

SQL Server Management Studio 是一个集成的可视化管理环境，用于访问、配置、控制和管理 SQL Server 所有组件，它具有大量图形工具和丰富的脚本编辑器，是一个方便的图形化管理工具。

（1）SQL Server Management Studio 管理工具的下载安装

在 SQL Server 2019 实例安装完成后，并没有安装 SQL Server Management Studio 管理工具，还需单独下载安装。在图 3-9 所示的"安装中心"界面中，单击"安装"选项页里的"安装 SQL Server 管理工具"链接，即可下载安装最新的管理工具。

（2）SQL Server 2019 的 SSMS 界面

在 SQL Server Management Studio 管理工具安装完成后，可以通过"开始"→"Microsoft SQL Server Tools 18"→"Microsoft SQL Server Management Studio 18"，进行连接到服务器的操作。登录连接时，可以选择"Windows 身份验证"，也可以选择"SQL Server 身份验证"（登录名为 sa，密码为之前安装时设置的密码）进行登录，如图 3-16 所示。

图 3-16　"连接到服务器"界面

登录成功后，启动 SQL 的主要管理工具（SQL Server Management Studio，SSMS）。SSMS 的主界面包括"菜单栏""标准工具栏""SQL 编辑器工具栏"和"对象资源管理器"等操作区域，并出现有关的系统数据库等资源信息。还可在"文档窗口"输入 SQL 命令并单击"! 执行（X）"进行运行，如图 3-17 所示。

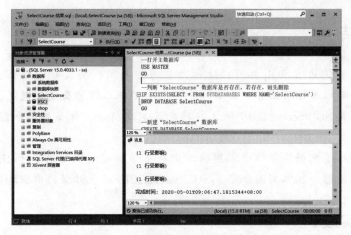

图 3-17　SSMS 管理工具的工作界面

SSMS 为微软统一的界面风格。所有已经连接的数据库服务器及其对象将以树状结构显示在左侧窗口中。"文档窗口"是 SSMS 的主要工作区域，SQL 语句的编写、表的创建、数据表的展示和报表展示等都是在该区域完成。主区域采用选项卡的方式在同一区域实现这些功能。另外，右侧的属性区域自动隐藏到窗口最右侧，用鼠标移动到属性选项卡上则会自动显示出来，主要用于查看和修改某对象的属性。

🔔 注意：SSMS 中各窗口和工具栏的位置并非固定不变。用户可以根据个人的需要和喜好将窗口拖动到主窗体的任何位置，甚至悬浮脱离主窗体。

3.5.4　上机练习：分离及附加数据库

在实验室创建的数据库、表和数据等，由于公用机房不允许存放，需要保存数据库及数据到 U 盘供后续实验使用，应采用 SQL Server 提供的分离及附加方法。

1. 数据库的分离及保存

分离数据库是指移动保存完整的数据库及其数据文件和事务日志文件，同时将数据库从 SQL Server 数据库引擎中删除（定义）。并不会删除数据库存储在磁盘上的数据库文件。

🔔 注意：当要移动数据库文件的位置时，首先需要分离数据库。执行分离数据库只是删除数据库在 SQL Server 中的定义，只有"使用本数据的连接"数值为 0 时，才能分离数据库。

实际分离数据库的操作步骤如下。

1）分离数据库：选择指定的"数据库"，右击，在弹出的快捷菜单中选择"任务"及"分离"操作。

2）保存数据库：找到分离数据库的数据文件和事务日志文件（.mdf 文件、.ldf 文件），复制到 U 盘。

2. 数据库的附加

在操作实验前，需要将 U 盘分离的数据库文件附加到 SQL Server 实例上。

具体附加数据库的操作步骤如下。

1）附加前需要将 U 盘上的数据库相关文件（.mdf 文件、.ldf 文件等），复制到目标服务器（机房计算机）的指定的文件目录下。

2）附加数据库：在指定的"数据库"上右击，在弹出的快捷菜单中，选择"附加"命令，弹出"附加数据库"对话框，单击"添加"按钮，定位数据库文件（.mdf），单击"确定"按钮。

3.6 本章小结

一般的结构化查询语言 SQL 具有语言简洁、易学易用、高度非过程化、一体化等特点，是目前广泛使用的数据库标准语言。本章概述了 SQL 的基本概念及发展概况，SQL Server 2019 的版本和优势，以及 SQL Server 2019 的主要功能及主要特点、体系结构和组成、数据库及其文件的种类等。

本章还简要介绍了数据库操作中常用的标识符及语法规则，概述了 T-SQL 的特点及注释语句，最后通过实验结合具体实例介绍了 SQL Server 2019 安装升级的步骤和操作界面功能。

3.7 练习与实践 3

1. 选择题

（1）SQL 语言是（   ）语言。

    A. 关系数据库   B. 网状数据库

    C. 层次数据库   D. 非数据库

（2）SQL Server 2019 是一个基于（   ）的关系数据库管理系统。

    A. B/S 模式   B. C/S 模式

    C. SQL 模   D. 以上都不是

（3）SQL Server 采用的身份验证模式主要有（   ）。

    A. 仅 Windows 身份验证模式   B. 仅 SQL Server 身份验证模式

    C. 仅混合模式   D. Windows 身份验证模式和混合模式

（4）SQL Server 的文件包括：主数据文件、次要数据文件和（   ）。

    A. 索引文件   B. 备份文件

    C. 日志文件   D. 程序文件

（5）下面（   ）不属于 SQL Server 的 master 数据库所包含的信息。

    A. 登录账号   B. SQL Server 初始化及系统配置

    C. 其他数据库的相关信息   D. 系统对象

2. 填空题

（1）SQL Server 2019 安装后，系统将创建 4 个可见的系统数据库，分别是＿＿＿＿＿＿、＿＿＿＿＿＿、＿＿＿＿＿＿和 ＿＿＿＿＿＿；它还会创建一个只读数据库＿＿＿＿＿＿。

（2）SQL Server 2019 中主要有 ＿＿＿＿＿＿、＿＿＿＿＿＿和 ＿＿＿＿＿＿类型的数据库。

（3）SQL Server 中的编程语言是 ＿＿＿＿＿＿ 语言，它是一种非过程化的高级语言，其基本成分是 ＿＿＿＿＿＿。

（4）"＜＞"（尖括号）中的内容为"＿＿＿＿＿＿ 项"，不可省略。

（5）SQL 语言既是＿＿＿＿＿＿语言——在终端键盘上直接输入 SQL 命令对数据库进行操作，又是＿＿＿＿＿＿语言——将 SQL 语句嵌入到高级语言中进行数据处理。

（6）多行注释语句也称为块注释语句，通常放在＿＿＿＿＿＿ 的前面，用于对程序功能、特性和注意事项等方面进行说明，以/＊开头并以＿＿＿＿＿＿ 结束。

3. 简答题

（1）SQL Server 2019 提供了哪些版本？

（2）SQL Server 2019 的服务器组件有哪些？

（3）SQL Server 2019 的管理工具有哪些？

（4）怎样理解数据库的体系结构？

（5）数据库文件类型有哪些？

4. 应用实践题

根据自己的计算机的操作系统和软件配置，安装合适的 SQL Server 2019 版本，并将身份验证模式设置为"混合模式"。

第4章 数据库、表和数据操作

在现代数字化信息社会，利用 SQL Server 对各种业务数据处理的应用在企事业机构极为广泛。在各种实际业务应用中，经常对数据库、数据表和数据进行各种操作，包括对于有关业务数据的增删改和查询等操作，已经成为网络业务数据处理中最广泛的实际应用。💻

╔══╗
🖥 **教学目标**
- 熟悉常用数据库的创建（定义）、修改和删除操作
- 熟练掌握数据表的创建（定义）、修改和删除方法
- 熟悉业务数据查询的各种方式、方法及实际应用
- 熟练掌握数据的输入、修改、插入和删除等操作
- 掌握数据库、表及数据常用操作实验和应用
╚══╝

4.1 数据库的常用操作

╔══╗
【案例 4-1】常见的网上购书，实际上网站需要建立一个售书数据库，并在其内建立客户、图书、销售和库存等数据表，并输入相应的数据，便于客户查询、订书及增删改等操作。可见数据库是存储和处理数据的重要基础和条件，数据库的建立实际上是在指定位置构建一个存储空间，用于在数据库内建立数据表（结构）并按输入、存储、处理和传输相关的图书数据。
╚══╝

4.1.1 数据库的建立（定义）方法

1. 数据库建立的策划设计📖

建立（定义）数据库之前应先策划设计，主要考虑以下几点。

1）数据库拥有/创建者、存取路径及位置和数据库文件名。

2）相关的数据文件和事务日志文件的逻辑名、物理名、初始大小、增长方式及幅度和最大容量（存储空间大小）等。

3）准备建立的数据库实际使用的用户数及其使用权限。

4）数据库存储空间与存储设备配置的匹配和文件组的存放。

5）突发意外故障时，可以进行数据库备份和恢复。

🖥 说明：为避免建立数据库时出现疏忽，需要先策划。其实是为后续存放同类业务的多个数据表（及数据）准备一个存储空间。数据库主要由数据库名、拥有者的用户名或账号、存储路径和位置等确定。📖

┌─────────────────┐
📖 **知识拓展**
建立数据库前的准备
└─────────────────┘

2. 数据库建立的常用方法

数据库建立（定义）的操作方法有两种：利用 SSMS 的界面和菜单操作方法和使用 SQL 命令语句的操作方法。

（1）数据库建立的 SSMS 菜单操作

启动 SQL Server 2019 之后，打开 SSMS（SQL Server Management Studio）的界面和菜单，操作建立（定义）数据库的过程，可以通过【案例4-2】来说明。

【案例4-2】建立一个存放高等院校二级学院基本信息的数据库 School。在 SSMS 的可视化界面下，操作步骤为：先启动 SQL Server 2019 并连接，在"对象资源管理器"选中"数据库"项并右击，弹出快捷菜单，如图 4-1 所示。在快捷菜单中单击"新建数据库"后，打开"新建数据库"的界面，如图 4-2 所示，然后按照要求进行填写。

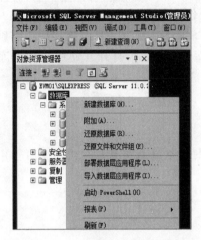
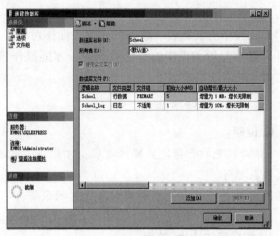

图 4-1　建立数据库的快捷菜单　　　　图 4-2　新建数据库的界面

在"新建数据库"的界面中，将数据库名称输入为 School，保留其他参数为默认。最后单击"确定"按钮，返回"资源管理器"刷新后，即可看到新建的数据库 School。

（2）数据库建立的 SQL 语句操作

数据库建立（定义）命令语句的**语法格式**如下。

> 📖 **知识拓展**
> 建立数据库的完整语法格式信息查看

CREATE DATABASE <数据库名> [AUTHORIZATION <用户名>]
　　[ON [PRIMARY] (路径/文件大小)]

💻 **说明：** 📖

1）"数据库名"是用户准备建立的数据库文件名。

2）AUTHORIZATION 选项用于设定数据库拥有者，可授权给指定的用户，建立数据库的数据库管理员（DBA）或获其授权的用户才可使用。

> 📖 **知识拓展**
> 完整语法格式【案例4-3】

3）ON [PRIMARY]（路径/文件大小）选项，主要用于设定新建立数据库存放的位置及文件初始容量。📖

⚠ **注意**：新建的数据库的拥有者系统默认（首次新建无指定）为登录的注册人，存储路径（位置）默认为当前盘及当前路径。

【案例4-3】建立一个"图书销售"数据库，主要数据文件为图书销售。数据库拥有者为李杰，存储位置为"F:\数据库\图书销售.mdf"。

```
CREATE DATABASE 图书销售 AUTHORIZATION 李杰
ON
(NAME = 图书销售,
FILENAME = 'F:\数据库\图书销售.mdf');
```

4.1.2　数据库的打开、切换和关闭

📖 知识拓展
数据库信息查看

1. 数据库的打开使用 📖

在业务应用中，都需要先打开数据库，然后才能操作（使用）数据库及其中的数据表、数据、视图等操作对象。当登录 SQL Server 服务器并连接后，需确定打开（连接）服务器中的一个数据库，才能操作该数据库中的数据。打开（使用）数据库的 SQL 语句的**语法格式**如下。

USE <数据库名>

💻 说明：

1）必须先打开指定数据库之后，才能操作此数据库的对象（数据表、视图、索引等）及其有关数据等。

2）"数据库名"为在指定位置打开的数据库（文件）名。

3）在后续案例中，限于篇幅都省略了 USE 语句。

2. 数据库的切换/关闭

数据库的切换/关闭 SQL 语句的**语法格式**如下。

USE [<数据库名>]

💻 说明：

1）"数据库名"为所切换（另打开数据库）或关闭的数据库名。

2）切换是指在已经打开某个数据库的情况下，打开（切换到）另一个其他数据库时（当前打开的数据库），同时关闭原数据库的过程。

3）若 USE 后面无"数据库名"选项，则关闭当前数据库。

4.1.3　数据库修改的操作

📖 知识拓展
修改数据库的两种方式

数据库修改的操作有两种：利用 SSMS 修改或用 SQL 语句修改。📖

1. 数据库修改的 SSMS 菜单操作

用 SSMS 界面菜单修改数据库的方法和步骤如下。

启动 SSMS，在"对象资源管理器"中展开"数据库"选项，选择拟修改的数据库并右击，在弹出的快捷菜单中选择"修改数据库脚本为"→"ALTER 到（A）"命令，即可进行修改，如图 4-3 所示。

2. 数据库修改的 SQL 语句方法

通过 SQL 语句修改数据库的**基本语法格式**如下。

ALTER DATABASE <数据库名>
MODIFY NAME │ FILE = <新数据库名/文件名>

图 4-3 利用 SSMS 修改数据库界面

📖 注意：数据库修改方法及注意问题。📖

1）修改数据库名称的操作方法。

修改数据库名称的**基本语法格式**如下。

> 📖 知识拓展
> 修改数据库时需要注意的问题

```
ALTER DATABASE  <原数据库名>
MODIFY NAME = <新数据库名>
```

【案例 4-4】将数据库"图书销售"文件名更改为"商品销售"。

```
ALTER DATABASE 图书销售   (存储位置略)
MODIFY NAME =商品销售
```

2）修改数据库容量的操作方法。实际上是修改数据库中的具体数据文件的大小，常用操作的基本语法格式如下。

```
ALTER DATABASE <数据库名>
MODIFY FILE
(
name = '逻辑名',
size = 修改后的大小,
maxsize = 修改后的最大容量(大小),
filegrowth =新的增长方式
)📖
```

> 📖 知识拓展
> 修改数据库的扩展用法

📖 注意：修改数据库容量的操作需要注意以下几点。

1）只有建立数据库权限者，才能执行修改命令。此命令可更改数据库名称，增加或删除数据库中的文件（组），也可更改文件（组）属性。

2）为了防止文件中信息被损坏，文件容量只能增加。

3）主要用于修改 .mdf、.ndf、.ldf 文件容量，修改后的容量应当大于原初始容量，否则无法保存数据。若超过最大容量将会更新为修改后的容量。

4.1.4 数据库删除的操作

当指定的数据库及其中的表和数据等废弃时，应进行删除。

数据库删除的方法有两种：利用 SSMS 删除或使用 SQL 语句删除。

1. 数据库删除的 SSMS 菜单操作

利用界面菜单删除数据库的步骤如下。

在"对象资源管理器"中展开"数据库"，选择数据库并右击，在弹出的快捷菜单中选择"删除"命令，打开"删除对象"窗口，如图4-4所示。

在"删除对象"窗口，确认要删除的数据库，可选择"关闭现有连接"复选框决定是否要删除备份及关闭已存在的数据库连接。

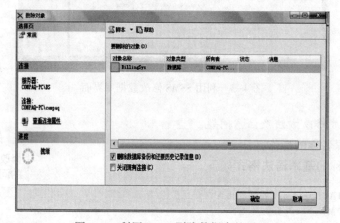

图 4-4　利用 SSMS 删除数据库的界面

2. 数据库删除的 SQL 语句方法

利用 SQL 语句删除数据库的**基本语法格式**如下。

DROP DATABASE <数据库名>

💻 说明：

1）使用 DROP 语句删除数据库的前提条件：数据库只有处于正常关闭情况下，才可使用 DROP 语句进行删除。当处于数据库正在运行使用或正在恢复等状态时不可被删除。

2）执行删除数据库的 SQL 命令后，数据库及其数据表、视图等对象将全部被删除。

【案例4-5】删除"图书销售"数据库。

DROP DATABASE 图书销售　（存储位置略）

🖋 讨论思考：

1）数据库建立和修改的 SQL 命令有哪些？

2）数据库的打开、切换和关闭命令及用法有哪些？

3）数据库删除的命令和方式具体有哪几种？

4.2 常用的数据表操作

在业务数据处理中，常用的数据表（结构）操作主要有3种：建立（定义）数据表、修改数据表和删除数据表。

4.2.1　数据表建立的操作方法

数据库中的数据表主要用于存取数据，通常可以根据需要建立几个相关的数据表（结构），以便于用表输入、存储和处理相关数据。在建立表（结构）前需要先策划（设计）：表（结构）的列（属性）及名称、存放数据的类型、宽度、小数位数、主键和外键等。

数据表建立（定义）的操作方法有两种：SSMS 界面菜单方法和 SQL 命令语句方法（重点）。

1. 数据表建立的菜单操作方法

下面结合实例说明用 SSMS 界面菜单建立数据表（结构）的操作方法和步骤。鉴于菜单操作方法与之前类似，且大纲将语句操作方式作为重点，后续"菜单操作方法"内容尽量略去。

【案例 4-6】 在 School 数据库中，建立可以存取学生数据的表（结构）Student。在可视化界面 SSMS 下右击表，在弹出的快捷菜单中选择"新建表"命令，如图 4-5 所示。

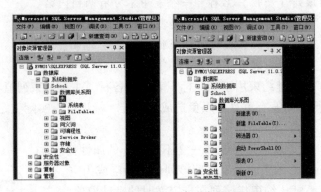

图 4-5　利用 SSMS 建立表的界面

选择"新建表"命令，打开如图 4-6 所示的"设计表结构"界面，可依据实际业务数据需求考虑（设计），输入列名（属性名，即字段名）、拟存放数据的类型、宽度、小数位数等，设计完成表（结构）。

在数据表建成后右击"Id"选项，在弹出的快捷菜单中选择"设置主键"命令，将其设置为主键，用于唯一确定指定记录且可快速查询，对以后数据操作很重要，如图 4-7 所示。

图 4-6　设计表结构的界面　　　　　　　　　图 4-7　设置主键的界面

🗚 **注意**：设置主键后，Id前面会将出现小钥匙图标。在"标识规范"中的"标识"选择"是"，可以设置主键自增长方法。

2. 数据表建立的命令语句方法

数据表建立（定义）操作，主要是构建数据表的结构（属性列），使用SQL语言建立数据表结构的语句格式如下。

```
CREATE TABLE <数据表名>
    (<列名1>  <列数据类型>  [列完整性约束],
      <列名2>  <列数据类型>  [列完整性约束],
      ......
    [表级完整性约束])
```

🖥 **说明**：

1）"数据表名"是指定新建的数据表名，注意在同一个数据库中不允许有两个表同名。

2）"列名"是指该列（属性）名称。一个表中不可有两列同名。

3）"列数据类型"指该列将存储数据的类型。如单价为数值型。

4）"列完整性约束"指对数据表的列（属性）设定的约束条件。

常用的列（级）完整性约束条件有5种。

- PRIMARY KEY。主键约束用于唯一标识表中的各行，主键约束列值不能为NULL，同时也不能与其他行的列值有重复，以免造成无法唯一标识行。实际上是非空约束与唯一性约束的合并。
- UNIQUE 约束。设置该列只存放唯一（不重复）的属性值。📖
- NOT NULL 与 NULL 约束。分别确定该列值不为空或为空。
- DEFAULT 约束。默认约束指该列在未定义时的默认取值。
- CHECK 约束。检查约束可以通过约束条件表达式设置其列值应当满足的具体条件（要求）。例如，只能输入正数等。

> 📖 **知识拓展**
> 主键约束和唯一约束的区别

5）"表级完整性约束"，主要用于规定数据表的主键、外键和用户自定义完整性约束（具体要求及条件）。

【案例4-7】 在"图书销售"数据库中，用SQL语言建立（定义）3个表，其中3个数据表的关系模式如下。

图书（图书编号，图书名，出版社，作者，价格，出版时间）；

售书网站（售书网站编号，名称，所在城市，成立时间）；

售书（图书编号，售书网站编号，数量）。

```
CREATE TABLE 图书
(图书编号  CHAR (4)  NOT  NULL UNIQUE,
 图书名    VARCHAR(50)  NOT  NULL,
 出版社    VARCHAR(50)  NULL,
 价格      DECIMAL (6,2)  NOT NULL,
 出版时间   DATETIME(20)  NULL,);
CREATE TABLE 售书网站
(售书网站编号 CHAR(6),
```

```
           名称            VARCHAR(50)        NOT  NULL,
           所在城市        CHAR(8)            NOT  NULL,
           成立时间        DATETIME,
           PRIMARY KEY(售书网站编号));
        CREATE TABLE 售书
        (图书编号          CHAR(4),
         售书网站编号      CHAR(6),
         数量 INT,
         PRIMARY KEY(图书编号,售书网站编号),
         FOREIGN KEY (图书编号) REFERENCES 图书(图书编号),
         FOREIGN KEY (售书网站编号) REFERENCES 售书网站(售书网站编号)
         );
```

📖 **说明**：数据表的查看及输入或编辑数据方法。当数据表建立
（定义）完成后，可在"对象资源管理器"窗口的具体数据库中进行
查看，或用快捷菜单中的"编辑"命令输入或编辑数据。📖

📖 **知识拓展**
查看表，输入/编辑
数据

4.2.2 数据表的修改和删除

1. 数据表修改的操作

在数据库建立数据表之后，可能出现业务及数据需要变更的情况，应对数据表（结构）
进行及时修改，操作方法有 3 种：增加新的列、删除原某列，以及修改原某列的数据类型。修
改表结构的**语法格式**如下。

```
ALTER TABLE <基本表名>
   [ADD <新列名> <列数据类型> [列完整性约束]]
   [DROP COLUMN <列名>]
   [ALTER COLUMN <列名> <列数据类型>]
```

📖 **说明**：修改数据表结构（列）操作应当注意以下几点。

1）ADD 选项可在指定的数据表中增加新的列（属性），要求满足指定的"列数据类型"
和"列完整性约束"的具体条件。

2）DROP COLUMN 选项用于删除指定原数据表的列。

3）ALTER 选项用于修改原有列，应满足"列数据类型"等
要求。

在常用操作中，还可以使用修改表结构的其他用法，具体修改列
的数据类型或修改字符数据类型的长度（varchar）。📖

📖 **知识拓展**
修改表结构的其他用法

【案例 4-8】在售书网站的数据表中对图书增加一评价列。

ALTER TABLE 售书网站 ADD 评价 VARCHAR(50);

🔔 **注意**：新增加的列（属性）不可定义为 NOT NULL。不管原来数据表中是否已有数据，
新增加的列一定为空值（NULL）。

【案例 4-9】在图书数据表中删除出版时间列。

ALTER TABLE 图书 DROP COLUMN 出版时间;

【案例 4-10】 修改图书数据表中的"出版社地址"列的数据类型为 VARCHAR(22)。

```
ALTER TABLE 图书
ALTER COLUMN 出版社地址 VARCHAR(22)
```

注意：一定慎重修改原有列（含数据类型），其修改可能改变原有约束条件或破坏原有数据。

2. 数据表删除的操作方法

当企事业的业务拓展变化或因数据表过时需淘汰，不再保留某个数据表时，可以根据实际需要备份后将其删除。

常用的数据表删除的语法格式如下。

```
DROP TABLE <数据表名>
```

说明：删除数据表的操作应慎重，以防误删最好留有备份。

删除指定数据表的同时，表中的所有数据及建立的索引都将一起被删除，而系统将保留该表上的视图定义，但不可使用。

【案例 4-11】 删除图书数据库中计算机表，并同时删除相关的视图和索引等相关对象。

```
DROP TABLE 计算机
```

说明：上述各种操作都以 SQL 的命令语句方式为重点。

采用 SSMS 界面菜单方式打开、修改或删除表的操作与前述类似。

讨论思考：
1）数据表的定义（建立）操作是哪两种方法？
2）数据表结构修改的 4 种方法的语句分别是什么？
3）举例说明怎样具体删除一个指定的数据表。

4.3　数据查询的常用操作

数据查询是计算机管理数据库的重要应用之一，是数据库应用的核心功能。数据查询或查询数据是指从指定数据表中通过筛选得到满足条件数据（记录）的过程。在此介绍语句查询方法。

上述应用案例中使用的"图书销售"数据库的 3 个表如下。

```
图书(图书编号,书名,出版社,价格,出版时间);
售书网站(售书网站编号,名称,所在城市,成立时间);
售书(图书编号,售书网站编号,数量)。
```

4.3.1　数据查询语句及用法

数据查询常用的 SQL 语句的语法格式如下。

```
SELECT [ALL | DISTINCT]表的列名或列表达式[,表的列名或列表达式] …
    FROM<表名或视图名>[,<表名或视图名>]…
```

[WHERE<条件表达式>]
[GROUP BY 列名[HAVING 组条件表达式]]
[ORDER BY 列名[ASC | DESC],…]

💻 说明：在数据查询过程中，需要准确运用有关操作语句。

1）ALL 选项（为默认选项）可以显示满足查询条件的全部记录，DISTINCT 选项使查询的结果只含不同记录，取消后面其他相同的记录。

2）用"*"选项将显示数据表全部字段中满足查询条件的所有查询记录。

3）从 FROM 子句指定的表或视图中，筛选出满足"条件表达式"的记录，再按 SELECT 子句中的表的列名或列表达式，选取出记录中的列（属性）值形成最后的结果。

4）WHERE 子句中用"条件表达式"确定查询的条件，常用的查询条件和谓词如表 4-1 所示。📖

> 📖 **知识拓展**
> 条件查询及组合查询

WHERE 子句中的条件表达式作用于数据表中的记录，它不同于 HAVING 子句中的条件表达式。HAVING 子句中的条件表达式作用于分组后的查询结果。

表 4-1 WHERE 子句常用的查询条件

查询条件	谓词
比较（比较运算符）	= , >, <, >=, <=,!=, <>,!<；NOT+比较运算符
确定范围	BETWEEN AND，NOT BETWEEN AND
确定集合	IN, NOT IN
字符匹配	LIKE，NOT LIKE
空值	IS NULL，IS NOT NULL
多重条件（逻辑谓词）	AND, OR

5）GROUP BY 子句将查询结果按指定选取列（名）值分组，该属性列值相同的记录为一个组，各组产生结果表中的一条记录。

6）HAVING 子句出现在 GROUP BY 子句之后，它的作用是将分组后的查询结果中不满足"组条件表达式"的记录去掉。它常在每组中用聚合函数完成计算个数、求和或求平均等统计任务。

7）ORDER BY 子句，使查询结果对指定的列值按升降次序排列，其中，ASC（或默认）选项为升序，DESC 为降序。

【案例 4-12】查询出版《数据库原理及应用》图书的出版社。

    SELECT DISTINCT 出版社
    FROM 图书
    WHERE 书名='数据库原理及应用'

数据查询结果等价于关系代数中按照条件选择运算后的投影。📖

4.3.2 条件查询和模糊查询

> 📁 **特别理解**
> 查询为筛选后的投影

在使用 SELECT 语句进行查询操作时，应注意一些条件限定。

1. 输出查询结果的数据

输出查询（筛选）结果的表结构和数据的方法。

1）当指定表的列名或列表达式前加 DISTINCT 选项时，在输出满足"条件"的查询结果表中只出现（相同）重复记录的首记录。

2）"列表达式"可指定单列求聚合值的表达式，或用加减乘除及列名、常数等算术表达式。在 2.5.4 节中介绍过聚合函数，常用的如表 4-2 所示，利用 GROUP BY 子句可对查询结果数据进行分组。

表 4-2　常用的聚合函数

聚 合 函 数	功 能 说 明
COUNT（*）	计算记录的个数，如人数等
COUNT（列名）	对一列中的值计算个数，如货物件数等
SUM（列名）	求某一列值的总和（此列必须是数值型）
AVG（列名）	求某一列值的平均值（此列必须是数值型）
MAX（列名）	求某一列值的最大值
MIN（列名）	求某一列值的最小值

3）"*"号用于输出 FROM 子句中表或视图的所有列的查询数据。

4）当查询结果中输出的列（属性）名同原表或视图的列名不一致时，可用"旧名 AS 新名"的形式更改新列名。使用时 AS 也可省略。

【案例 4-13】查询所有售书网站的编号、名称和成立年限。📖

SELECT 售书网站编号，名称，2017-成立时间

AS 成立年限

FROM 售书网站

📖 **知识拓展**

新列（字段）数据获取

💬 注意：在 FROM 子句中多次引用同一数据表时，可用 AS 增加别名进行区分，具体使用格式为：AS 别名。

【案例 4-14】在图书销售数据库中，查询各售书网站销售图书的数量。在查询结果表中，图书数量显示的列名为"数量"。

```
USE 图书销售   （后续案例此语句省略）
SELECT 售书网站编号,COUNT(*)AS 数量
FROM 售书
GROUP BY 售书网站编号
```

---

2. 条件查询方法

条件查询是指在 SELECT 语句中使用 WHERE<条件表达式>子句的查询方式。常见的条件查询方法有比较条件查询、谓词条件查询和其他条件查询方法。

（1）比较条件查询

比较条件查询方法主要在 WHERE<条件表达式>子句中的"条件表达式"采用，比较运算符包括=、<、>、>=、<=、!=、<>、!>、!< 等。

例如：where 专业 = '网络工程';

　　　 where 年龄>20 and 年龄 <=25。

【案例 4-15】查询图书的价格小于 48 元的《大学计算机基础教程》图书的基本
信息。

　　　SELECT *
　　　FROM 图书
　　　WHERE 书名='大学计算机基础教程'and 价格< 48;

（2）谓词条件查询

通常，谓词条件查询方法主要有两种。

1）指定范围查询。"条件表达式"使用谓词 BETWEEN…AND…，在指定范围内筛选出使
"表达式值"为真的数据（记录）。

常用的语法格式为：<表达式> [not] between A and B

其中，A 是范围的下限（即低值），B 是范围的上限（即高值）。

例如：where 年龄 between 20 and 25;

　　　 where 任职时间 not between 10 and 15;

【案例 4-16】查询价格在 38~56 元的《网络安全技术及应用》图书的有关基本
信息。

　　　SELECT *
　　　FROM 图书
　　　WHERE 价格 BETWEEN 38 AND 56
　　　　　　 AND 书名='网络安全技术及应用'

🔔 注意：谓词 BETWEEN…AND…常用于表示数值型数据和日期型数据的范围。

2）属于（包含）查询。指"条件表达式"中用特殊运算符 IN 表示判断属性值是否属于
（包含）某个集合（为其中的元素）。也可用 NOT IN 表示判断属性值不属于某个集合（不是其
中的元素）。

例如：where 专业 in ('财务管理', '物联网', '金融工程')

3）空值数据查询。指定条件为 IS NULL 和 IS NOT NULL 的查询。

空值表示没有（暂时没定或没填写）其值，以符号 NULL 表示，既不是零，也不是长度为
零的字符串。例如在图书表中某些图书的出版社不详，暂时没填写，就是空值 NULL。

常用空值数据查询的语句格式为：<表达式> IS [NOT] NULL

【案例 4-17】查询售书网站所在地为上海或广东的信息。

　　　SELECT *
　　　FROM 售书网站
　　　WHERE 所在城市 IN ('上海','广东')

🔔 注意：上述中的"IS"不可用等号" = "进行代替，如出版社 = NULL 将出现错误，
将无法得到结果。

【案例 4-18】对图书数据表，查询没有填写作者信息的具体数据（记录）以便于填写。

```
SELECT *
FROM 图书
WHERE 作者 IS NULL
```

【案例 4-19】查询已经填写出版社信息的图书信息。

```
SELECT *
FROM 图书
WHERE 出版社 IS NOT NULL
```

（3）统计查询

在对数据库进行查询时，经常会碰到需要对数据表中的数据进行分组统计的情况。解决分组统计问题需要在查询语句中加入 GROUP BY 子句，并辅以聚合函数和 HAVING 子句。

【案例 4-20】查询售书数据表，统计图书销售总量大于等于 200 的售书网站编号及其销售图书的总数量。

```
SELECT 售书网站编号,SUM（数量） AS 销售总量
FROM 售书
GROUP BY 售书网站编号
HAVING SUM（数量）>=200;
```

🔔注意：在带 GROUP BY 子句的 SQL 查询中，SELECT 语句中的目标列表达式必须包含出现在聚合函数以及 GROUP BY 子句中的属性列，即 SELECT 语句中的目标列表达式必须包含分组标签。

3. 模糊查询方法

模糊查询是指对只满足局部条件的查询操作。这是一种对匹配部分条件的查询，主要是利用字符串匹配比较方式筛选数据结果。

在"条件表达式"中，字符串匹配采用 LIKE 操作符的**语法格式**如下。

<列名>［NOT］LIKE <字符串常数>［ESCAPE <转义字符>］

📋说明：格式中的<字符串常数>主要使用以下**通配符**。

1）%（百分号）。用于表示任意长度（含长度为 0）的字符串。如 a%b 表示以 a 开头且以 b 结尾的任意长度的字符串。如 ab、akb、akdcgb 等都满足该匹配字符串。

2）_（下画线）。表示任意一个单字符。如 a_b 表示以 a 开头，以 b 结尾的长度为 3 的任意字符串。如 acb，afb 等都满足该匹配串。

【案例 4-21】查询所有销售"大学英语"图书的售书网站的售书网站编号和图书名的信息。

```
SELECT 售书网站编号,书名
FROM 售书,图书
WHERE 售书.图书编号=图书.图书编号 AND 图书.书名 LIKE '%大学英语%'
```

注意：ESCAPE '\' 短语中的 "\" 表示换码字符，此时匹配串中紧跟在 "\" 后面的字符 "_" 不再具有通配符的含义，转义为原 "_" 字符。

4.3.3　排序查询、连接查询和嵌套查询

在具体应用中，灵活运用 SELECT 语句可以进行多种查询操作。下面结合案例说明排序查询、多表连接查询和嵌套查询的方法。

1. 数据排序查询

数据排序查询主要是指在查询语句中，利用 ORDER BY 排序子句对查询结果的数据（记录）进行排序后输出。

> 【案例 4-22】查询销售了图书编号为 T007 的售书网站的编号和销售数量，并按其数量降序排列。
>
> ```
> SELECT 售书网站编号,数量
> FROM 售书
> WHERE 图书编号 = 'T007' ORDER BY 数量 DESC
> ```

2. 连接查询和其他用法

连接查询是指同时涉及两个以上的表的查询。连接查询是数据库高级查询中常见的操作。这类查询又细分为两类：自身连接查询和多表连接查询。自身连接查询是指要通过表中相关联字段之间的联系进行的查询；多表查询需要几个表连接后进行数据查询（筛选），适用于数据分散在几个表的情况，其语句格式要求如下：

1）SELECT 子句中应指定各表查询的结果将出现的列名。

2）FROM 子句要指定进行连接的各表名，当有多张表时，表名间用 "," 隔开。

3）WHERE 子句应指定连接的 "表名.列名" 及连接条件。📖

连接查询中常用子句的**语法格式**为：

> 📁 **特别理解**
> 指定表的指定列

```
[<表名 1>. ]<列名 1> <比较运算符> [<表名 2>. ]<列名 2>
[<表名 1>. ]<列名 1> BETWEEN [<表名 2>. ]<列名 2> AND [<表名 3>. ]
<列名 3>
```

说明：使用多表连接列（字段）时需要注意以下几点。

1）连接字段指连接谓词中的 "列名"（即属性名）。

2）连接条件中只有各连接列（值）的数据类型相同才可连接。

3）"比较运算符" 只对相同数据类型的列值才可比较。

4）注意 BETWEEN…AND…、AND 等运算符及谓词等的用法。

> 【案例 4-23】查询上海售书网站卖出图书的数量。
>
> ```
> SELECT 售书.数量
> FROM 售书网站,售书
> WHERE 售书网站.售书网站编号=售书.售书网站编号 AND 售书网站.所在城市='上海'
> ```

> 【案例 4-24】在售书网站上，查询中国图书网站所销售过的图书的图书名和数量。
>
> ```
> SELECT 图书.书名,售书.数量
> ```

```
FROM 图书,售书,售书网站
WHERE 图书.图书编号=售书.图书编号 AND 售书网站.售书网站编号=售书.售书网站编
    号 AND 售书网站.名称='中国图书'
```

🔊 注意：在此案例中，由于多表连接中"图书"和"售书"两个表内均有图书编号属性
（列），为了明确表示属性的来源，在属性前面加上属性所属的基本表名，如图书.图书编号。

进行表的自身连接查询时，需要将 WHERE 子句中的两个表起别名进行区分。

【案例4-25】 在图书数据表中，查询机械工业出版社出版的图书《数据库系统》作
者的其他图书名称和出版社信息。

```
SELECT TWO.书名,TWO.出版社,ONE.作者
FROM 图书 ONE,图书 TWO
WHERE ONE.作者=TWO.作者 AND ONE.书名='数据库系统'
AND ONE.出版社='机械工业出版社'
```

【案例4-26】 查询曾经销售过编号为 T001 或 T002 图书的售书网站的编号。

```
SELECT 售书网站编号
FROM 售书
WHERE 图书编号='T001'
UNION
SELECT 售书网站编号
FROM 售书
WHERE 图书编号='T002'
```

🔊 注意：两个查询的查询结果结构完全一致时，可以进行并（UNION）、交（INTERSECT）、
差（EXCPT）操作。实际上，在两个查询的 WHERE 子句，也可合并为 IN（'T001','T002'）。

3. 嵌套查询及应用

嵌套查询是指在一个 SELECT 查询语句的 WHERE 条件中，嵌入另一 SELECT 语句的查询
方式。其中的外层查询称为父查询，内层查询称为子查询。运行时从里到外，先运行最里面的
子查询。

【案例4-27】 查询销售《网络安全技术及应用》的售书网站的编号和相应的销售
数量。

```
SELECT 售书网站编号,数量
FROM 售书
WHERE 图书编号 =(SELECT 图书编号
                FROM 图书
                WHERE 书名='网络安全技术及应用')
```

📖 说明：对此应用案例，也可用多表连接查询方式：

```
SELECT 售书网站.售书网站编号,售书.数量
FROM 图书,售书
WHERE 图书.图书编号=售书.图书编号 AND 图书.书名='网络安全技术及应用'
```

【案例 4-28】 查询至少比某一个售书网站销售 G009 图书的销售数量多的售书网站的编号。

```
SELECT 售书网站编号
FROM 售书
WHERE 数量 > SOME(SELECT 数量
                FROM 售书
                WHERE 图书编号 ='G009')
```

【案例 4-29】 查询销售数量多于所有 G008 图书的售书网站的编号。

```
SELECT 售书网站编号
FROM 售书
WHERE 数量 > ALL(SELECT 数量
                FROM 售书   WHERE 图书编号 ='G008')
```

💻 说明：在上述两个应用案例中，通常使用 SOME 运算符表示"某一（个）"，使用 ALL 运算符表示"所有"或"每个"。

【案例 4-30】 查询销售过图书"航天"的售书网站的编号。

```
SELECT 售书网站编号
FROM 售书
WHERE EXISTS(SELECT *
            FROM 图书
            WHERE 图书.图书编号=售书.图书编号 AND 书名='航天')
```

【案例 4-31】 查询没有销售过图书"航天"的售书网站的编号。

```
SELECT 售书网站编号
FROM 售书
WHERE NOT EXISTS(SELECT *
                FROM 图书
                WHERE 图书.图书编号=售书.图书编号 AND 书名='航天')
```

💻 说明：系统运行含有 EXISTS 谓词作为存在量词的子查询时，只得到"真"或"假"两种返回值。若内层查询结果非空，则外层 WHERE 子句返回"真"，否则返回"假"；用存在量词 NOT EXISTS 后，若内层查询结果为空，则外层的 WHERE 子句返回"真"，否则返回"假"。

🎵 讨论思考：

1）SELECT 语句的语法格式和方法是什么？

2）SQL 提供了哪些聚合函数？怎样进行应用？

3）举出一个多表查询的具体应用实例。

4.4 数据更新常用方法

数据更新的常用操作主要包括插入数据、修改数据和删除数据。具体有两种操作方式：利用 SSMS 界面菜单和 SQL 语句。鉴于教学重点及篇幅，主要介绍利用 SQL 语句的操作方法。

4.4.1　数据插入的操作

当数据表（结构）建立之后，可以根据实际业务需要向指定的数据表中插入数据。利用 SQL 语句插入数据的操作有两种形式：插入单个数据（记录）和插入查询结果（成批数据）。

1. 插入单个数据的操作方法

对指定的数据表，插入单个记录操作的语法格式如下。

```
INSERT INTO <数据表名> [(<列名 1>,<列名 2>,…,<列名 n>)]
    VALUES(<列值 1>,<列值 2>,…,<列值 n>)
        [,(<列值 1>,<列值 2>,…,<列值 n>),…];
```

💻 说明：在指定表中，插入单个新记录时应注意以下几点。

1）"数据表名"为指定插入的表名。若某些列（属性）在 INTO 子句中没出现，则新记录在未出现的对应列上取空值。若没指明（缺省）任何列名，则插入新记录须在指定表名一一对应列上都有值。

2）在 VALUES 子句的列值为新插入的列值，要求其前后顺序与 INTO 子句列表中的列名一一对应，否则插入的值不一致或无法操作。

3）在列名序列中应包含所有不可取空值的列，以免操作受限。

【案例 4-32】向图书数据表中插入一个记录（'J006','网络安全','高等教育','2017/05/18'）

```
INSERT INTO 图书(图书编号,书名,出版社,出版时间)
VALUES('J006','网络安全','高等教育','2017/05/18');
```

【案例 4-33】向售书网站数据表中插入 3 个记录（'N05','1 号店','上海',' 2008/07/11'），（'N06','亚马逊','西雅图','1995/07/28'），（'N07','淘宝','杭州','2003/05/10/'）。

```
INSERT INTO 售书网站 VALUES ('N05','1 号店','上海','2008/07/11');
INSERT INTO 售书网站 VALUES('N06','亚马逊','西雅图','1995/07/28');
INSERT INTO 售书网站 VALUES ('N07','淘宝','杭州','2003/05/10/');
```

在数据表中插入单个新数据后，可以通过查看当前数据表中新插入的数据（记录）进行查看检验。📖

📂 **特别理解**
插入数据后进行查看

2. 插入成批查询结果的方法

通过利用 SELECT 语句得到的查询结果（筛选数据），可以将数据成批地插入到指定表中，常用的操作语法格式如下。

```
INSERET INTO <表名> [(<列名 1>,<列名 2>,…,<列名 n>)]
<子查询>;
```

💻 说明：将查询结果（筛选数据）成批插入表时应注意以下几点。

1）格式中的<表名>，为指定当前准备插入的"数据表名"。

2）其后的<列名>分别为拟插入的数据表的"列名"。若指定"列名"序列，则要求<子查询>结果与这些列名序列（列名及顺序）一一对应。若省略"列名"序列，则子查询所得到的数据列应与指定数据表的数据列完全对应且一致，以免无法操作（列数不同）或混乱。

　　3)"子查询"为指定的 SELECT 语句确定的查询（筛选）。

　　【案例 4-34】若已建有"销售_统计（售书网站编号，销售总量)"的销售统计表，其中"销售总量"表示每个售书网站销售图书的总数量，向销售_统计表中插入各售书网站的销售总量。

```
INSERT INTO 销售_统计(售书网站编号,销售总量)
SELECT 售书网站编号,SUM(数量)
FROM 售书
GROUP BY 售书网站编号
```

4.4.2　数据修改的方法

　　当企事业机构的业务数据发生变更时，需要及时对有关数据（记录）进行修改，常用命令语句操作的**语法格式**为：

```
UPDATE <数据表名>
SET <列名> = <表达式> [ ,<列名> = <表达式>]…
[ WHERE <条件表达式>]
```

　　💻 说明：修改（替换）指定数据应注意以下几点。

　　1)"数据表名"为指定拟修改数据（记录）所在的数据表名。

　　2) SET 子句主要用于指定修改（替换）的结果，即用"表达式"的结果值修改（替换）对应的列（指定"列名"）的值。

　　3) WHERE 语句用于修改指定表中满足条件（条件表达式）的记录。如果省略 WHERE 子句，则表示要修改表中的所有记录。

　　4) 常用的修改方法：修改某个或多个（满足条件）记录的值、批量修改带子查询（筛选）的满足条件的记录的值。

　　【案例 4-35】将图书编号为 T002 的图书价格提高 2%。

```
UPDATE 图书
SET 价格=价格+价格 * 0.02
WHERE 图书编号='T002';
```

　　【案例 4-36】在数据表 Student 中，将学生姓名（SName）为李四的记录的家庭地址 Address 的值改为 BBBBB。

```
UPDATE Student
SET Address = 'BBBBB'
WHERE SName = '李四';
```

　　🗨 注意：在利用 UPDATE 进行批量更新（替换）时，需要特别注意后面的 WHERE 语句（筛选条件）的具体应用。📖

📂 **特别理解**
对数据直接编辑修改

4.4.3 数据删除的方法

在业务数据处理中，当数据表中的数据不再需要时，可以从指定的数据表中删除。常用删除数据操作的语法格式如下。

```
DELETE FROM <数据表名>
    [WHERE <条件表达式>]
```

💻 **说明**：删除数据的操作一定要慎重。

1）<数据表名>为指定拟删除的数据（记录）所在的数据表名。

2）WHERE 子句用于指定删除满足"条件"的数据（记录）。如果省略 WHERE 子句，则删除表中的全部记录（只留表结构）。

3）一次只能对一个表中的数据进行删除，不能一次从多个表中删除记录。若删除多表记录，需要多次使用 DELETE 语句操作。

【案例 4-37】 删除售书网站数据表中，售书网站编号为 G003 的售书记录。

```
DELETE FROM 售书
WHERE 售书网站编号 ='G003';
```

🔔 **注意**：在删除数据时，应当注意 WHERE 条件，以免误删。

【案例 4-38】 删除数据库原数据表 Student 中的第 5 条记录，即 Id 为 5 的记录，如图 4-8 所示。

```
DELETE FROM Student
WHERE Id = 5
```

图 4-8 删除数据的界面

✍ **讨论思考**：

1）怎样将查询结果插入到指定的数据表中？

2）SQL 中数据修改包括哪些具体操作语句？

3）举例说明用 DELETE 语句删除一个记录。

4.5 实验 4 数据库、表及数据操作

4.5.1 实验目的

1）熟悉常用数据库的建立（定义）、修改和删除操作。

2）熟练掌握数据表的建立（定义）、修改和删除方法。

3）熟悉业务数据查询的各种方式方法及实际应用。

4）熟练掌握数据的输入、修改、插入和删除等操作。

4.5.2 实验内容

实验内容包括：

1）数据库的建立（定义）、修改和删除操作。

2）数据表的建立（定义）、修改和删除操作。

3）输入、编辑、插入和修改数据库记录操作。

4）数据查询的各种具体方式方法。

4.5.3 实验步骤

1. 建立、修改和删除数据库

1）建立数据库（模仿下例操作）。建立一个"教学"数据库 teachingDB，该数据库的主数据文件逻辑名称为 teachingDB，物理文件名为 teachingDB.mdf，初始大小为 10 MB，最大容量无限制，增长速度为 10%；数据库的日志文件逻辑名称为 teachingDB_log，物理文件名为 teachingDB_log.ldf，初始大小为 1 MB，最大容量为 5 MB，增长速度为 1 MB。

🔔 注意：系统默认数据库（首次新建无具体指定时）的拥有者为登录的注册人，存储路径（位置）为当前盘（公用机房 C 盘有保护）及当前路径。用 U 盘分离和附加（见3.5.4）。

建立数据库有两种方法：通过 SSMS 界面菜单操作或使用 T-SQL 语句。

下面主要介绍第二种操作方法。单击 SSMS 工具栏的"新建查询"按钮，打开查询窗口，输入下列 SQL 语句，并在工具栏上单击"执行"按钮，即可建立指定的数据库。

```
CREATE DATABASE teachingDB          --注意建立数据库所在盘及目录
    ON  PRIMARY                     --建立主数据文件
    (NAME = 'teachingDB',           --逻辑文件名
    FILENAME='E:\ teachingDB. mdf ',   --物理文件路径和名字
    SIZE = 10240KB,                 --初始大小
    MAXSIZE = UNLIMITED,            --最大尺寸为无限大
    FILEGROWTH = 10%)              --增长速度
    LOG ON
    (NAME='teachingDB_log',         --建立日志文件
    FILENAME='E:\teachingDB_log. ldf ',   --物理文件路径和名字
    SIZE=1024KB,
    MAXSIZE = 5120KB,
    FILEGROWTH = 1024KB
    )
```

2）用 SSMS 查看或修改数据库设置。启动 SSMS，在"对象资源管理器"中，选中所要修改的"数据库"并右击，从弹出的快捷菜单中选择"属性"命令，弹出"数据库属性设置"对话框。可以看到，修改或查看数据库属性时，"属性"对话框的选择页中比建立数据库时多了几个选项，如文件、更改数据跟踪和权限等。可以分别在常规、文件、文件组、选项和权限对话框里，根据要求查看或修改数据库的相应设置。

3）添加数据库。将两个数据文件添加到 teachingDB 数据库中。

```
ALTER DATABASEteachingDB      --注意建立数据库所在盘及目录
ADD FILE                      --添加两个次数据文件
(NAME=teachingDB1,
FILENAME = 'E:\ teachingDB1. ndf ', SIZE = 5MB,
MAXSIZE = 100MB,
FILEGROWTH = 5MB),
(NAME=teachingDB2,
FILENAME = 'E:\ teachingDB2. ndf ', SIZE = 3MB,
MAXSIZE = 10MB,
FILEGROWTH = 1MB)
GO
```

4）删除数据库操作。

- 用 T-SQL 语句删除数据库为：DROP DATABASE teachingDB（注意所在的盘及目录）。
- 在"对象资源管理器"窗口，选定"数据库"并右击，在弹出的快捷菜单中选择"删除"命令。弹出"删除对象"对话框，确认是否为目标数据库，并通过选择复选框决定是否要删除备份，以及关闭已存在的数据库连接，单击"确定"按钮，完成数据库删除操作。

2. 建立和修改数据表

在"教学"teaching 数据库中，建立：系部表（department），课程表（course），学生表（student）和教师表（teacher），教师开课表（teacher_course），学生选课表（student_c）。

教务管理系统的数据表如下。

- 系部表（<u>系部编号</u>，系部名称，系部领导，系部电话，系部地址），主键：系部编号。
- 课程表（<u>课程编号</u>，<u>系部编号</u>，课程名称），主键：课程编号；外键：系部编号。
- 学生表（<u>学生编号</u>，<u>系部编号</u>，名称，性别，出生日期，地址，总分，民族，年级，学院，专业），主键：学生编号，外键：系部编号。
- 教师表（<u>教师编号</u>，<u>系部编号</u>，教师名称，职称），主键：教师编号，外键：系部编号。
- 教师开课表（<u>教师编号</u>，<u>课程编号</u>，学期），主键：教师编号，外键：课程编号。
- 学生选课表（<u>学生编号</u>，<u>课程编号</u>，<u>教师编号</u>，学期，成绩），主键：学生编号，外键：课程编号和教师编号。

（1）建立数据表操作

1）使用 SSMS 图形界面方法：在"对象资源管理器"窗口中，右击指定数据库 teachingDB 的"表"文件夹，在弹出的快捷菜单中选择"新建表"命令，依次输入字段名称和该字段的数据类型，以及允许空或非空的设置，即可建立数据库表。

2）使用命令语句方法：选择 teachingDB 数据库，在"新建查询"窗口中输入下列 SQL 语句（列名即"属性名"采用英文），每输入一条 SQL 命令，单击"执行"按钮即可：

```
create table department (
    dept_id          char(6)        not null,
    dept_name        char(20)       null,
    dept_head        char(6)        null,
    dept_phone       char(12)       null,
    dept_addr        char(40)       null,
    constraint PK_DEPARTMENT primary key nonclustered (dept_id)
    )
go
create table course (
    course_id        char(6)        not null,
    dept_id          char(6)        not null,
    course_name      char(20)       null,
    constraint PK_COURSE primary key nonclustered (course_id)
)
Go
create table student (
    stu_id           char(6)        not null,
    dept_id          char(6)        not null,
    name             char(8)        null,
    sex              char(2)        null,
```

```
    birthday            datetime        null,
    address             char(40)        null,
    totalscore          int             null,
    nationality         char(8)         null,
    grade               char(2)         null,
    school              char(20)        null,
    class               char(16)        null,
    major               char(30)        null,
    constraint PK_STUDENT primary key nonclustered (stu_id)
    )
go
create table teacher (
    teacher_id          char(6)         not null,
    dept_id             char(6)         not null,
    teacher_name        char(8)         null,
    rank                char(6)         null,
    constraint PK_TEACHER primary key nonclustered (teacher_id)
    )
Go
create table teacher_course (
    teacher_id          char(6)         not null,
    course_id           char(6)         not null,
    term_id             char(2)         null,
    constraint PK_TEACHER_COURSE primary key (teacher_id, course_id)
    )
    Go
    create table student_c (
    course_id           char(6)         not null,
    stu_id              char(6)         not null,
    teacher_id          char(6)         not null,
    term                char(2)         null,
    score               int             null,
    constraint PK_STUDENT_C primary key (course_id, stu_id, teacher_id)
    )
```

（2）修改表操作

将表 student_c 中 term 列删除，并将 score 的数据类型改为 float。

实验操作步骤：在"新建查询"窗口中输入下列 SQL 语句。

```
    USE teachingDB
    GO
    ALTER TABLE student_c
       DROP COLUMN term
    GO
    ALTER TABLE student_c
       ALTER COLUMN score float
    GO
    /*修改表结构,添加一个外键*/
    alter table course
       add constraint FK_COURSE_DEPARTMENT foreign key (dept_id)
           references department (dept_id)
    go
    alter table course
```

```
            add constraint FK_COURSE_DEPARTMEN_DEPARTME foreign key (dept_id)
                references department (dept_id)
        go
        alter table student
            add constraint FK_STUDENT_DEPARTMEN_DEPARTME foreign key (dept_id)
                references department (dept_id)
        go
        alter table student_c
            add constraint FK_STUDENT__STUDENT_T_COURSE foreign key (course_id)
                references course (course_id)
        go
        alter table student_c
            add constraint FK_STUDENT__STUDENT_T_STUDENT foreign key (stu_id)
                references student (stu_id)
        go
        alter table student_c
            add constraint FK_STUDENT__STUDENT_T_TEACHER foreign key (teacher_id)
                references teacher (teacher_id)
        go
        alter table teacher
            add constraint FK_TEACHER_DEPARTMEN_DEPARTME foreign key (dept_id)
                references department (dept_id)
        go
        alter table teacher_course
            add constraint FK_TEACHER__TEACHER_C_TEACHER foreign key (teacher_id)
                references teacher (teacher_id)
        go
        alter table teacher_course
            add constraint FK_TEACHER__TEACHER_C_COURSE foreign key (course_id)
                references course (course_id)
        go
```

（3）删除表操作

1）使用 SSMS 删除表。在"对象资源管理器"窗口中，展开"数据库"结点，再展开所选择的具体数据库结点，展开"表"结点，右击要删除的表，选择"删除"命令或按〈DELETE〉键。

2）使用 T-SQL 语句删除表。在数据库 teachingDB 中建一个表 Test1，然后删除。

```
USEteachingDB
GO
DROP TABLETest1
```

💻 说明：在删除表时可能会出现"删除对象"的对话框，如删除 department 表。这是因为所删除的表中拥有被其他表设置了外键约束的字段，如果删除了该表，必然对其他表的外键约束造成影响，数据库系统禁止删除被设置了外键的表。

3. 插入或修改数据库记录

（1）使用 SSMS 和 T-SQL 添加记录

在系部表（department）、课程表（course）、学生表（student）、教师表（teacher）、教师开课表（teacher_c）和学生选课表（student_c）中添加适当的记录。添加记录时应注意先后次序。先给无外键约束的表添加记录，然后再给有外键的表添加记录，否则无法添加。

1）使用 SSMS 添加记录：在"对象资源管理器"窗口中，展开"数据库"结点，再展开所选择的具体数据库结点，展开"表"结点，右击要插入纪录的表，在弹出的快捷菜单中选择"编辑前 200 行"命令，即可输入纪录值和修改记录。

2）使用 T-SQL 添加记录：如给教务管理系统数据库的表添加指定的记录。

```
USE teachingDB
GO
/*添加课程表记录*/
INSERT course（course_id,dept_id,course_name）VALUES（'100001', '1001 ', '网络安全'）
INSERT course（course_id,dept_id,course_name）VALUES（N'100002', N'1001 ', N'数据结构'）
/*添加系部表记录*/
INSERT department（dept_id, dept_name, dept_head, dept_phone, dept_addr）VALUES（'1001 ', '信息学院', '张老师', '1391001011', '图书馆 7 楼'）
INSERT department（dept_id, dept_name, dept_head, dept_phone, dept_addr）VALUES（'1002 ', '机械学院', '李老师', '1891020202', '文理楼 2 楼'）
INSERT department（dept_id, dept_name, dept_head, dept_phone, dept_addr）VALUES（'1003 ', '电气学院', '王老师', '1893774737', '东华路 16 号'）
/*添加学生表记录*/
INSERT student（stu_id, dept_id, name,sex, birthday, address, totalscore, nationality, grade, school, class, major）VALUES（'1201', N'1001', '周敏', '女', CAST(0x0000806800000000 AS DateTime),'上海', NULL, '汉族', '1 ', '信息', '1001', '计算机'）
INSERT student（stu_id, dept_id, name,sex, birthday, address, totalscore, nationality, grade, school, class, major）VALUES（'1202', '1001', '赵凯', '男', CAST(0x000081F400000000 AS DateTime), '北京', NULL, '汉族', '1 ', '信息', '1001', '计算机'）
/*添加老师表记录*/  （同上，从略）
/*添加老师开课表记录*/（同上，从略）
/*添加学生选课表记录*/（同上，从略）
GO
```

💻 说明：INSERT course（course_id,dept_id,course_name）VALUES（N'100002', N'1001 ', N'数据结构'）中的"N"表示采用 Unicode 编码方式。若有 N，插入数据库时用 Unicode 编码格式（无论是汉字，还是字母，统一用两个字节表示）存放数据，这一规则只对字段类型是 nvarchar/ntext/nchar 的字段有效。若无 N，则按非 Unicode 编码来存储，即汉字是双字节存储，字母单字节存储。N'string' 表示 string 在数据库中是以 Unicode 编码格式存放。

（2）数据库及表的常用操作

在"新建查询"窗口中输入下列 SQL 语句，并另存为 test. sql 文件，单击"执行"按钮即自动运行该脚本程序，实现数据库及相关表和记录的建立。

```
use master
go
if exists（select * from sysdatabases where name='teachingDB'）
drop database teachingDB
go
create database teachingDB              --建立数据库
on primary
(
name=' teachingDB',                     --主数据文件的逻辑名
fileName='D:\ teachingDB. mdf',         --主数据文件的物理名
size=10MB,                              --初始大小
filegrowth=10%                          --增长率
)
log on
```

```
(
    name = ' teachingDB_log',                      --日志文件的逻辑名
    fileName = 'D:\ teachingDB. ldf',               --日志文件的物理名
    size = 1MB,
    maxsize = 20MB,                                 --最大上限
    filegrowth = 10%
)
go
use teachingDB
go
if exists ( select * from sysobjects where name = 'department')
drop table department
go
create table department
( ……                                             --此处省略,同上;
)
Go
if exists ( select * from sysobjects where name = ' course')
drop table course
go
create table course
( ……                                             --此处省略,同上;
)
Go
(注:在此省略另外 4 个表的建立代码)
INSERT course ( course_id, dept_id, course_name) VALUES ('100001', '1001 ', '网络安全')
……                                               --省略建立其他数据
INSERT department( dept_id, dept_name, dept_head, dept_phone, dept_addr) VALUES ('1001 ', '信息
学院', '王老师', '1391001011', '图书馆 7 楼')
INSERT student( stu_id, dept_id, name, sex, birthday, address, totalscore, nationality, grade, school,
class, major) VALUES ('1201', N'1001', '高燕', '女', CAST( 0x0008068000000000 AS DateTime) ,'上海
', NULL, '汉族', '1 ', '信息', '1001', '计算机')
GO
```

4. 数据查询方法

本实验主要验证怎样从数据库中检索出所需要的数据和实现方法。例如,使用 SQL 的 SELECT 语句的 WHERE 子句进行比较,使用 BETWEEN、LIKE 关键字进行查询,使用 ORDER BY 子句对 SELECT 语句检索出来的数据进行排序,以及使用 GROUP BY、HAVING 子句和聚合函数进行分组汇总。

首先单击启动 SSMS,并在"树"窗格中单击展开"表"结点,数据库中的所有的表对象将显示在内容窗格中。并右击"对象资源管理器"的"数据库"中的某一表,在弹出的快捷菜单中选择"打开表"选项命令。

1) 投影(显示)部分列数据。从教务(最好选用专业相关的业务数据)信息数据库 teachingDB 的学生表 student 中,查询出学生的编号、名称和地址是"上海"的前 3 列记录。

具体实验操作步骤:在 SSMS 中执行 SELECT 查询语句。

```
USE teachingDB
GO
SELECT stu_id, name, address   FROM    student
Where   address = '上海'
```

从教务管理数据库 teachingDB 的学生表 student 中查询出前 5 条纪录。

```
USE    teachingDB
GO
SELECT TOP 5  *
FROM student
GO
```

从教务管理数据库 teachingDB 的学生表 student 中查询出班级的名称。

```
USE teachingDB
GO
SELECT DISTINCT Class
FROM    student
GO
```

2）投影（显示）所有列的数据。从教务管理数据库 teachingDB 的学生表 student 中查询所有数据情况。

```
USE teachingDB
SELECT  *  FROMstudent
```

3）字段函数（列函数）的运用：从教务管理数据库 teachingDB 的学生选课表 student_c 中查询出成绩的最高分、最低价、平均分和总分。

```
USE teachingDB
GO
SELECT MAX（score）AS 最高分,MIN（score）AS 最低分,AVG（score）AS 平均分,SUM（score）AS
总分
FROM student_c
GO
```

查询学生选课表中最低分的学生编号和课程编号（提示用子查询结构）。

```
USE teachingDB
GO
SELECT stu_id AS 学生编号,course_id AS 课程编号
FROM student_c
WHERE score=（SELECT MIN（score）FROM student_c）
GO
```

4）FROM 子句连接查询。从教务管理数据库 teachingDB 的教师表 teacher 中，可以查询出教师的编号、名称和系部名称信息。

```
USE teachingDB
GO
SELECT teacher_id,teacher_name,dept_name
FROM teacher  ,department
WHERE teacher. dept_id=department. dept_id
```

另外，也可以或采用表的别名：

```
USE teachingDB
GO
SELECT teacher_id,teacher_name,dept_name
FROM teacher X  ,department Y
```

WHERE Y. dept_id = = Y. dept_id

5）比较及模糊查询。查找学生表中生日不满 25 岁，且专业名称带有"计算机"字样（如计算机科学与技术专业等）的学生信息。

```
USE teachingDB
GO
SELECT * FROM   student
WHERE not(year(getdate( ))−year(birthday)+1>25) and major LIKE '%计算机%'
GO
```

6）分组查询查找学生表中每个系部的平均总分大于 550 的系部编号和平均总分。

```
USE teachingDB
GO
SELECT dept_id, AVG(totalscore) as '平均总分'
FROM student
GROUP BY dept_id
HAVING AVG(totalscore)>550
GO
```

4.6 本章小结

本章介绍的数据库、数据表、数据查询与更新等实际操作及应用极为常用且非常重要，应当将学到的知识和技术应用方法结合具体实验操作过程并融会贯通。在本章中，主要通过实际的大量典型案例的应用方式介绍了数据库及表的建立、修改、删除和数据库的使用等实际操作的具体用法，同时介绍了各种常用的数据查询的方式与方法，以及数据的输入、编辑、插入、修改和删除等实际应用和具体操作方法。

应当真正达到本章教学目标的实际要求。
- 熟悉常用数据库的创建（定义）、修改和删除操作。
- 熟练掌握数据表的创建（定义）、修改和删除方法。
- 熟悉业务数据查询的各种方式方法及实际应用。
- 熟练掌握数据的输入、修改、插入、删除等操作。
- 熟悉数据库、表及数据常用操作实验和应用。

4.7 练习与实践 4

1. 选择题

（1）删除数据库的操作命令语句是（ ）。

A. DELETE   B. INSERT

C. UPDATE   D. DROP

（2）修改数据表的操作命令语句是（ ）。

A. UPDATE   B. INSERT

C. ALTER   D. DELETE

（3）SQL 语言中，实现数据查询的语句是（ ）。

A. SELECT   B. INSERT

  C. UPDATE   D. DELETE

（4）数据库创建完毕后，在此数据库中可以存放（　　）业务相近的数据表。

  A. 0 个   B. 仅一个

  C. 任意个   D. 多个

（5）SQL 语言中，实现数据删除的语句是（　　）。

  A. SELECT   B. INSERT

  C. UPDATE   D. DELETE

（6）SQL 语言具有两种使用方式，分别是交互式 SQL 和（　　）。

  A. 编译式 SQL   B. 分离式 SQL

  C. 嵌入式 SQL   D. 解释式 SQL

（7）SELECT 语句执行的结果是（　　）。

  A. 数据项   B. 元组

  C. 表   D. 视图

2. 填空题

（1）SQL 中文全称是＿＿＿＿＿＿＿＿＿＿。

（2）在 SQL 语句中，定义数据库的语句是＿＿＿＿＿＿＿＿＿＿＿。

（3）在 SQL 语句中，建立表结构的语句是＿＿＿＿＿＿＿＿＿＿。

（4）在 SQL 语句中，修改表结构的语句是＿＿＿＿＿＿＿＿＿＿。

（5）SELECT 语句中，表示条件表达式用＿＿＿＿＿＿子句，分组用＿＿＿＿＿＿子句，排序用＿＿＿＿＿＿子句。

（6）删除数据库操作使用的命令语句是＿＿＿＿＿＿＿＿＿，删除数据表中数据操作使用的命令语句是＿＿＿＿＿＿＿。

（7）在 SQL 中用 INSERT 语句来插入数据。INSERT 语句有两种形式：＿＿＿＿＿＿＿和＿＿＿＿＿＿＿。

3. 简答题

（1）对数据库，在什么情况下不允许进行删除操作？

（2）对数据表，在什么情况下不允许进行更新操作？

（3）安装 SQL Server 2019 的主要步骤有哪些？

（4）怎样配置和登录 SQL Server 2019？

（5）SSMS 主界面主要包括哪几个操作区域？

（6）写出数据库的定义、打开和删除操作的 SQL 语句？

（7）用 SQL 语句怎样进行数据表的定义？

（8）举例说明如何修改和删除一个基本表。

（9）SELECT 语句的语法格式和含义是什么？

（10）SQL 提供了哪些聚合函数？怎样进行应用？

（11）举出一个多表查询的实例？

（12）如何将查询结果插入到基本表中？

（13）在 SQL 中，数据修改包括哪些操作语句？

（14）举例说明如何使用 DELETE 语句删除一个记录？

4. 实践题

设职工–工会数据库具有 3 个基本表。

职工（职工号，名称，入会时间，性别）；

工会（编号，名称，负责人职工号，活动地点）；

参加（职工号，编号，参加日期）。

其中职工表的主键是职工号，工会表的主键是编号，参加表的主键是职工号和编号。试用 SQL 语句完成下列操作。

（1）定义职工表，其中职工号、名称、性别为字符型，入会时间为整型，职工号为主键。

（2）查询负责人职工号是"001"的会员的编号和名称。

（3）查询姓"张"的女职工的信息。

（4）将职工表中"李四"的入会时间增加1。

（5）查询入会时间在20~30年之间职工的职工号、名称和入会时间，并将入会时间加上1 输出。

（6）查询参加工会编号为"T1"的职工号。

第5章 索引及视图

查询是数据库中最常用的操作，因此如何在大量数据中快速找到符合条件的数据尤为重要。数据库中建立索引的目的正是为了加快数据的查询速度。大型关系中索引的实现技术也是DBMS实现中的一个核心问题。

视图是由其他关系上的查询所定义的一种特殊的关系。创建视图是为了满足不同用户对数据的不同需求。视图是一种虚表，数据库中只存放视图的定义，而不存放视图所对应的数据，但是可以对视图进行查询和更新操作。💻

🖥 **教学目标**

- 理解索引的概念、作用及使用
- 了解索引的基本结构与原理
- 理解视图的相关概念和作用
- 掌握视图的定义、查询和更新等操作

5.1 索引概述

【案例5-1】在学生关系中查询学号为BX15236的学生，查询语句为：

```
SELECT *
FROM 学生
WHERE 学号 ='BX15236'
```

实现该查询最基本的方式是遍历关系中全部元组，逐行比较每个元组的学号值是否匹配WHERE子句中的条件。显然，这种查询方式极其耗时，并造成大量的磁盘I/O操作。如果在该关系的学号属性列上建立索引，则无须对整个表进行扫描，就能直接定位到查询的元组，快速检索出需要的信息。

5.1.1 索引的概念、特点及类型

1. 索引的概念

索引（Index）是关系中一列或几列值的列表及相应的指向关系中标识这些值的数据页的逻辑指针。类似于图书中的目录标注了各部分内容和所对应的页码，数据库中的索引也注明了关系中各行数据及其所对应的位置。查询数据时，首先在索引中找到符合条件的索引值，再通过保存在索引中的位置信息找到关系中对应的元组，从而实现快速查询。索引的概念涉及数据库中数据的物理存储顺序，因此属于数据库三级模式中的内模式范畴。📖

📖 **知识拓展**
索引的概念与作用

2. 索引的特点

数据库中使用索引可以提高系统的性能，主要体现在以下几方面。

1）极大地提高数据查询的速度，这也是其最主要优点。

2）通过创建唯一性索引，可以保证数据库中各行数据的唯一性。

3）建立在外码上的索引可以加速多表之间的连接，有益于实现数据的参照完整性。

4）查询涉及分组和排序时，也可显著减少分组和排序的时间。

5）通过使用索引可以在查询过程中使用优化隐藏器，提高系统的性能。

使用索引能够提高系统性能，但是索引为查找所带来的性能好处是有代价的。

1）物理存储空间中除了存放数据表之外，还需要一定的额外空间来存放索引。

2）对数据表进行插入、修改和删除操作时，相应的索引也需要动态更新维护，消耗系统资源。

3. 索引的类型

微软的 SQL Server 中，根据其索引记录的结构和存放位置可分为聚簇索引（Clustered Index，也叫聚集索引）、非聚簇索引（Nonclustered Index，也叫非聚集索引）和其他索引。

索引中的所谓聚簇是为了提高在某个属性（或属性组）上的查询速度，把这个或这些属性（称为聚簇码）上具有相同值的元组集合存放在连续的物理块中。因此，聚簇索引能够确定表中数据的物理存储顺序，即表中数据是按照索引列的顺序进行物理排序的。类似汉语字典的正文就是一个建立在拼音基础上的聚簇索引，其中的拼音就是聚簇索引列。在带有聚簇索引的表中添加数据后，数据的排列顺序与数据输入的先后顺序无关，而是由聚簇码的值所决定。聚簇索引强制表中插入记录时按聚簇码顺序存储。

在默认情况下，系统对主键约束自动创建聚簇索引，因此可以看到关系中的元组通常是按照主码的值排序的。

🔔 **注意：** 一个表中只能包含一个聚簇索引，表中行的物理顺序与索引顺序一致。在查询频率较高的属性列上建立聚簇索引，可避免每次查询该列时都进行排序，提高查询效率。但是聚簇索引不适用于建立在数据更新比较频繁的列上，因为这将导致数据的多次重新排序和索引的多次更新，这种频繁的索引维护会增加数据库系统的额外负担。

非聚簇索引中，数据与索引的存储位置可以完全独立，数据存储在一个地方，索引存储在另一个地方，索引中带有指向数据存储位置的逻辑指针。索引顺序与数据的物理排列顺序无关，类似汉语字典中按照偏旁部首的查找方式。因此，非聚簇索引中的索引项是按照索引值顺序存储的，但是表中的数据则可能按照其他顺序存储（由聚簇索引决定）。可以在一个表上建立多个非聚簇索引。🗁

如果一张表中包含一个非聚簇索引但没有聚簇索引，新插入的数据将会被插入到最末一个数据页中，然后非聚簇索引会被更新。如果该表中还包含聚簇索引，则先根据聚簇索引确定新数据的位置，然后再更新聚簇索引和非聚簇索引。

> 🗁 **特别理解**
> 聚簇索引与非聚簇索引的区别

其他类型索引中最常见的是唯一索引（Unique Index），其索引列中不包含重复的值，即唯一索引中每一个索引值都对应表中唯一的数据记录。在建立数据表并声明主码或唯一约束时，通常情况下，SQL Server 会自动创建与之对应的唯一索引。当然，每个表中可以包含多个唯一索引，只要建立唯一索引的列中没有重复的值即可。

聚簇索引和非聚簇索引也都可以是唯一的。因此，只要索引列中的数据是唯一的，就可以在表中创建一个唯一的聚簇索引和多个唯一的非聚簇索引。

SQL Server 中还提供了视图索引，列存储索引，XML 索引等其他索引，其相关说明如表 5-1 所示，各种索引的具体用法可参阅相关文档。

表 5-1 SQL Server 2019 的索引类型及其简单说明

索引类型	简单说明
聚簇索引	创建索引时，索引键值的逻辑顺序决定表中对应行的物理顺序。聚簇索引的底层（或称为叶子）包含该表的实际数据行，因此要求数据库具有额外的可用工作空间来容纳数据的排序结果和原始表或现有聚簇索引数据的临时副本。一个表或者视图只允许同时有一个聚簇索引
非聚簇索引	创建一个指定表的逻辑排序的索引。对于非聚簇索引，数据行的物理排序独立于索引排序。一般来说，先创建聚簇索引，后创建非聚簇索引
唯一索引	唯一索引保证在索引列中的全部数据是唯一的，不能包含重复数据。如果存在唯一索引，数据库引擎会在每次插入操作添加数据时检查重复值。可生成重复键值的插入操作将被回滚，同时数据库引擎显示错误消息
分区索引	为了改善大型表的可管理性和性能，经常会对其进行分区。分区表在逻辑上是一个表，而物理上是多个表，对应的可以为已分区表建立分区索引。但是有时亦可以在未分区的表中使用分区索引，为表创建一个使用分区方案的聚簇索引后，一个普通表就变成了分区表
筛选索引	筛选索引是一种经过优化的非聚集索引，适用于从表中选择少数行的查询。筛选索引使用筛选谓词对表中的部分数据进行索引。与全表索引相比，设计良好的筛选索引可以提高查询性能、降低索引维护开销、降低索引存储开销
全文索引	全文索引主要包含 3 种分析器：分词器、词干分析器和同义词分析器。生成全文索引就是把表中的文本数据进行分词和提取词干，并转换同义词，过滤掉分词中的停用词，最后把处理之后的数据存储到全文索引中。全文索引中存储分词及其位置等信息，由 SQL Server 全文引擎生成和维护。使用全文索引可以大大提高从长字符串数据中搜索复杂的词的性能
空间索引	空间索引是一种扩展索引，允许对数据库中的空间数据类型（如 geometry 或 geography）列编制索引
XML	可以对 XML 数据类型列创建 XML 索引。它们对列中 XML 实例的所有标记、值和路径进行索引，从而提高查询性能
计算列上的索引	从一个或多个其他列的值或者某些确定的输入值派生的列上建立的索引
带有包含列的索引	可以将非键列（或称为包含列）添加到非聚集索引的叶级别，从而通过涵盖查询来提高查询性能。也就是说，查询中引用的所有列都作为键列或非键列包含在索引中。这样，查询优化器可以通过索引扫描找到所需的全部信息，而无须访问表或聚集索引数据
列存储索引	在常规索引中，表中每一行的数据都会存储在一起，每列数据在一个索引中是跨所有页保留的。而在列存储索引中，将数据按列来存储并压缩，每一列的数据存放在一起。这种将数据按列压缩存储的方式减少了查询对磁盘 I/O 开销和 CPU 开销，最终达到提升查询效率、降低响应时间的目的

*5.1.2 索引的结构与原理

索引作为一个数据库对象，存储在数据库中。一条索引记录中包含的基本信息包括：索引键值（key，即定义为索引的字段值）和逻辑指针（pointer，指向数据页）。

B 树或 B+树索引结构是使用最广泛的索引结构之一。B 树或 B+树索引采用平衡树（Balanced tree）结构，其中树根到树叶的每条路径的长度都相同。树中每个非叶结点有 n/2~n 个子女，其中 n 对特定的树是固定的。B 树的顶端称为根结点，最底端的结点称为叶层结点或叶结点，中间层的结点称为非叶层结点，其结构如图 5-1 所示。索引树包含索引页（Index Page）和数据页（Data Page），其中索引页用来存放索引项和指向下一层的指针，数据页用来存放数据。索引 B 树中的每一个索引页称为一个索引结点。当在建有索引的表上执行查询操作时，系统会先在其索引页（Index Page）进行查找。首先从 B 树的根结点出发，对结点内的已排好序的索引关键字（key）序列进行二分查找，如果命中，则进入查询关键字所属范围的子结点，重复查找，直到到达 B 树索引的叶子结点，最后从数据页（Data Page）读取到相应的数据。因此，B 树的查询性能等价于二分查找，效率较高。

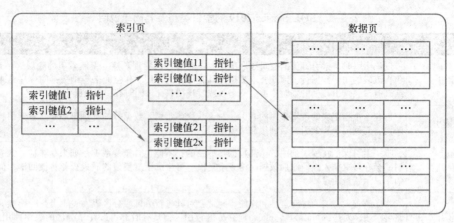

图 5-1   B树索引结构示意图

此外，多数情况下索引记录中仅包含索引关键字和较小的指针链接，比完整的数据行所占空间要小很多，因此索引页相对数据页来说要密集许多，一个索引页可以存储数量更多的索引记录，这意味着在索引中执行查询操作在 I/O 上占很大的优势，这也是索引本质上的优势所在。

1. 聚簇索引的结构

聚簇索引的非叶层结点中，只包含下一结点的第一个键值及指向下一结点的指针，指针的格式为：文件编号+数据页编号；而聚簇索引的叶子结点就是表中的数据行，并且数据按照聚簇索引项的值进行物理排序存储。如图 5-2 所示为在姓名字段上建立的聚簇索引，当需要根据姓名字段查找记录时，数据库系统会先找到该索引的根结点，然后根据指针查找下一个，直到找出需要的某个记录。例如，现在要查询 Gail，由于它介于 [Bill, Kate] 之间，因此系统先找到 Bill 对应的索引页 1007；在该页中 Gail 介于 [Gabby, Hank] 之间，因此找到 1133 （也是数据结点），并最终在此页中找到了 Gail 对应的记录行。📖

> 📖 **知识拓展**
> 聚集索引B树的建立

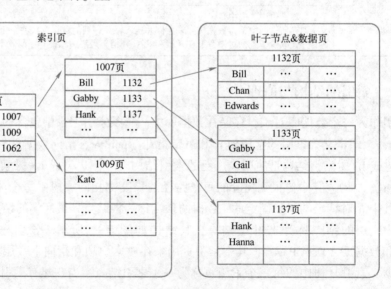

图 5-2   聚簇索引结构示意图

2. 非聚簇索引的结构

非聚簇索引中的叶子结点并非数据结点，叶子结点存储的是键值+指针，指针中包括页指针和指针偏移量，用于定位到具体的数据行。在除叶结点外的其他索引结点，存储的也是类似的内容，只不过它是指向下一级的索引页的。图 5-3 为在姓名字段上建立的非聚簇索引。假设要查询 Gill，系统从根结点出发，考虑到 Gill 位于［Bill，Kate］之间，则先定位到索引页 1007；下一步判断 Gill 位于［Gabby，Hank］之间，再定位到索引页 1133，找到 Gill。此时索引页 1133 为索引的叶子结点，Gill 指针中指示数据页为 1421，偏移量为 2。根据指针内容，在数据页 1421 第 2 行中找到 Gill 对应的记录行。📂

> 📂 **特别理解**
> 基于索引的数据
> 查找过程

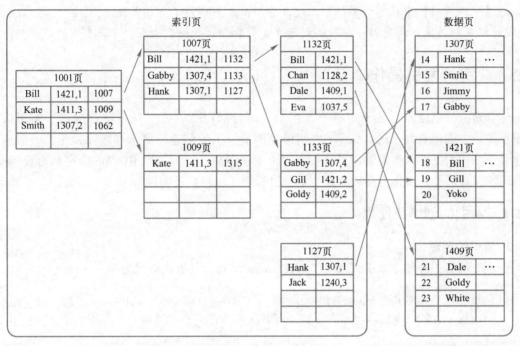

图 5-3　非聚簇索引结构示意图

*5.1.3　创建索引的策略

索引能够提高数据库的查询速度，但是这种时间效率上的提高是有代价的。**存放索引需要占用一定的数据库存储空间。**此外，当基本表进行插入、修改、删除操作时，需要维护索引，使其与新的数据保持一致，这会在一定程度上增加数据库的负担。所以要根据实际应用需要，有选择地建立索引，原则就是使得建立索引带来的性能提高大于系统在存储空间和处理时间方面所付出的代价。

一般来说，可以考虑在以下属性列上建立索引。

1）在查询条件中常用的列上建立索引，可以加快查询速度。

2）在连接条件中常出现的列上（通常是一些外码）建立索引，可以加快连接的速度。

3）在经常使用排序的列上建立索引，利用索引的排序，可加快查询的速度。

4）在经常需要搜索连续范围值的列上建立聚簇索引，找到第一个匹配行后，满足要求的后续行在物理上是连续且有序的，因此只要将数据值直接与查找的终止值进行比较即可连续提取后续行。

有些列上建立索引没有明显提高查询速度，反而增加了系统负担，这些列上不适合建立索引。

1）在查询中很少用到的列上不应该建立索引。

2）在只有很少数据值的列上不应建立索引。如学生表中查询所有男生信息，结果集中的行占了所有行的很大比例，则在性别列上建立索引并不能明显提高查询速度。

3）在修改性能远远大于检索性能的列上不应该建立索引，因为增加索引时会降低增加、删除和更新行的速度，即降低修改性能。

讨论思考：

1）【案例 5-1】中在学号属性列上建立索引后如何提高了查询效率？

2）以查询选课信息为例，在外码列建立索引后如何加快学生表和选课表连接速度？

5.2 常用的索引操作

尽管索引的创建还不是 SQL 标准，但是大部分商用数据库管理系统都提供了索引机制，用于在关系中创建索引。SQL Server 中同样提供了索引的创建、更新和删除操作。一般来说，创建和删除索引是由数据库管理员或者表的属主（owner）完成的。RDBMS 会在执行查询操作时自动选择合适的索引作为存取路径，这个过程对于用户是透明的。

5.2.1 索引的创建及使用

1. 索引的创建

T-SQL 语言中，建立索引使用 CREATE Index 语句，其语法格式为：

CREATE ［UNIQUE］［CLUSTERED | NONCLUSTERED］INDEX ＜索引名＞
　　ON ＜表名＞（＜列名＞［＜次序＞］［，＜列名＞［＜次序＞］］…）

其中的参数说明如下。

1）UNIQUE 表明要创建的是唯一索引。

注意：只有当数据本身具有唯一特征时，建立唯一索引才有意义。如果必须要实施唯一性来确保数据的完整性，则应在列上建立唯一约束，而不要创建唯一索引。当在表上创建唯一约束时，系统会自动在该列建立唯一索引。

2）CLUSTERED 表示要创建的是聚簇索引，若无显示声明，默认创建的是非聚簇索引。

3）＜表名＞是要创建索引的基本表的名称。

4）索引可以建立在一个列上，也可以建立在多个列上，各＜列名＞之间用逗号分隔开。建立在多个列上的索引称为复合索引。

5）＜次序＞指定索引值的排序方式，包括 ASC（升序）和 DESC（降序），默认为 ASC。

【案例 5-2】在学生表的学号上建立唯一的聚簇索引，按照升序排列。

CREATE UNIQUE CLUSTERED INDEX SNO_Index ON 学生(学号)

【案例 5-3】在教师表中按照姓名建立非聚簇索引，按照姓名降序排列。

CREATE INDEX Tname_Index ON 教师(教师姓名 DESC)

【案例 5-4】　在学生选课表按课程代码升序和学号升序建立唯一索引。📁

CREATE UNIQUE INDEX SC_Index ON 学生选课(课程代码,学号)

🔔 注意：复合索引中，系统按照索引列出现的先后顺序对索引项排序。如【案例 5-4】中，先按照课程代码的值升序排列，课程代码相同时则按照学号的升序排列。

📂 **特别理解**
建立在组合列上的唯一索引限制

2. 索引的查看与使用

（1）索引的查看

查看指定表的索引信息，可通过以下语句执行存储过程 SP_HELPINDEX。

EXEC SP_HELPINDEX <表名>

该语句执行结果可返回指定表上所有索引的名称、类型和建立索引的列。具体要查看某个索引的统计信息（索引名称、统计密度信息和统计直方图信息等），可通过 SQL Server Management Studio（SSMS）图形化工具在"对象资源管理器"中展开指定表中的统计信息结点，右击某个索引，从弹出的快捷菜单中选择"属性"命令，从弹出的"统计信息属性"窗口中可看到该索引的统计信息。当然也可以执行以下语句：

DBCC SHOW_STATISTICS(表名,索引名)

该命令也可以用来查看指定表中某个索引的统计信息。

（2）聚簇索引与非聚簇索引的比较

聚簇索引可以决定数据的物理存储顺序，而非聚簇索引则和数据的物理顺序无关。

【案例 5-5】　在学生表的学号属性上建立非聚簇索引和聚簇索引后分别插入新的元组（BX15230，测试，男，软件工程，Null，Null），观察学生表中新元组所在的位置，更好地理解聚簇索引。

如图 5-4 所示，学生表中原有 3 条记录，在学生表的学号属性上建立非聚簇索引后，插入新元组（BX15230，测试，男，软件工程，Null，Null），新元组在学生表中最后一行。

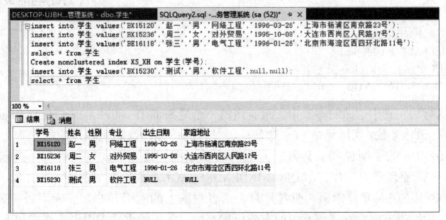

图 5-4　在非聚簇索引的表中插入数据

当在学生表的学号属性上建立的是聚簇索引时，表中原有元组以及插入的新元组都自动按照学号的大小顺序重新排序，结果如图 5-5 所示。

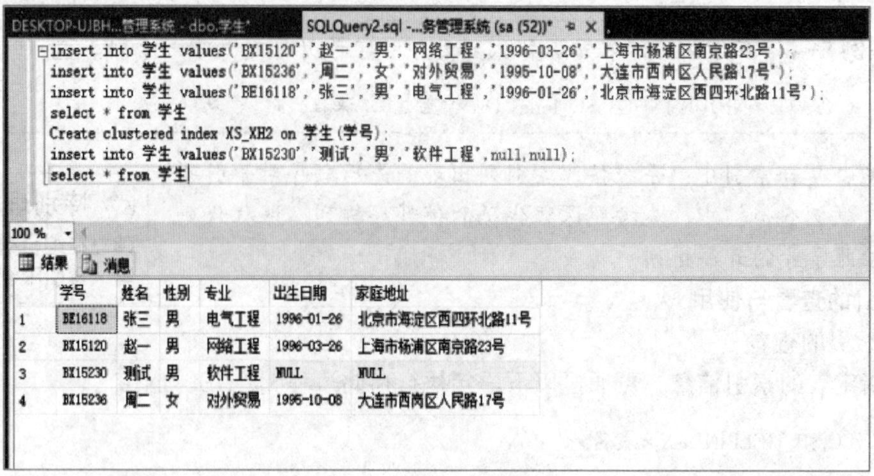

图 5-5　在聚簇索引的表中插入数据

💬 **注意**：在频繁更新的列上，不适于创建聚簇索引。因为这将可能导致数据的重新排序和移动。

5.2.2　索引的更新与删除

1. 索引的更新

随着数据库中数据的不断插入、修改和删除，索引对系统的优化性能有可能出现降低。此时数据库管理员应该定期对索引进行分析和更新。如图 5-1 所示，索引中每一个叶子结点为一页，每页不可分隔，而每页能存储的数据行数是有限制的，当新插入行或者更新行使得叶子结点无法容纳时，结点就需要进行页拆分（Page Split），拆分过程中就会产生碎片。可能会出现有的页上只有一条记录，有的页上有几条记录，即一个页上保存的数据量远远达不到饱和。碎片如果过多很容易造成空间的浪费，并且增加数据查询的额外开销。极端情况下，如系统为了获取 10 行记录，可能需要加载 10 个页，而不是 1 个页。📖

如果想检查索引因分页产生的碎片程度，可以使用 SQL Server 提供的 DBCC SHOWCONTIG 命令。在 SQL Server 的查询分析器中输入以下命令。

> 📖 **知识拓展**
> 对有索引的表操作
> 影响性能

```
USE database_name
DECLARE @ table_id int
SET @ table_id=object_id ('表名')
DBCC SHOWCONTIG (@ table_id)
```

命令执行后，其中返回的参数中，最有用的一个是 Scan Density［Best Count：Actual Count］（扫描密度［最佳计数：实际计数]），这是扩展盘区的最佳计数和实际计数的比率，该值应尽可能靠近 100%，低了则说明有碎片。若需要维护索引，处理方式有两种：一是利用 DBCC INDEXDEFRAG 整理索引碎片，即 DBCC INDEXDEFRAG('数据库名','表名','索引名')；二是利用 DBCC DBREINDEX 重建索引。前者是对表或者视图上的索引和非聚簇索引进行碎片整理，但是在重组织数据方面没有聚簇索引的重建更加有效。常用的重建索引语法格式如下。

```
DBCC DBREINDEX('表名', 索引名, 填充因子)
```

其中，第一个参数可以是表名，也可以是表 ID。第二个参数可通过索引名指定某个索引，也可省去索引名，用' '代替，表示重建所有索引。填充因子是指索引页的数据填充程度，通常为 90%。如果是 100%，表示每一个索引页全部填满，此时查询效率最高，但是插入新索引值时，就得移动后面的所有页，效率很低。

2. 索引的删除

索引建立后，由系统使用和维护它。建立索引是为了提高查询速度，但如果数据增删改频繁，系统会花费很多时间来维护索引，从而降低了查询效率。因此，可以删除一些不必要的索引。SQL Server 中提供了索引的删除功能。删除索引使用 DROP INDEX 语句，其语法格式如下。

    DROP INDEX <索引名> ON <表名或视图名>

或者

    DROP INDEX <表名或视图名>.<索引名>

💻 说明：DROP INDEX 语句不能删除通过 PRIMARY KEY 约束和 UNIQUE KEY 约束创建的索引。

【案例 5-6】 删除教师表中教师姓名列上的 Tname_Index 索引。

    DROP INDEX Tname_Index On 教师表

删除索引时，系统会同时从数据字典中删除该索引的相关描述。

🎵 讨论思考：

1) 在唯一索引列上能插入空值吗？
2) 理解并体会聚簇索引与非聚簇索引有哪些区别？

5.3 视图概述

在数据库三级模式中，模式是数据库中全体数据逻辑结构和特征的描述。当不同的用户或应用需要使用基本表中的不同数据，甚至一些经过聚集函数或表达式计算的值时，可以为其建立外模式。外模式中的数据来自于模式，是模式中的部分数据或者重构的数据。SQL 语言支持关系数据库的三级模式结构。正如模式对应着数据库中的基本表，外模式对应到数据库中的概念就是视图。

5.3.1 视图的概念及作用

1. 视图的概念

视图（View）是由其他表或视图上的查询所定义的一种特殊表。图 5-6 表示了视图和基本表的对应关系。视图是数据库基本表中的部分行和部分列数据的组合。它与基本表不同的是，表中的数据是物理存储的，而数据库中并不存储视图所包含的数据，这些数据仍然存在于原来的基本表中。因此，视图就像一个窗口，为用户提供一种多角度观察数据库中数据的机制。

可以通过以下几方面理解视图的概念。

1) 视图是查看数据库中数据的一种机制。

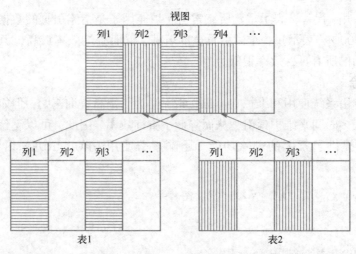

图 5-6   视图与基本表对应关系示意图

2）数据库中只存放视图的定义，不存放视图包含的数据，因此，视图是一种虚表，视图也不占用物理空间。

3）视图中引用的表称为视图的基表。

4）定义视图后，就可以像基本表一样被查询、更新。但是对视图的查询、更新操作最终都会转换为对基本表的操作。

5）基于视图仍然可以创建视图。

2. 视图的作用

视图可以简化和定制用户对数据的需求，但是视图定义在基本表上，对视图的操作最终也都要转换为对基本表的操作。那为何还要引入视图概念呢？实际上，合理地使用视图机制能够带来很多好处。

1）**方便用户使用数据**。通过视图机制，可只将用户感兴趣的数据进行提取，提供给用户。当这些数据不是直接来自基本表，而是来自于多个表或视图，而且查询条件也比较复杂时，则可以通过定义视图，将表与表之间复杂的连接操作和搜索条件对用户隐藏起来，用户只需简单地查询一个视图即可获取用户感兴趣的数据。

2）**提供数据的安全性保护机制**。在设计数据库应用系统时，可以为不同的用户定制不同的视图，使得机密数据只会出现在指定的用户视图中，而不会出现在权限受限的用户视图中，这样可以实现数据安全保护功能。例如，计算机系的老师查看学生信息时，可以只把包含计算机系学生的视图提供给他，将其他系的学生信息隐藏起来。📖

> 📖 **知识拓展**
> 视图机制实现数据
> 的安全保护

3）视图使用户能以多种角度看待同一数据，当许多不同种类的用户共享同一个数据库时，这种灵活性是非常必要的。

4）**视图为数据提供了一定程度的逻辑独立性**。视图对应的就是外模式，用户程序通过视图访问数据库。当数据库的逻辑结构发生变化时，只需要修改视图的定义，即可保证用户的外模式不变，对应的应用程序也不必修改。例如，假设表 1 包含了 A、B、C 3 列，表 2 包括 D、E 两列，视图 1 中包括了表 1 的 A、B 和表 2 的 D 列，提供给某个应用程序使用。当数据库逻辑结构发生变化，比如从表 1 中分解出一个新表表 3，表 3 中只包含了原来表 1 的 A 列时，只需对视图 1 的定义进行修改，指明视图 1 中的 A 列来自于新表表 3，B 和 D 列则保持不变。这样视图 1 中包含的数据没有变化，相应的应用程序也不必修改。

5.3.2 视图的种类

SQL Server 中提供了如下几种类型的视图。

1. 标准视图

标准视图组合了一个或多个表中的数据，充分体现了视图机制的大多数优点，如简化数据查询语句，方便用户使用感兴趣数据等。

2. 索引视图

如果一些视图经常被使用，可以考虑将其物化（Materialize），即将它们从数据库中定期地进行构造并存储。索引视图就是一种非常重要的被物化了的视图。可为视图创建一个唯一聚簇索引。索引视图在创建唯一聚簇索引之后，视图就固化了原始表的结果集。此时的视图与普通视图最大的区别就是，视图中直接存储了数据本身，而非一个查询。索引视图可以显著提高某些类型查询的性能，尤其适合于聚合许多行的查询，但不太适合于经常更新的基本数据集。

3. 分区视图

分区视图允许将大型表中的数据拆分成较小的成员表。根据其中一列中的数据值范围，在各个成员表之间对数据进行分区。每个成员表的数据范围都在为分区依据列指定的 CHECK 约束中定义。然后定义一个分区视图，使用 UNION ALL 将选定的所有成员表组合成单个结果集，从而在逻辑上统一使用一个视图来对表进行查询管理。

4. 系统视图

系统视图存放 SQL Server 系统的一些信息。可使用系统视图返回 SQL Server 实例或者在该实例中定义的对象有关的信息。例如，可查询 sys.database 目录视图，以便返回实例中用户定义数据库有关的信息。

📎 讨论思考：

1）SQL Server 提供了哪几种类型的视图？

2）采用视图模式查看数据有什么好处？

5.4 视图基本操作

5.4.1 视图的策划和创建

1. 视图的策划

在数据库设计过程中，将概念模型转换为全局逻辑模型后，还应该根据局部的应用需求，结合具体的 DBMS 特点来设计用户的外模式，即通过用户视图机制实现符合局部需求的用户外模式。定义数据库全局模式时主要从系统的时间效率、空间效率、易维护等角度出发。而外模式与模式相对独立，因此在定义用户外模式（局部视图）时可以注重考虑用户的使用习惯与方便，主要考虑以下几方面。

1）可以对不同级别的用户定义不同的视图，以保证数据的安全性。

2）简化用户对系统的使用。例如，某些局部应用中频繁使用到一些很复杂的查询，为了方便用户，可以将这些复杂查询定义为视图，用户以后直接对定义好的视图执行查询操作即可。

3）使用更符合用户习惯的别称。在设计用户视图时，可对某些属性列重新命名，与用户习惯保持一致，以便用户使用。

2. 定义视图

SQL 语句使用 CREATE VIEW 命令定义视图，具体语法格式如下。

> CREATE VIEW <视图名> [(<列名>[,<列名>]…)]
> AS   <子查询>
> [WITH CHECK OPTION]

其中，列名可以全部省略或者全部指定。如果全部省略，意味着该视图由子查询中SELECT 语句目标列中的诸字段构成。但是下列情况中，必须明确指定组成视图的列名：子查询 SELECT 语句中目标列不是单纯的属性名，而是聚集函数或表达式；子查询进行多表连接操作时选出了几个同名的列作为视图的属性列；需要为视图中某些列重新命名更适合的别名。

子查询可以是任意的 SELECT 语句，但是不允许使用 DISTINCT 短语和 ORDER BY 子句。如果需要排序，可在视图定义后对视图查询时再排序。

WITH CHECK OPTION 子句表示对视图进行 UPDATE、INSERT 和 DELETE 操作时要保证操作的行满足视图定义中的谓词条件，即子查询中的条件表达式。

【案例 5-7】创建视图 professor，要求视图中体现教师的工号、系部编号、教师姓名、性别、年龄和职称，并保证进行修改和插入操作时仍保持视图中只有"教授"。

> CREATE VIEW professor AS
> SELECT 工号,系部编号,教师姓名,性别,年龄,职称
> From 教师
> WHERE 职称='教授'
> WITH CHECK OPTION

💻 说明：本例中省略了视图的列名，隐含该视图的属性列由子查询中的属性列组成。这种从单个基本表导出，并且只是去掉了基本表的某些行和某些列，但保留了主码，则称这类视图为行列子集视图。WITH CHECK OPTION 子句保证了对该视图进行插入、修改和删除操作时，RDBMS 会自动加上职称='教授'的条件。

【案例 5-8】创建视图 V_STU，其中包含学生的学号、姓名、选修课名称和选修课成绩。

> CREATE VIEW V_STU(学号,姓名,课程名称,成绩) AS
> SELECT 学生.学号,姓名,课程名称,成绩
> From 学生,课程,学生选课
> WHERE 学生.学号=学生选课.学号 AND 课程.课程编号=学生选课.课程编号

💻 说明：本例中视图建立在多个表上。由于学生表中和学生选课表中有同名列"学号"，所以必须在视图名后面显式说明视图的各属性列名称。

【案例 5-9】利用【案例 5-7】的视图，创建年龄小于 42 岁的教授的视图 professor_young。

> CREATE VIEW professor_young AS
> SELECT 工号,系部编号,教师姓名,性别,年龄,职称
> From professor
> WHERE 年龄<42

📖 说明：本例表示可以在已有视图上定义新视图，此时作为数据源的视图必须是已经建立好的视图。

【案例 5-10】创建视图 GRADE_AVG，包括学生的学号及其选修课成绩的平均成绩。

```
CREATE VIEW GRADE_AVG(学号,平均成绩) AS
SELECT 学号, avg (成绩)
From 学生选课
Group By 学号
```

📖 说明：定义基本表时，为了减少数据库中的冗余数据，表中只存放基本数据，而能由基本数据经过计算派生出的数据一般不进行存储。由于视图中的数据并不进行实际存储，所以定义视图时可根据需要定义一些派生属性列，也称为虚拟列。这种虚拟列通常包含表达式或聚集函数。

5.4.2　视图重命名、修改及删除

1. 视图重命名

实际应用中，如果重命名视图，则依赖于该视图的代码和应用程序可能会出错。所以重命名视图之前，首先需要获取视图的所有依赖关系的列表，必须修改引用视图的任何对象、脚本或应用程序，以反映新的视图名称。

使用 SQL 命令重命名视图的语法格式如下。

```
SP_RENAME old_name, new_name
```

其中，old_name 为原视图名称，new_name 为新的视图名称。

使用 SSMS 重命名视图时，在对象资源管理器中，展开包含要重命名的视图的数据库，展开"视图"文件夹。右击要重命名的视图，在弹出的快捷菜单中选择"重命名"命令。输入视图的新名称即可。

⚠ 注意：尽管 SQL Server 支持视图的重命名，但是不建议这种操作。而是建议先删除视图，然后使用新名称重新创建它。通过重新创建视图，可以更新视图中引用的对象的依赖关系信息。

2. 修改视图

修改视图指修改视图的定义。修改视图的 SQL 语句为 ALTER VIEW，其具体语法格式为：

```
ALTER VIEW <视图名>
AS   <子查询>
```

【案例 5-11】将视图 professor 修改为显示年龄大于 42 的"教授"的信息。

```
ALTER VIEW professor AS
SELECT 工号,系部编号,教师姓名,性别,年龄,职称
From 教师
WHERE 职称= '教授'   AND 年龄>42
```

---

3. 视图的删除

删除视图实际是从数据字典中删除视图的定义和有关该视图的其他信息，还将删除视图的所有权限，所以一定要慎重。

删除视图的 SQL 命令为 DROP VIEW，其具体语法格式如下。

DROP VIEW <视图名>

需要注意的是，删除视图后仅仅是从数据字典中删除该视图的定义，由该视图导出的其他视图定义仍然在数据字典中，不过都已经失效。为避免用户使用时出错，此时需要用 DROP VIEW 语句将其逐一删除。

*5.4.3 查询视图及有关信息

1. 查询视图

视图定义好之后，就可以像对基本表一样对视图进行查询操作。RDBMS 执行对视图的查询时，首先进行有效性检查，检查查询中涉及的表、视图是否存在。如果通过检查，则从数据字典中取出视图的定义，把定义中的子查询和用户查询结合起来，转换成等价的对基本表的查询，然后再执行修正了的查询，这个过程称为视图消解（View Resolution）。

> 【案例 5-12】利用【案例 5-7】中创建的视图 professor，查询男教授的相关信息。
>
>   SELECT 工号，系部编号，教师姓名,性别，年龄，职称
>   From professor
>   WHERE 性别 = '男'
>
> 本例中对视图的查询经过视图消解，最终转换的实际查询如下。
>
>   SELECT 工号，系部编号，教师姓名,性别,年龄,职称
>   From 教师
>   Where 职称 = '教授' AND 性别 = '男'

> 【案例 5-13】利用【案例 5-10】中创建好的视图 GRADE_AVG，查询选修课平均成绩大于 80 的学生"学号"和"平均成绩"。
>
>   SELECT 学号，平均成绩
>   From GRADE_AVG
>   Where 平均成绩>80

需要注意，若将本例的查询与【案例 5-10】中定义视图的子查询直接结合，将形成下列查询语句。

     SELECT 学号，avg（成绩）
     From 学生选课
     Where avg（成绩）>80
     Group By 学号

这个转换很明显是错误的，因为 Where 子句中的条件表达式不能使用聚集函数，正确转换后的查询语句应该如下。

     SELECT 学号,avg（成绩）
     From 学生选课
     Group By 学号
     Having avg（成绩）>80

目前多数 DBMS 能够对行列子集视图的查询进行正确转换，对包含聚集函数的查询则不一

定。因此，这类查询最好直接对基本表进行操作。

2. 获取视图相关信息

在 SQL Server 2019 中，通过使用 SSMS 或 SQL 语句可以获取有关视图的定义或属性的信息，用户可通过查看视图定义来了解数据从源表中的提取方式，或查看视图所定义的数据。

（1）使用 SSMS 获取视图属性

在"对象资源管理器"中，单击展开包含该视图的数据库，再展开其中的"视图"文件夹。右击要查看其属性的视图并在弹出的快捷菜单中选择"属性"命令，弹出"视图属性"对话框，其中"常规"选项卡中显示的属性如表 5-2 所示。

表 5-2　"视图属性"对话框中显示的属性

属　性	含　义
服务器	当前服务器实例的名称
数据库	包含此视图的当前数据库名称
用户	当前连接的用户
Schema	当前视图所属的架构
创建日期	视图创建日期
名称	当前视图的名称
系统对象	指示视图是否为系统对象，值为 True 或 False
ANSI NULLs	指示创建对象时是否选择了 ANSI NULLs 选项，值为 True 或 False
带引号的标识符	指示创建对象时是否选择了"带引号的标识符"选项
架构已绑定	指示视图是否绑定到架构，值为 True 或 False
已加密	指示视图是否已加密，值为 True 或 False

（2）使用视图设计器获取视图属性

在"对象资源管理器"中，展开包含要查看属性的视图的数据库，然后展开视图文件夹。右击要查看其属性的视图，在弹出的菜单中选择"设计"命令。在打开的"关系图"窗格空白区域处右击，再在弹出的菜单中选择"属性"命令，则显示"属性"窗格，其中显示该视图的属性信息如表 5-3 所示。

表 5-3　视图"属性"窗格中显示的属性

属　性	含　义
名称	当前视图的名称
服务器名称	当前服务器实例的名称
架构	当前视图所属的架构
数据库名称	包含此视图的当前数据库名称
GROUP BY 扩展	指定对基于聚合查询的视图，附加选项可用
SQL 注释	显示 SQL 语句的说明
TOP 规范	可显示 TOP、百分比、表达式或等同值。主要用于控制返回结果集中行的数量
绑定到架构	防止用户以会使视图定义失效的任何方式修改影响此视图的基础对象
非重复值	指定查询将在视图中筛选出重复值。当只使用表中的部分列并且这些列可能包含重复值时，或者当联接两个或更多表的过程会在结果集中产生重复行时，此选项非常有用。选择该选项等效于向 SQL 窗格内的语句中插入关键字 DISTINCT

（续）

属　　性	含　　义
更新规范	展开此项可显示"使用视图规则更新"和"Check 选项"属性。用于对视图更新操作时采用不同的策略
是确定的	显示是否可以明确地确定所选列的数据类型
输出所有列	显示所有列是否都由所选视图返回。这是在创建视图时设置的

（3）获取创建视图的 SQL 语句

对于已经存在的视图，可通过 SQL 命令查看创建该视图的 SQL 语句。

EXEC sp_helptext　<视图名>

结果中可返回创建该视图的 SQL 语句，方便用户查看。

*5.4.4　更新视图

视图可以用于查询和更新。更新视图操作包含了插入、删除和修改。由于视图是不实际存储数据的虚表，更新视图操作最终转换为对基本表中数据的相应操作。因此，所谓更新视图是指通过视图更新表中数据。对于简单视图，如行列子集视图，系统把对视图的更新操作通过视图消解转变成等价的对基本表的更新操作；而对于复杂视图，则不能唯一地转换成对相应基本表的更新。

视图定义时，加入 WITH CHECK OPTION 可选子句，可防止用户通过视图更新数据时，有意或无意地对不属于视图范围内的基本表数据进行操作。当提交在视图上增删改数据的操作时，DBMS 会自动检查视图定义中的条件，若不满足则拒绝执行该操作。此外，因为更新视图操作最终将转换为对基本表的操作，因此需要对目标表的 UPDATE、INSERT 或 DELETE 操作也应具有相应的权限。

用 SQL 语句更新视图时，其语法格式同表的更新操作，只是用视图名代替了表名。

【案例 5-14】向视图 professor 中插入数据（C002，E2450，刘红，女，48，教授）。

```
INSETR INTO professor
Values('C002','E2450','刘红','女', 48,'教授')
```

【案例 5-15】修改视图中 professor_young 中工号为 E168 的教师系部编号改为 K4638。

```
UPDATE professor_young
SET 系部编号 ='K4638'
WHERE 工号 ='E168'
```

该操作执行时会自动转换为对基本表的更新：

```
UPDATE 教师
SET 系部编号 ='K4638'
WHERE 工号 ='E168' AND 职称 ='教授' AND 年龄<42
```

注意：视图更新的限制：由两个以上基本表导出的视图不允许更新；若视图的属性列来自聚集函数，则此视图不允许更新。需要特别注意的是，有些更新视图操作不能直接转化为对基本表的更新操作。例如，【案例 5-10】中创建的视图 GRADE_AVG 中包含"学号"和"平均成绩"两个属性列,其中平均成绩是该学生多门选修课的平均分。如果要把视图中学号为BX15120 的学生平均成绩修改为 90,SQL 语句如下。

```
UPDATE GRADE_AVG
SET 平均成绩 = 90
WHERE 学号 = 'BX15120'
```

但是对该视图的更新无法直接转换为对基本表"学生选课"的更新操作,因为系统没有确定的可执行操作来修改多门课程成绩,使得其平均分等于 90。所以视图 GRADE_AVG 无法更新。

对视图更新的规定一般包括以下几点。

1)行列子集视图是可更新的。

2)若视图是由两个以上的基本表导出的,则视图的修改不能同时影响两个或者两个以上的基表。也就是说,可以修改两个或多个基表组成的视图,但是一次修改只能影响一个基表。

3)被修改的列必须直接引用表列中的基础数据,即这些列不能是由聚集函数或者表达式计算得到的。

4)被修改的列不受 GROUP BY、HAVING 或 DISTINCT 子句影响。

5)一个不允许更新的视图上定义的视图也不允许更新。

如果出现上述的一些限制情况,则无法利用 INSERT、DELETE 和 UPDATE 命令直接通过视图修改数据,但可以通过替换触发器将视图上的更新转变为对基本表的操作,使用这种方式可强制对任何要求更新的视图进行操作。在视图上定义一个替换(INSTEAD OF)触发器,当一个事件激活触发器时,触发器的操作会取代事件本身被执行。即替换触发器会拦截任何试图对视图进行修改的操作,并且将代替它们执行数据库设计者认为合适的操作。

🖉 讨论思考:

1)举例说明利用视图机制如何实现数据的保护。例如,对于教务管理系统,如何限制计算机系教务管理员只能查看本系学生的成绩数据。

2)如何利用视图简化"查询至少选修了学生 E168003 选修的全部课程的学生号码"。

5.5 实验 5 索引及视图操作

5.5.1 实验目的

1)理解索引的概念、类型及其作用。

2)掌握 SQL Server 2019 中创建索引以及删除索引的操作。

3)熟悉视图创建、删除等常用操作。

4)熟悉使用视图查询数据和更新数据的操作。

5.5.2 实验内容及步骤

分别使用 SQL Server 2019 提供的 Microsoft SQL Server Management Studio(SSMS)工具和SQL 语句两种方法来实现索引和视图操作。

1. 索引操作

常用的索引操作有创建索引和删除索引。

（1）创建索引

在学生表中按姓名升序建立非聚簇索引 StuName_index。

1）使用 SSMS 创建索引。

在"对象资源管理器"中找到教务管理系统数据库和学生数据表，在学生表上右击，在弹出的快捷菜单中选择"设计"命令，弹出"表设计"对话框，在右侧列名处右击，在弹出的菜单中选择"索引/键"命令，弹出"索引/键"对话框。单击"添加"按钮，可在右侧"常规"选项组中选择要建立索引的列名"姓名"，在"标识"选项组中输入索引的名字 StuName_index，如图 5-7 所示。最后关闭该对话框，即可生成索引。

图 5-7　在"对象资源管理器"中创建索引

2）使用 SQL 语句创建索引。

```
CREATE NONCLUSTERED INDEX StuName_index ON 学生(姓名);
```

（2）删除索引

删除学生表上的索引 StuName_index。

1）使用 SSMS 删除索引。

在对象资源管理器中打开教务管理系统数据库和学生数据表，同创建索引一样，打开"索引/键"对话框，选择索引 StuName_index，单击"删除"按钮即可，如图 5-8 所示。

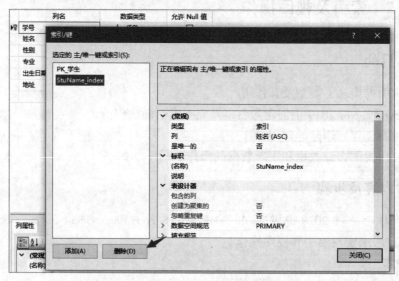

图 5-8　在"对象资源管理器"中删除索引

⌂ 注意：创建索引或删除索引后要保存该表。

2）使用 SQL 语句删除索引。

    DROP   INDEX   StuName_index   ON 学生；

2. 视图操作

常见的视图操作有创建视图，更改视图，查询视图，更新视图以及删除视图。

（1）创建视图

- 创建包含学生选课信息（学号，姓名，课程名称，学分）的视图 StuCou_view。
- 创建包含女教师信息（工号，系部编号，教师姓名，性别，年龄，职称）的视图 TeaWom_view。

1）使用 SSMS 创建视图。

在"对象资源管理器"中展开教务管理系统数据库，右击"视图"文件夹，在弹出的快捷菜单中选择"新建视图"命令，弹出"添加表"对话框，选择"课程""学生"和"学生选课"元素，单击"添加"按钮，如图 5-9 所示。关闭该对话框。然后在"关系图"窗格中选择要在视图中包含的各列，选择"课程"表的"课程代码"并按住鼠标左键拖曳到"学生选课"表的"课程代码"，连接这两列。同理，连接"学生"表的"学号"和"学生选课"表的"学号"列，如图 5-10 所示。最后通过"文件"→"保存视图"命令，将该视图命名为 StuCou_view 并保存。

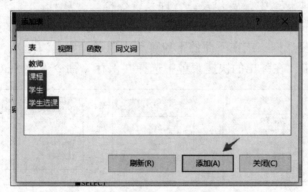

图 5-9 对象资源管理器中创建视图-添加表

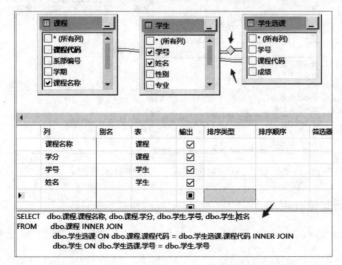

图 5-10 对象资源管理器中创建视图-选择列

采用同样的方法创建视图 TeaWom_view。

2）使用 SQL 语句创建视图 StuCou_view。

```
CREATE VIEWStuCou_view(学号，姓名，课程名称，学分)
AS
SELECT 学生.学号，姓名，课程名称，学分
From 学生，课程，学生选课
WHERE 学生.学号＝学生选课.学号 AND 课程.课程代码＝学生选课.课程代码
WITH CHECK OPTION;
```

3）使用 SQL 语句创建视图 TeaWom_view。

```
CREATE VIEW TeaWom_view
AS
SELECT 工号，系部编号，教师姓名，性别，年龄，职称
From 教师
WHERE 性别＝'女'
WITH CHECK OPTION;
```

（2）更改视图

在视图 StuCou_view 中添加"专业"列。

1）使用 SSMS 修改视图。

在"对象资源管理器"中，展开教务管理系统数据库，展开"视图"文件夹。右击视图 StuCou_view，在弹出的快捷菜单中选择"设计"命令。在查询设计器的关系图窗格中，选中学生表中的"专业"复选框，或在下面的下拉菜单中选择"专业"选项，如图 5-11 所示。最后，在关系窗格中右击，在弹出的快捷菜单中选择"保存"命令保存 StuCou_view 视图。

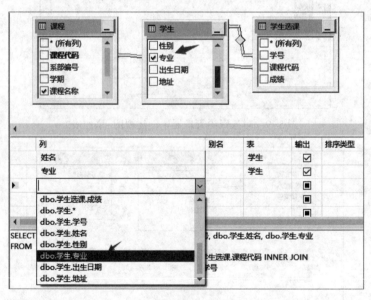

图 5-11　对象资源管理器中修改视图

2）使用 SQL 语句修改视图。

```
ALTER VIEW StuCou_view(学号,姓名，课程名称，学分,专业)
AS
SELECT 学号,姓名,课程名称,学分,专业
```

From 学生，课程，学生选课

WHERE 学生 . 学号＝学生选课 . 学号 AND 课程 . 课程编号＝学生选课 . 课程编号；

（3）查询视图

用 SQL 语句在视图 TeaWo_view 中查询职称为教授的女教师信息：

SELECT 工号，系部编号，教师姓名，性别，年龄，职称

From TeaWo_view

WHERE 职称='教授'；

（4）更新视图

在视图 TeaWom_view 中添加数据（A322，B3315，张明，女，41，副教授）。

1）使用 SSMS 通过视图更新表数据。

在"对象资源管理器"中，展开教务管理系统数据库，展开"视图"文件夹。右击视图 TeaWom_view，在弹出的快捷菜单选择"编辑前 200 行"命令，在行的结尾处添加数据 "A322，B3315，张明，女，41，副教授"。若要删除行，则右击该行，在弹出的快捷菜单中选择"删除"命令，若要更改一个或多个数据，则修改列中数据即可。最后保存视图。

需要注意的是，如果视图引用了多个基本表，则不能删除行，也不能插入行，并且只能更新属于单个基本表的列。

2）使用 SQL 语句更新视图。

INSERT INTO TeaWom_view Values('A322','B3315','张明','女',41,'副教授')；

（5）删除视图

删除教师表上的视图 TeaWom_view。

1）使用 SSMS 删除视图。

在"对象资源管理器"中，展开教务管理系统数据库，展开"视图"文件夹，右击视图 TeaWom_view，在弹出的快捷菜单中选择"删除"命令，在弹出的"删除对象"对话框中单击 "确认"按钮。

🔔注意：可从"删除对象"对话框中的"显示依赖关系"选项打开视图依赖关系对话框，其中可查看依赖于该视图的所有对象和该视图依赖的所有对象。

2）使用 SQL 语句删除视图。

DROP VIEW TeaWom_view ；

5.5.3 实验练习

在教务管理系统数据库中的数据表中完成以下操作。

1）在教师表中按工号降序建立聚簇索引 Tno_index。

2）在教师任课表中按工号升序和课程代码升序建立唯一索引 TeaNoCou_index。

3）删除教师表上的索引 Tno_index。

4）创建包含教师任课信息（工号，姓名，课程名称，课程类型）的视图 TeaCou_view。

5）创建包含学生信息（学号，姓名，年龄，专业）的视图 StuNo_view。

6）创建包含学生成绩信息（学号，平均成绩）的视图 ScoreAvg_view。

7）利用视图 ScoreAvg_view，创建平均成绩小于 60 分的学生信息（姓名，平均成绩）的视图 ScoreLow_view。

8）将视图 TeaCou_view 中的课程类型列删除。

9）将视图 ScoreLow_view 删除。

10）查询视图 TeaCou_view 中男教师的任课信息。

11）将视图 StuNo_view 中学号为 BX15236 的学生的专业改为"软件工程"。

12）删除学生成绩信息视图 ScoreAvg_view 中平均成绩小于 60 分的学生信息。

5.6 本章小结

数据库中的索引是索引关键字值的列表，其中标明了表中包含这些索引关键字值的各行数据所在的物理存储位置。索引使查找数据时不需要对整个表进行扫描，就可以直接找到所需数据，从而极大地减少数据的查询时间，改善查询性能。本章在介绍索引的概念、特点、类型以及索引结构的基础上，通过典型案例描述了索引的创建策略与创建方法以及索引的更新、删除等维护方法。

视图是从基本表或其他视图导出的一种虚表。创建视图是为了满足不同用户对数据的不同需求。数据库中只存储视图的定义，而不存储视图所包含的数据，这些数据仍然存放在所引用的基本表中。本章在阐述视图的概念、作用以及种类的基础上，通过典型案例介绍了视图的创建策略与创建方法以及视图修改、视图查询和视图更新等视图操作方法。

5.7 练习与实践 5

1. 选择题

（1）下面关于索引描述不正确的是（　　）。

　A. 索引是外模式

　B. 一个基本表上可以创建多个索引

　C. 索引可以加快查询的执行速度

　D. 系统在存取数据时会自动选择合适的索引作为存取路径

（2）SQL 查询有两种方法：对表逐行扫描查询和（　　）。

　A. 搜索　　　　　B. 查看　　　　　C. 索引　　　　　D. 其他

（3）索引按照索引记录的结构和存放位置主要分为聚集索引和（　　）索引。

　A. 唯一　　　　　B. 全文　　　　　C. 筛选　　　　　D. 非聚集

（4）在 SQL 语言中，删除索引的语句为（　　）。

　A. DELETE　　　　　　　　　　B. DELETE INDEX　＜表名＞.＜索引名＞

　C. DROP　　　　　　　　　　　D. DROP INDEX ＜表名＞.＜索引名＞

（5）视图创建完毕后，数据字典中存放的是（　　）。

　A. 关系代数表达式　　　　　　B. 查询结果

　C. 视图定义　　　　　　　　　D. 所引用的基本表的定义

（6）在数据库物理设计阶段，需要考虑为关系建立合适的索引，关于建立索引的描述，下列说法正确的是（　　）。

　A. 唯一索引列只能包含一个列，并且在该列上的数据取值具有唯一性

　B. 对于经常在其上需要执行插入、删除和更新操作的表，可以考虑建立索引

　C. 对于经常出现在 WHERE 子句中的属性，可以考虑建立索引

　　D. 对常出现在 ORDER BY 或 GROUP BY 子句中的属性，尽量避免建立索引

2. 填空题

（1）在数据库中，索引就是 ＿＿＿＿ 和 ＿＿＿＿ 的列表，是加快查询表中数据的方法。

（2）利用 SQL 语句中的＿＿＿＿＿＿＿＿命令创建索引。

（3）查看数据库 BookDataBase 中 Books 表的索引信息，可使用 ＿＿＿＿ 语句。

（4）视图是一个虚表，是从＿＿＿＿或其他视图导出的表，用户可以通过视图使用数据库中基于＿＿＿＿的数据。

（5）视图共有 4 种类型。除了用户定义的标准视图以外，SQL Server 2019 还提供了＿＿＿＿、＿＿＿＿、系统视图等特殊类型的视图。

（6）视图的建立和＿＿＿＿不影响基表，但是对视图内容的 ＿＿＿＿ 直接影响基表。

（7）SQL 语言支持数据库三级模式结构。在 SQL 中，外模式对应于＿＿＿＿和部分基本表，模式对应于基本表全体，内模式对应于存储文件。

3. 简答题

（1）什么是索引？聚集索引索和非聚集索引各有什么特点？

（2）创建索引有什么优缺点？

（3）哪些列上适合创建索引？哪些列上不适合创建索引？

（4）如何创建升序和降序索引？

（5）如何查看一个表上的索引信息？

（6）什么是视图？视图的作用有哪些？

（7）将创建视图的基础表从数据库中删除，视图也会一并删除吗？

（8）能否从使用聚合函数创建的视图上删除数据行？为什么？

（9）更改视图名称会导致什么问题？

（10）修改视图中的数据会受到哪些限制？

4. 实践题

　　某"图书管理"数据库，其中包含有 3 张基本表：读者（卡号，姓名，性别，联系电话，部门/学院，专业，累计借书，违章次数），图书（ISBN，书名，作者，出版社，出版时间，版次，单价），借阅（馆藏号，卡号，ISBN，是否续借，借阅日期，还回日期）。

（1）针对该应用案例，在其数据表上策划、创建索引。

（2）针对该应用案例，策划、创建视图并利用视图查询、更新数据。

*第 6 章　存储过程及触发器

存储过程和触发器代替了传统的逐条执行 SQL 语句的方式。存储过程是预编译 SQL 语句的集合，这些语句作为一个单元处理，存储过程中可以包含查询、插入、删除、更新等操作。当存储过程被调用执行时，这些操作也会同时执行。触发器作为一种特殊的存储过程，其执行不是由程序调用，也不是手工启动，而是由事件触发。触发器也经常用于加强数据的完整性约束和业务规则等。通过本章的学习，可以掌握存储过程和触发器的创建及管理方法，从而优化查询并提高数据的管理能力。

💻 **教学目标**
- 理解存储过程的基本概念及创建方法
- 熟悉管理存储过程的常用方法
- 理解并掌握触发器的基本概念
- 熟悉管理触发器的具体应用方法

6.1　存储过程概述

【案例 6-1】在学生成绩管理系统中，需要提供对学生成绩进行查询的功能，T-SQL 语句中的 SELECT 子句可以实现这一功能，但并不是所有的人都会使用 SELECT 查询。要解决这个问题，可以把要执行的 T-SQL 语句做成一个相对固定的语句组，根据 SQL Server 2019 中提供的存储过程的特点，在数据库服务器端先创建一个存储过程，再调用存储过程去实现查询并返回查询结果。这样就降低了用户的操作难度，同时也减少了网络传输的数据量，提高了系统性能。并且在多次查询时，直接调用存储过程的编译结果，可以使查询的速度更快。

6.1.1　存储过程的概念

存储过程是一种数据库对象，是一组为了完成特定功能、可以接收和返回用户参数的 T-SQL 语句预编译集合，经过编译后存储在数据库中，以某个名称存储并作为一个单元处理。存储过程存储在数据库内，可由应用程序通过某个调用执行，而且允许用户声明变量、带参数执行，并提供其他强大的编程功能。存储过程在第一次执行时会进行语法检查和编译，执行后它的执行计划就驻留在高速缓存中，用于后续调用。存储过程可以接受和输出参数、返回执行存储过程的状态值，还可以嵌套调用。

6.1.2　存储过程的特点和类型

1. 存储过程的特点

（1）存储过程允许标准组件式编程

存储过程在被创建后，可以在程序中被多次调用，而不必重新编写。所有的客户端都可以使用相同的存储过程来确保数据访问和修改的一致性。而且存储过程可以独立于应用程序而进行修改，大大提高了程序的可移植性。

（2）存储过程在服务器端运行，执行速度快

如果某一个操作包含大量的 T-SQL 代码或者被分别多次执行，那么存储过程相对批处理的执行速度要快很多。因为存储过程是预编译的，在首次运行一个存储过程时，查询优化器对其进行分析、优化，并给出最终被存放在系统表中的执行计划；而批处理的 T-SQL 语句在每次运行时都要进行编译和优化，因此速度相对要慢一些。📖

（3）存储过程能够减少网络流量

对于同一个针对数据库对象的操作（如查询、修改），用户可以通过发送一条执行存储过程的语句来实现，而不需要在网络上发送众多的 T-SQL 语句，这样可以减少在服务器与客户端之间传递语句的数量，大大减少网络流量。

> 📖**知识拓展**
> 存储过程与自定义
> 函数的区别

（4）存储过程可被作为一种安全机制充分利用

存储过程支持用户需要执行的所有业务功能，SQL Server 2019 可以不授予用户直接访问表、视图的权限，而是授权用户执行某些存储过程。系统管理员通过对执行存储过程的权限进行限制，从而能够实现对相应数据访问权限的限制，避免非授权用户对数据的访问，保证数据的安全。

存储过程虽然既有参数又有返回值，但是它与函数不同。存储过程的返回值只是指明执行是否成功，并且它不像函数那样被直接调用，也就是在调用存储过程时，在存储过程名称前一定要有 EXEC 关键字。

2. 存储过程的分类

存储过程保留在服务器上，是一种有效的封装重复性工作的方法，可以带参数，以完成一个特定的任务。在 SQL Server 中有多种存储过程，可分为系统存储过程、用户定义存储过程以及扩展存储过程。

（1）系统存储过程

系统存储过程主要存储在 master 数据库中，一般以"sp_"为前缀。系统存储过程主要从系统表中获取信息，从而为系统管理员管理 SQL Server 提供支持。通过系统存储过程，SQL Server 中的许多管理性或信息性的活动都可以被有效地执行。尽管系统存储过程被放在 master 数据库中，但是仍可以在其他数据库中对其进行调用，在调用时不必在存储过程名前加上数据库名。而且当创建一个新数据库时，一些系统存储过程会在新数据库中被自动创建。

（2）用户自定义存储过程

用户自定义存储过程是由用户创建并能够完成某些特定功能而编写的存储过程，它可以输入参数、向客户端返回表格或结果、消息等，也可以返回输出参数。在 SQL Server 2019 中，用户自定义存储过程又分为 T-SQL 存储过程和 CLR 存储过程两种。T-SQL 存储过程保存 T-SQL 语句的集合，可以接收和返回用户提供的参数。CLR 存储过程是针对微软的 .NET Frame-work 公共语言运行时（CLR）方法的引用，可以接收和返回用户提供的参数。

SQL Server 2019 还支持临时存储过程，分为局部临时过程和全局临时过程。局部临时过程只能由创建该过程的连接使用，全局临时过程则可以由所有连接使用。局部临时过程在当前会话结束时自动删除，而全局临时过程在使用该过程的最后一个会话结束时才会被删除。

临时过程用"#"和"##"命名，可以由任何用户创建。创建过程后，局部过程的所有者是唯一可以使用该过程的用户。执行局部临时过程的权限不能授予其他用户。如果创建的是全

局临时过程，则所有用户均可以访问该过程。

（3）扩展存储过程

扩展存储过程是指用户可以使用外部程序设计语言编写的存储过程，通常以"xp_"为前缀。它以动态链接库（DDL）的形式存在，能让 SQL Server 动态装载和执行，它一定要存放在系统数据库 master 中。在 SQL Server 2019 版本中，仍然保留了该类型的存储过程，但一般不建议用户使用。

🖋 讨论思考：

1）什么是存储过程？

2）存储过程有哪些特点？

3）存储过程的分类有哪些？

6.2 存储过程的常用操作

6.2.1 创建存储过程

1. 使用 SQL 语句创建存储过程

创建自定义存储过程可以直接使用 CREATE PROCEDURE 语句即可。在创建之前，需要考虑以下事项。

1）CREATE PROCEDURE 语句不能与其他 SQL 语句在单个批处理中组合使用。

2）要创建存储过程，必须具有数据库的 CREATE PROCEDURE 权限，还必须具有对架构的 ALTER 权限。

3）存储过程是架构作用域内的对象，它们的名称必须遵守标识符规则。

4）只能在当前数据库中创建存储过程。

5）如果用户不是存储过程的所有者，则在使用存储过程时，必须使用对象架构名称对存储过程内所有数据定义语言（DDL）语句中使用的对象名进行限定。

创建存储过程的语法如下。

```
CREATE PROCEDURE | PROC procedure_name [ ; number ]
[ { @ parameter data_type } [ VARYING ] [ = default ] [ OUTPUT ] ] [ ,…n ]
[ WITH { RECOMPILE | ENCRYPTION | RECOMPILE , ENCRYPTION } ]
[ FOR REPLICATION ]
AS
sql_statement [ …n ]
```

在这里，仍然使用基本的 CREATE <Object Type><Object Name>语法，它是每个 CREATE 语句的主干。PROCEDURE 或是 PROC 在使用时都可行，为防止出现例外情况，建议对所选择的选项保持一致。存储过程的名称必须遵循命名规则。

在对存储过程命名后，需要参数列表📖。各参数的详细解释如下。

1）procedure_name，存储过程的名称。要创建局部临时过程，可以在 procedure_name 前面加一个编号符（# procedure_name），要创建全局临时过程，可以在 procedure_name 前面加两个编号符（##procedure_name）。完整名称（包括#和##）不能超过 128 个字符。

📖 **知识拓展**
存储过程中参数与变量的区别

2）number，可选的整数，用来对同名的过程分组，以便用一条 DROP PROCEDURE 语句即可将同组的过程一起删除。

3）@ parameter，存储过程的参数。在 CREATE PROCEDURE 语句中可以声明一个或多个参数。除非定义了该参数的默认值，否则用户必须在执行过程时提供每个所声明参数的值。使用 @ 符号作为第一个字符来指定参数名称。参数名称必须符合标识符的规则。每个过程的参数仅用于该过程本身；相同的参数名称可以用在其他过程中。默认情况下，参数只能代替常量，而不能用于代替表名、列名或其他数据库对象的名称。

4）data_type，参数的数据类型。所有数据类型均可以用作存储过程的参数。其中，cursor 数据类型只能用于 OUTPUT 参数。

5）VARYING，指定作为输出参数支持的结果集（由存储过程动态构造，内容可以变化）。该参数仅适用于游标参数。

6）default，参数的默认值。若定义为默认值，则不必指定该参数的值即可执行该过程。

7）OUTPUT，表明该参数是返回参数，可将该参数的值返回给 EXEC[UTE]调用语句。使用此关键字的输出参数可以是游标占位符。

8）RECOMPILE，表明 SQL Server 不会缓存该过程的计划，该存储过程将在运行时重新被编译。

9）ENCRYPTION，表示 SQL Server 加密存储过程的文本，防止用户使用系统存储过程来读取该存储过程的文本定义。

10）FOR REPLICATION，指定不能在订阅服务器上执行为复制创建的存储过程。本选项不能和 WITH RECOMPILE 选项一起使用。

11）AS，指定过程要执行的操作。

12）sql_statement，过程中要包含的任意数目和类型的 T-SQL 语句。

【案例 6-2】在 XSCJ 数据库中，使用 CREATE PROCEDURE 语句创建一个存储过程，用来根据学生编号查询学生信息。具体代码如下。

```
Create Procedure Proc_stu1
@ Proc_Sno char( 10)
AS
Select * from Student where Sno = @ Proc_Sno
```

运行结果如图 6-1 所示。

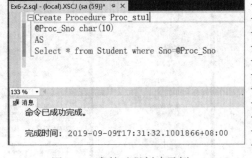

图 6-1　存储过程创建示例

2. 在 SQL Server Management Studio 中创建存储过程

【案例 6-3】在 XSCJ 数据库中，创建存储过程实现对学生成绩进行查询。要求在查询时提供需要查询的学生姓名和课程名称，存储过程根据用户提供的信息对数据进行查询，并显示成绩信息。

按照下述步骤用 SSMS 创建一个能够解决这一问题的存储过程。

1）启动 SQL Server Management Studio，登录服务器，在"对象资源管理器"中，选择本地数据库实例→"数据库"→"XSCJ"→"可编程性"→"存储过程"选项。

2）右击"存储过程"选项，在弹出的快捷菜单中选择"存储过程"命令，如图6-2所示。

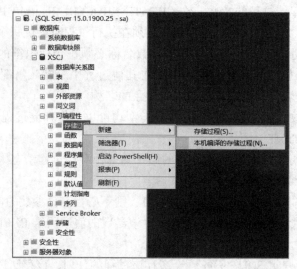

图6-2 SQL Server Management Studio中存储过程选项

3）打开如图6-3所示的创建存储过程的查询编辑器窗格，其中已经加入了创建存储过程的代码。

图6-3 创建存储过程

4）单击菜单栏上的"查询"→"指定模板参数的值"命令，弹出图6-4所示的对话框，其中Author（作者）、Create Date（创建时间）、Description（说明）为可选项，内容可以为空。

Procedure_Name 为存储过程名，@ Param1 为第一个输入参数名，Datetype_For_Param1 为第一个输入参数的类型，Default_ValueFor_Param1 为第一个输入参数的默认值。后面为第二个输入参数的相关设置，这里不再赘述。

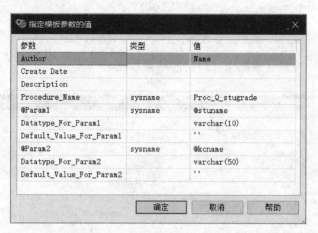

图 6-4　指定模板参数设置对话框

在本例中，将存储过程名设置为 Proc_Q_stugrade，第一个参数名为@ stuname，类型为 varchar(10)，默认值为 ' '；第二个参数名为@ kcname，类型为 varchar(50)，默认值为 ' '，其他内容设置为空。

5）设置完毕，单击"确定"按钮，返回到创建存储过程的查询编辑器窗格，如图 6-5 所示，此时代码已经改变。

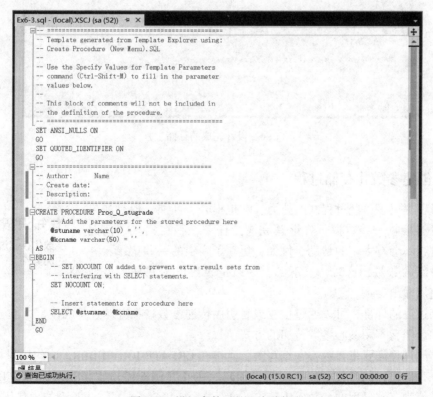

图 6-5　设置参数后的查询编辑器

6) 在 "Insert statements for procedure here" 下输入 T-SQL 代码，在本例中输入：

```
SELECT student. sname ,course. cname ,score. grade
FROM student INNER JOIN
    score ON student. sno = score. sno INNER JOIN
    course ON score. cno = course. cno
WHERE student. sname=@ stuname AND course. cname= @ kcname
```

7) 单击 "执行" 按钮完成操作，最后的结果如图 6-6 所示。

图 6-6　设计完成的存储过程

*6.2.2　创建参数化存储过程

存储过程提供了一些过程式的能力，它也提升了性能，但是如果存储过程没有接收一些数据，告诉其完成的任务，则在大多数情况下，存储过程不会有太多的帮助。例如，更新了表中的一些记录，并且想知道更新的数量，这时，就不太容易以记录集的形式获取该信息，而要使用输出参数。📖

在存储过程的外部，可以通过位置或者引用传递参数。在存储过程的内部，由于它们使用同样的方式声明，不用关心参数传递的方式。

如果存储过程需要带参数，在编写时，直接在 CREATE PROCEDURE 语句后附加参数，不同于函数，存储过程的参数不需要用括号括起。在【案例 6-2】中，SELECT 语句的 WHERE 条件的参考值为存储过程的参数@ Proc_Sno，而这个@ Proc_Sno 是 int 类型的，代码如下。

> 📖 知识拓展
> 参数化存储过程
> 的优势

```
Create Procedure Proc_stu1
@ Proc_Snochar( 10)
AS
Select ＊ from Student where Sno＝@ Proc_Sno
--调用存储过程
EXECUTE Proc_stu1 '1812010002'
GO
```

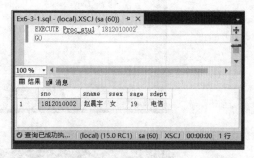

图 6-7　调用存储过程

执行结果如图 6-7 所示。

执行存储过程的实例如下。

```
--值的顺序必须按照参数的顺序
EXEC 存储过程名 值[，值 n…]
--值的顺序可以和参数顺序不同
EXEC 存储过程名 参数名=值[，参数名 n=值 n…]
--使用已声明并赋值的变量作为值
EXEC 存储过程名 参数名=变量[，参数名 n=变量 n…]
--调用具有 OUTPUT 参数的存储过程
EXEC 存储过程名 参数名 OUTPUT[，参数名 n=值 n…]
```

上面是集中执行存储过程的方式。如果在执行存储过程时，执行语句是批处理中的第一个语句，则可以不指定 EXECUTE 或 EXEC 关键字。

在以上的存储过程执行方式中，用 OUTPUT 修饰过的参数称之为返回参数，就是存储过程用来向调用方返回值的。与 RETURN 只能返回数值类型的值不同，OUTPUT 类型返回参数可以返回其他类型的值，只要声明一个和存储过程标识了 OUTPUT 关键字的对应参数类型一致的变量，然后将这个变量作为值传递给存储过程中对应的返回参数。

6.2.3　查看及修改存储过程

在 SQL Server 2019 系统中，可用系统存储过程和目录视图查看有关存储过程的信息。

1. 使用 SSMS 查看存储过程

在 SQL Server Management Studio 中，首先找到要查看的存储过程，然后右击要查看的存储过程，弹出快捷菜单，如图 6-8 所示。

如果要查看存储过程的源代码，可以在弹出菜单中选择"修改"命令，即可在查询编辑器中查看该存储过程的定义文本，如图 6-9 所示。

图 6-8　存储过程菜单选项

如果要查看存储过程的相关性，在弹出菜单中选择"查看依赖关系"命令即可。

如果要查看存储过程的其他内容，可在弹出菜单中选择"属性"命令，打开如图 6-10 所示属性窗口。

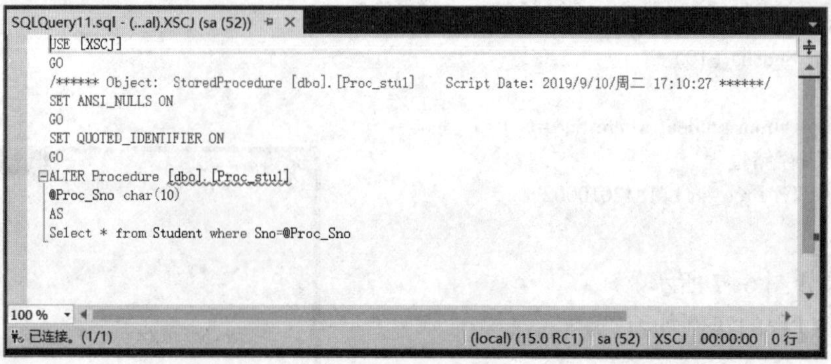

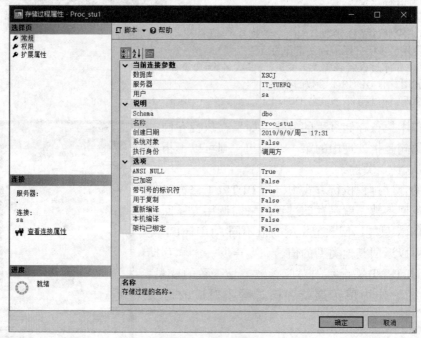

图 6-9 查看存储过程定义文本

图 6-10 存储过程属性

2. 使用系统存储过程查看存储过程定义

使用系统存储过程 sp_helptext，可以查看未加密的存储过程的文本。其语法格式如下。

sp_helptext〔@ objename =〕'name'〔,〔@ columnname = 〕'computed_column_name'〕

各参数说明如下。

1）〔@ objename =〕'name'：存储过程的名称，将显示该存储过程的定义文本。该存储过程必须在当前数据库中。

2）〔@ columnname = 〕'computed_column_name'：要显示其定义信息的计算列的名称。必须将包含列的表指定为 name。column_name 的数据类型为 sysname，无默认值。

【案例 6-4】使用存储过程显示存储过程 Proc_Stu 的定义文本。

    EXEC sp_helptext 'Proc_Q_stugrade'

查询结果如图 6-11 所示。

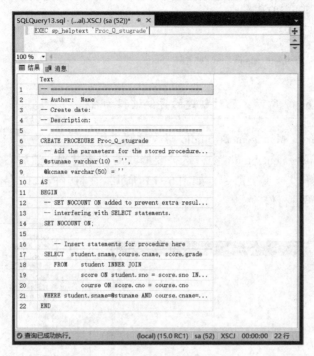

图 6-11　使用存储过程显示存储过程 Proc_Q_stugrade 的定义文本

3. 修改存储过程

在 SQL Server 2019 中，可使用 ALTER PROCEDURE 语句修改已经存在的存储过程，即直接将创建中的 CREATE 关键字替换为 ALTER 即可。虽然删除并重新创建该存储过程也可以达到修改存储过程的目的，但是这样做将丢失与该存储过程相关联的所有权限。

（1） ALTER PROCEDURE 语句

ALTER PROCEDURE 语句用来修改通过执行 CREATE PROCEDURE 语句创建的过程。该语句修改存储过程时不会更改权限，也不影响相关的存储过程或触发器。

修改存储过程语句的语法如下。

```
ALTER {PROC │ PROCEDURE} procedure_name [;number]
    [{@ parameter data_type}[VARYING][=default][OUTPUT]][,…n]
    [WITH]{RECOMPILE│ENCRYPTION│RECOMPILE, ENCRYPTION}]
    [FOR REPLICATION]
    AS
    sql_statement[…n]
```

通过对 ALTER PROCEDURE 语句语法分析，可以看出与 CREATE PROCEDURE 语句的语法构成完全一致，各参数的说明，请参考 CREATE PROCEDURE 语句的语法说明。

【案例 6-5】出于对安全性的考虑，对【案例 6-2】中创建的存储过程进行加密处理。

```
USE XSCJ
GO
ALTER PROC Proc_stu1
```

```
@ Proc_Sno char(10)
WITH encryption
AS
Select * from Student where Sno=@ Proc_Sno
GO
```

执行结果如图 6-12 所示，已对创建的存储过程加密。

（2）使用 SQL Server Management Studio 修改存储过程

在 SQL Server Management Studio 中，选择要修改的存储过程，然后右击所要修改的存储过程，在弹出菜单中选择"修改"命令，如图 6-13 所示，在打开的修改存储过程的查询编辑器窗口中对存储过程代码进行修改。

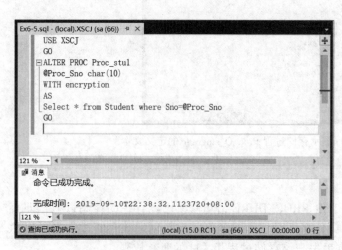

图 6-12　对创建的存储过程进行加密处理

图 6-13　修改存储过程

修改存储过程的结果如图 6-14 所示。

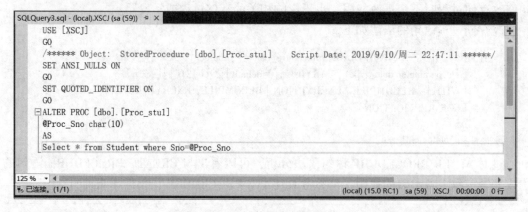

图 6-14　修改存储过程

6.2.4　重命名或删除存储过程

1. 重命名存储过程

存储过程也可以被重新命名，新的名称必须遵守标识符规则。要重命名的存储过程必须位于当前数据库，并且要具备相应的权限。

（1）使用 SQL Server Management Studio 重命名

在 SQL Server Management Studio 中，首先找到要修改的存储过程，然后右击要重命名的存储过程，在弹出的快捷菜单中选择"重命名"命令，即可重新命名该存储过程，如图 6-15 所示。

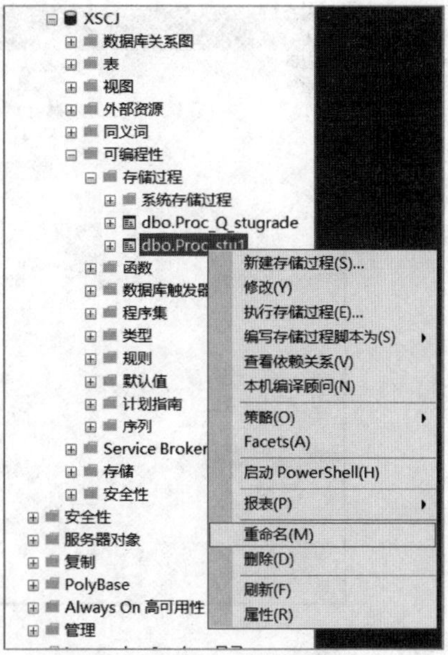

（2）使用系统存储过程 sp_rename 进行重命名

使用系统存储过程 sp_rename 可以重命名存储过程。其语法格式如下。

```
sp_rename [@ objname = ] 'object_name',
    [@ newname = ]'new_name'
    [ , [@ objtype = ]'object_type']
```

各参数说明如下。

1）[@ objname =]'object_name'：存储过程或触发器的当前名称。

2）[@ newname =]'new_name'：要执行存储过程或触发器的新名称。

3）[, [@ objtype =]'object_type']：要重命名的对象的类型。对象类型为存储过程或触发器时，其值为 OBJECT。

图 6-15　修改存储过程

【案例 6-6】 使用存储过程将【案例 6-2】中创建的存储过程 Proc_Stu1 重新命名为 Proc_Stu_Info。在查询窗口中执行下列 T-SQL 语句。

```
EXEC sp_rename 'Proc_Stu1','Proc_Stu_Info'
```

执行结果如图 6-16 所示。

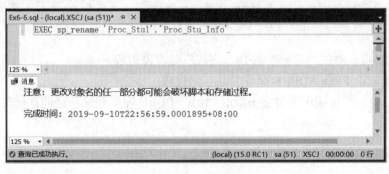

图 6-16　存储过程重命名

2. 删除存储过程

（1）使用 SQL Server Management Studio 删除存储过程，删除存储过程的步骤如下。

1）右击待删除的存储过程，在弹出菜单中选择"删除"命令，或单击要删除的存储过程，按下〈Delete〉键，弹出如图 6-17 所示的"删除对象"窗口。

2）单击"显示依赖关系"按钮，查看当前存储过程与其他对象的依赖关系，如图 6-18 所示。

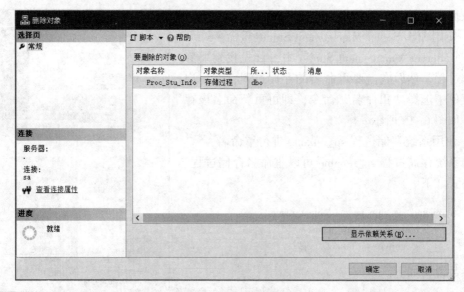

图 6-17　删除存储过程

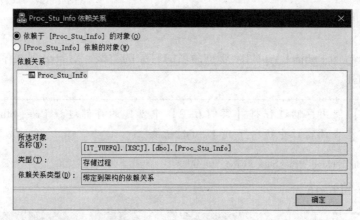

图 6-18　显示存储过程依赖关系

3) 确定无误后，单击"确定"按钮，完成删除存储过程。

(2) 使用 DROP PROCEDURE 命令删除存储过程

删除存储过程，直接使用关键字 DROP PROCEDURE 即可删除指定的存储过程，语法格式如下。

　　　DROP PROCEDURE｛procedure｝[, ⋯n]

参数说明如下。

procedure：是要删除的存储过程或存储过程组的名称。

> 【案例 6-7】使用存储过程将【案例 6-6】中重命名的存储过程从数据库中删除。
>
> 　　DROP PROCEDURE Proc_Stu_Info
>
> 执行结果如图 6-19 所示。

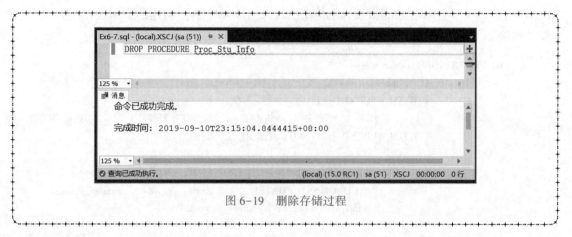

图 6-19 删除存储过程

讨论思考:

1) 存储过程与程序有什么区别和联系?

2) 创建存储过程有哪些方法?

3) 如何对一个存储过程进行重命名操作?

4) 如何对存储过程进行调用执行?

*6.3 触发器的应用

6.3.1 触发器概述

触发器(Trigger)是一种特殊的存储过程,它的执行不是由程序调用,也不是手工启动,而是由事件来触发,例如,当对一个表进行操作(insert、delete、update)时就会激活触发器的执行。

与存储过程相比,触发器更多的作用是维护数据的完整性,经常用于加强数据的完整性约束和业务规则等。触发器可以从 DBA_TRIGGERS、USER_TRIGGERS 数据字典中查到。在 SQL Server 2019 中,触发器可以分为两大类:DDL 触发器和 DML 触发器。当服务器或数据库中发生数据定义语言(DDL)事件时,将调用 DDL 触发器;当数据库中发生数据操作语言(DML)事件时,将调用 DML 触发器。DML 事件包括在指定表或视图中修改数据的 INSERT 语句、UPDATE 语句或 DELETE 语句。DML 触发器可以查询其他表,还可以包含复杂的 T-SQL 语句。

触发器作为一种非程序调用的存储过程,在应用过程中有下列优势。

1) 预编译、已优化、效率较高,避免了 SQL 语句在网络传输后再解释的低效率。

2) 可以重复使用,减少了开发人员的工作量。若使用 SQL 语句,使用一次就得编写一次。

3) 业务逻辑封装性好,数据库中的很多问题都可在程序代码中实现,但是将其分离出来在数据库中处理,使逻辑上更清晰,对于后期维护和二次开发的作用比较明显。

> 📖 **知识拓展**
> 触发器与约束的区别

4) 安全。不会有 SQL 语句注入问题。

6.3.2 创建触发器

触发器的作用域取决于事件。例如,每当数据库中或服务器实例上发生 CREATE_TABLE 事件时,都会激发为响应 CREATE_TABLE 事件而创建的 DDL 触发器。仅当服务器上发生

CREATE_LOGON 事件时，才能激发为响应 CREATE_LOGON 事件创建的 DDL 触发器。创建触发器的语法如下。

```
CREATE TRIGGER trigger_name
        ON { table | view }
        [ WITH ENCRYPTION ] {
                { { FOR | AFTER | INSTEAD OF } { [ INSERT ] [ , ] [ UPDATE ] }
        [ WITH APPEND ]    [ NOT FOR REPLICATION ]
            AS
            [ { IF UPDATE ( column ) [ { AND | OR } UPDATE ( column ) ] [ …n ]
            |    IF ( COLUMNS_UPDATED ( ) { bitwise_operator | updated_bitmask )
                { comparison_operator } column_bitmask [ …n ]
            } ]
            sql_statement [ …n ]
        }
    }
```

各参数的说明如下。

1）trigger_name：触发器的名称。触发器名称必须符合标识符规则，并且在数据库中必须唯一，不能以#或##开头。

2）table | view：在其上执行触发器的表或视图，有时称为触发器表或触发器视图。可以选择是否指定表或视图的所有者名称。

3）WITH ENCRYPTION：加密 syscomments 表中包含 CREATE TRIGGER 语句文本的条目。用 WITH ENCRYPTION 可防止将触发器作为 SQL Server 复制的一部分发布。

4）FOR | AFTER：AFTER 指定触发器只有在触发 SQL 语句中指定的所有操作都已成功执行后才激发。所有的引用级联操作和约束检查也必须成功完成后，才能执行此触发器。如果仅指定 FOR 关键字，则 AFTER 是默认设置。不能在视图上定义 AFTER 触发器。

5）INSTEAD OF：指定执行触发器而不是执行触发 SQL 语句，从而替代触发语句的操作。在表或视图上，每个 INSERT、UPDATE 或 DELETE 语句最多可以定义一个 INSTEAD OF 触发器。然而，可以在每个具有 INSTEAD OF 触发器的视图上定义视图。

INSTEAD OF 触发器不能在 WITH CHECK OPTION 的可更新视图上定义。若向指定 WITH CHECK OPTION 选项的可更新视图中添加 INSTEAD OF 触发器，SQL Server 将产生一个错误。用户必须用 ALTER VIEW 删除该选项后才能定义 INSTEAD OF 触发器。

6）{ [DELETE][,][INSERT][,][UPDATE]}：指定在表或视图上执行哪些数据修改语句时将激活触发器的关键字。必须至少指定一个选项。在触发器定义中允许使用以任意顺序组合的这些关键字。如果指定的选项多于一个，需用逗号分隔这些选项。

对于 INSTEAD OF 触发器，不允许在具有 ON DELETE 级联操作引用关系的表上使用 DELETE 选项。同样，也不允许在具有 ON UPDATE 级联操作引用关系的表上使用 UPDATE 选项。

7）WITH APPEND：指定应该添加现有类型的其他触发器。只有当兼容级别是 65 或更低时，才需要使用该可选子句。如果兼容级别是 70 或更高，则不必使用 WITH APPEND 子句添加现有类型的其他触发器。

WITH APPEND 不能与 INSTEAD OF 触发器一起使用，或者，如果显式声明 AFTER 触发器，也不能使用该子句。只有当出于向后兼容而指定 FOR 时（没有 INSTEAD OF 或 AFTER），才能使用 WITH APPEND。以后的版本将不支持 WITH APPEND 和 FOR（将被解释为 AFTER）。

8）NOT FOR REPLICATION：表示当复制进程更改触发器所涉及的表时，不应执行该触发器。

9）AS：触发器要执行的操作。

10）sql_statement：触发器的条件和操作。触发器条件指定其他准则，以确定 DELETE、INSERT 或 UPDATE 语句是否导致执行触发器操作。

触发器可以包含任意数量和种类的 T-SQL 语句。触发器旨在根据数据修改语句检查或更改数据；它不应将数据返回给用户。触发器中的 T-SQL 语句常常包含控制流语言。

【**案例 6-8**】 为 Student 表创建触发器，当向该表中插入数据时给出提示信息。

操作步骤如下。

1）打开 SQL Server Management Studio，并连接到 SQL Server 2019 中的数据库。

2）单击工具栏中"新建查询"按钮，打开查询编辑器，输入如下 SQL 语句代码。

```
CREATE TRIGGER Trig_stuDML
ON student
AFTER INSERT
AS
RAISERROR ('正在向表中插入数据', 16 , 10)
```

3）单击"执行"按钮，即可执行上述 SQL 代码，创建名称为 Trig_stu 的 DML 触发器。

当每次向 Student 表添加数据时，都会显示如图 6-20 所示的消息内容。例如，执行 insert into student values('1816040007', '刘建华', '男', 22, '经济') 语句，插入一条学生信息。

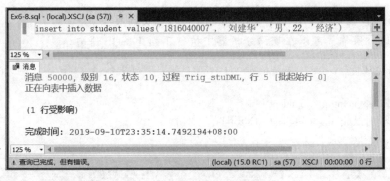

图 6-20　触发 DML 触发器

6.3.3　修改与管理触发器

1. 使用 ALTER TRIGGER 语句修改触发器

修改触发器的语法格式如下。

```
ALTER TRIGGER trigger_name
ON { table | view } [ WITH ENCRYPTION ] {
{ FOR | AFTER | INSTEAD OF } { [ INSERT ] [ , ] [ UPDATE ] }
    [ WITH APPEND ] [ NOT FOR REPLICATION ]
    AS
    [ { IF UPDATE ( column )  [ { AND | OR } UPDATE ( column ) ] [ …n ]
```

```
        │   IF ( COLUMNS_UPDATED ( ) { bitwise_operator } updated_bitmask )
                { comparison_operator } column_bitmask [ …n ]
    } ]
    sql_statement [ …n ]
}
```

其中各个参数与关键字的含义请参见创建触发器的内容。

2. 使用 sp_rename 命令重命名触发器

可以使用存储过程 sp_name 重命名触发器，其语法格式如下。

```
sp_rename oldname, newname
```

参数说明和用例请参考重命名存储过程的说明，在此不再赘述。

3. 查看触发器

查看已创建的触发器，通常有 3 种方法。

（1）使用系统存储过程 sp_helptrigger 查看触发器信息

可以使用系统存储过程 sp_helptrigger 返回基本表中指定类型的触发器信息。其语法格式如下。

```
sp_helptrigger [ @ tablename = ] 'table' [ ,[ @ triggertype = ] 'type' ]
```

参数说明如下。

1）[@ tablename =]'table'：当前数据库中表的名称，将返回该表的触发器信息。

2）[@ triggertype =]'type'：触发器的类型，将返回此类型触发器的信息。如果不指定触发器类型，将列出所有的触发器。

【案例 6-9】 查看 XSCJ 数据库中 student 表的触发器类型。

要实现这个操作，可以在查询分析器中执行下列 T-SQL 语句。

```
USE XSCJ
GO
EXEC sp_helptrigger 'student'
EXEC sp_helptrigger 'student','INSERT '
```

执行结果如图 6-21 所示。

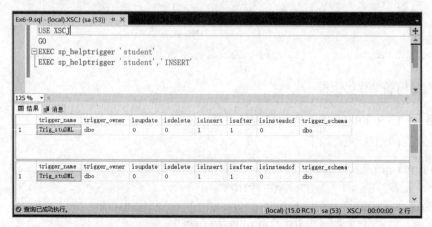

图 6-21 查看 XSCJ 数据库中 student 表的触发器类型

（2）使用系统存储过程 sp_helptext 查看触发器代码

可以使用系统存储过程 sp_helptext 查看触发器的代码，其语法格式如下。

> sp_helptext 'trigger_name'

需要注意，如果在创建触发器时使用 WITH ENCRYPTION 进行加密处理，那么使用 sp_helptext 将不能查看到触发器文本信息。

【案例 6-10】 查看触发器 Trig_stuDML 的所有者和创建日期。

要实现这个操作，可以在查询分析器中执行下列 T-SQL 语句。

```
USE XSCJ
GO
EXEC sp_helptext 'Trig_stuDML'
```

执行结果如图 6-22 所示。

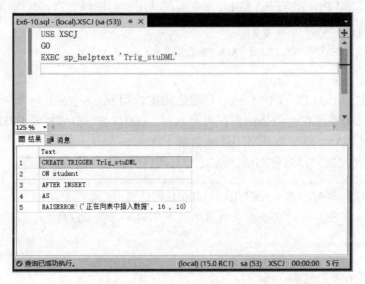

图 6-22　使用系统存储过程 sp_helptext 查看触发器代码

（3）使用系统存储过程 sp_help 查看触发器其他信息

可以使用系统存储过程 sp_help 查看触发器的其他信息，语法格式如下。

> sp_help 'trigger_name'

【案例 6-11】 查看触发器 Trig_stuDML 的所有者和创建日期。

要实现这个操作，可以在查询分析器中执行下列 T-SQL 语句。

```
USE XSCJ
GO
EXEC sp_help 'Trig_stuDML'
```

执行结果如图 6-23 所示。

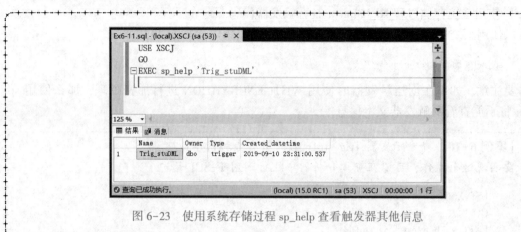

图 6-23   使用系统存储过程 sp_help 查看触发器其他信息

4. 禁用或启用触发器

可用 T-SQL 语句中的 ALTER TABLE 命令实现禁用或启用触发器，其语法格式如下。

ALTER TABLE 触发器所属表名称
{ENABLE | DISABLE} TRIGGER {ALL | 触发器名称[, …n] }

参数说明如下。

1) {ENABLE | DISABLE} TRIGGER：指定启用或禁用 trigger_name。当一个触发器被禁用时，它对表的定义仍然存在；但是，当在表上执行 INSERT、UPDATE 或 DELETE 语句时，触发器中的操作将不执行，除非重新启用该触发器。

2) ALL：不指定触发器名称的话，指定 ALL 则启用或禁用所有触发器。

【案例 6-12】暂时禁用触发器 Trig_stuDML 的使用。

要实现这一任务，可以在查询分析器中执行下列 T-SQL 语句：

```
USE XSCJ
GO
ALTER TABLE student
DISABLE TRIGGER Trig_stuDML
```

执行结果如图 6-24 所示。

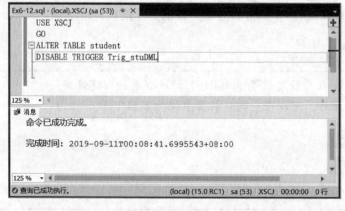

图 6-24   暂时禁用触发器 Trig_stuDML

6.3.4　触发器的工作方式

触发器通常有3个部分组成。

1）事件。事件是指对数据库的插入、删除和修改等操作，触发器在这些事件发生时，将开始工作。

2）条件。触发器将测试条件是否成立。如果条件成立，就执行相应的动作，否则什么也不做。

3）动作。如果触发器测试满足预设的条件，那么就由DBMS执行对数据库的操作。这些动作既可以是一系列对数据库的操作，也可以是与触发事件本身无关的其他操作。

在触发器的应用中，有两个特殊的表：inserted和deleted表。它们都是针对当前触发器的临时表。这两个表与触发器所在表的结构完全相同，而且总是存储在内存中。在执行INSERT语句时，插入到表中的新记录也同时插入到inserted表中。在执行UPDATE语句时，系统首先删除原有记录，并将原有记录插入到deleted表中，而新插入的记录也同时插入到inserted表中。在执行DELETE语句时，删除表中数据的同时，也将该数据插入到deleted表中。触发器会自动记录所要更新数据的新值与原值，根据对新值和原值的测试来决定是否执行触发器中预设的动作。

触发器可以嵌套执行，一个触发器执行激发另一个触发器的操作，而另一个触发器又激发第三个触发器，DML触发器与DDL触发器最多可以进行32层嵌套。

🎵 讨论思考：

1）触发器可以分为哪几类？

2）触发器与存储过程的联系和区别是什么？

3）查看触发器的方法有哪些？

4）触发器应用中的inserted和deleted这两个表的作用是什么？

6.4　实验6　存储过程及触发器应用

6.4.1　执行带回传参数的存储过程

1. 实验内容

在XSCJ数据库中，基于成绩信息表score创建一个Proc_out的带返回参数的存储过程，效果如图6-25所示。

2. 实验指导

基于成绩信息表score创建一个带返回参数的存储过程Proc_out，并且声明两个变量，利用exec关键字执行该存储过程。实验的关键语句如下。

```
use XSCJ
GO
if exists( select name from sysobjects where name='Proc_out' and type = 'p')
    drop proc Proc_out
GO

create procedure Proc_out
@ sno char(10),
@ cno char(4),
```

图 6-25　执行带回传参数的存储过程

```
@ score int output                                    --设置带返回值的参数
as
select @ score = grade from score where sno = @ sno and cno = @ cno
GO

--执行存储过程
declare @ stuscore int                                --自定义变量
exec Proc_out '1812010005', '2105', @ stuscore output    --调用存储过程
if @ stuscore> = 90                                   --利用存储过程的返回值进行判断
    print rtrim( @ stuscore)+'分的成绩为较高水平。'
if @ stuscore> = 70 and @ stuscore<90
    print rtrim( @ stuscore)+'分的成绩为中等水平。'
if @ stuscore<70
    print rtrim( @ stuscore)+'分的成绩为一般水平。'
```

6.4.2　使用触发器向数据库的表中添加数据

1. 实验内容

本实验为表 course 创建触发器，当向该表中插入数据时给出提示信息，实验结果如图 6-26 所示。

2. 实验指导

通过执行 SQL 语句代码，创建名称为 Trgr1 的触发器。每次对 course 表的数据进行添加时，都会显示图中的消息内容。本实验的关键语句代码如下。

```
USE XSCJ
GO
```

图 6-26　使用触发器向数据库的表中添加数据

```
if exists(select name from sysobjects where name='Trgr1')
    drop trigger Trgr1
GO

CREATE TRIGGER Trgr1
ON course
AFTER INSERT
AS
Print('正在向课程表中添加新课程……')
GO
```

在创建完以上的触发器以后，在输入如下的代码进行测试即可得到图 6-26 所示的结果。

```
USE XSCJ
GO

INSERT INTO course values('2107','微信小程序实训',4)
GO
```

6.5　本章小结

本章介绍了存储过程与触发器的概念、特点和作用，还介绍了创建和管理存储过程与触发器的方法与技巧。

通过本章内容的学习，学生应认识到存储过程与触发器在维护数据库完整性方面具有非常重要的作用，同时也增强了代码的重用性与共享性，提高了程序的可移植性。学生应了解存储过程和触发器的特点与作用，熟练掌握存储过程与触发器的创建、管理和调用的方法、技巧与注意事项。

6.6　练习与实践 6

1. 选择题

（1）假定在 XSCJ 数据库中创建一个名为 proc_score 的存储过程，而且没有被加密，那么

下列哪些方法可以查看存储过程的内容？（　　　）

      A. EXEC sp_helptext proc_score   B. EXEC sp_depends proc_score

      C. EXEC sp_help proc_score   D. EXEC sp_stored_procedures proc_score

（2）在 SQL SERVER 中，执行带参数的过程，正确的方法为（　　　）。

      A. 过程名 参数   B. 过程名（参数）

      C. 过程名 = 参数   D. ABC 均可

（3）（　　　）允许用户定义一组操作，这些操作通过对指定的表进行删除、插入和更新命令来执行或触发。

      A. 存储过程   B. 规则   C. 触发器   D. 索引

（4）SQL Server 为每个触发器创建了两个临时表，它们是（　　　）。

      A. Updated 和 Deleted   B. Inserted 和 Deleted

      C. Updated 和 Inserted   D. Updated 和 Selected

2. 填空题

（1）_____预先将 T-SQL 语句放在其中，然后使用_____语句来执行。

（2）在触发器中可以使用两个特殊的临时表。一个用来保存那些受_____和_____语句影响的记录，一个用于保存那些受 delete 和 update 语句影响的记录。

3. 简答题

（1）与 T-SQL 语句相比，存储过程具有哪些优点？

（2）什么是触发器，触发器分为哪几种类型？

（3）简述存储过程与触发器的区别。

（4）简述触发器的优缺点。

4. 实践题

学生（学号，姓名，性别，出生日期，民族，班号）

班级（班号，班名，班主任，教室）

课程（课程号，课程名，学分）

选课（学号，课程号，成绩）

根据上面的关系模式，完成下面的操作。

（1）创建存储过程 P_1，功能是查询性别为男的学生的学号、姓名、性别信息。

（2）创建存储过程 P_2，功能是查询指定学生的学号、姓名、性别和班号，姓名由参数传递。

（3）创建存储过程 P_3，功能是查询选修了某门课程的学生成绩，显示学号、姓名、课程名和成绩信息，并将成绩转换为等级分制，课程名由参数传递。

（4）创建存储过程 P_4，功能是查询某门课程的总分和平均分，课程名由参数传递。

（5）创建触发器 T_1，功能是当向学生表添加记录时，显示学生的信息。

（6）创建触发器 T_2，功能是当向班级表添加、修改和删除数据时，显示学生的信息。

（7）创建触发器 T_3，功能是当修改班级表里的班号时，同步更新学生表中对应的班号。

（8）创建触发器 T_4，功能是当删除学生表的记录时，同步删除选课表中的选课信息。

第7章 T-SQL 应用编程

微软的 Transact-SQL 简称 T-SQL，是微软在其数据库管理软件 Microsoft SQL Server 的基础上对标准 SQL 进行的一种扩展，也是标准的 SQL 程序设计语言的增强版。几乎所有的应用程序都要读取、存储和处理关系数据库中的数据。只要使用 Microsoft SQL Server，就需要了解并学习使用 T-SQL，这是 Microsoft 为 ANSI 标准 SQL 数据库查询语言提供的强大的实现方案。🖥

```
🖥 教学目标
  ● 熟悉 T-SQL 的概念、特点、执行方式等相关理论
  ● 理解批处理、脚本、事务等相关概念
  ● 掌握 T-SQL 编程中常用的流程控制结构与语句
  ● 理解嵌入式 SQL 的概念、语法规定以及用法
```

7.1 T-SQL 基础概述

```
【案例 7-1】T-SQL 是对标准 SQL 的扩展。美国国家标准协会（American National
Standards Institute，ANSI）制定的标准 SQL 是关系数据库中管理和操作数据的标准语言，
具有操作统一、功能丰富、非过程化等优点。但是这种高度非过程化的语言也有着显著
缺点：缺少流程控制能力。因此，各大厂商都对标准 SQL 进行了扩展，制定了各自的过
程化 SQL，例如 Microsoft SQL Server 的 Transact-SQL、Oracle 的 PL/SQL、IBM DB2 的 SQL
PL 和 Kingbase 的 PL/SQL。📖
```

7.1.1 T-SQL 的概念、特点和功能

📖 知识拓展
Oracle 中的 PL/
SQL 简介

1. T-SQL 的概念及优点

事务-结构化查询语言 T-SQL，作为标准 SQL 的扩展，不仅包含数据定义语言、数据操纵语言和数据控制语言，同时还包括了程序控制语言，而且提供了丰富的编程功能，允许使用变量、运算符、表达式、函数、流程控制语句等，其功能非常强大。T-SQL 对于 SQL Server 十分重要，SQL Server 中使用图形界面能够完成的所有功能，都可以用 T-SQL 来实现。使用 T-SQL 时，与 SQL Server 通信的所有应用程序都通过向服务器发送 T-SQL 语句来进行，而与应用程序的界面无关。

T-SQL 提供的交互式查询语言，既允许用户直接查询存储在数据库中的数据，也可以将语句嵌入到某种高级程序设计语言中使用，例如，可嵌入到 C#、. Net 或 Java 等语言中。对于数据库中数据集的操作来说，T-SQL 比其他高级语言更加简单高效，而且也具有了其他高级语言的特点，因此得到广泛应用。

T-SQL 集数据查询、数据操纵、数据定义和数据控制于一体，体现了关系数据库语言的特点和优点。T-SQL 主要有以下几个特点。

1）功能强大，将数据定义、数据操纵、数据控制、事务管理和附加语言元素集于一体。

2）两种使用方式，可直接交互式操作数据库，也可以嵌入高级语言中使用。

3）与人的思维方式接近，简单易学，易于理解和掌握。

2. SQL 与 T-SQL 的区别

T-SQL 作为标准 SQL 的扩展，包含了许多 SQL 所不具备的编程功能，如流程控制语句、批处理、游标和函数等。用户实际使用中需要区分使用的是 SQL 还是 T-SQL。

例如，SQL Server 查询分析器中使用了以下语句。

```
Select  *  From<表 1>
```

这样的语句到底是 SQL 还是 T-SQL？对于这种标准 SQL 语句，既是 SQL 语句，也是 T-SQL语句，因为 T-SQL 就包含了标准 SQL。

但是假设输入的是以下语句：

```
BEGIN
    PRINT "Hello World"
END
```

很明显，只能说这是 T-SQL，而不是 SQL 语句，因为标准 SQL 中没有流程控制语句。

3. T-SQL 的功能

T-SQL 的编程功能主要包括基本功能和扩展功能。

（1）基本功能

在 3.4.1 节介绍过 T-SQL 的功能特点，可将其基本功能概括为：数据定义语言（Data Definition Language，DDL）功能、数据操纵语言（Data Manipulation Language，DML）功能、数据控制语言（Data Control Language，DCL）功能和事务管理语言（Data Transaction Language，DTL）功能等。

（2）扩展功能

T-SQL 的扩展功能主要包括：程序流程控制结构以及 T-SQL 附加的语言元素，包括标识符、局部变量、系统变量、常量、运算符、表达式、数据类型、函数、错误处理语言和注释等。

7.1.2　T-SQL 的类型和执行方式

1. T-SQL 的类型

根据 SQL Server 数据库管理系统具有的功能，T-SQL 语言可分为 5 种类型，即数据定义语言、数据操纵语言、数据控制语言、事务管理语言和附加的语言元素。

> 📖 **知识拓展**
> 学习编写 T-SQL 语句

1）数据定义语言是最基础的 T-SQL 类型，用于定义 SQL Server 中的数据结构，使用这些语句可以创建、更改或删除 SQL Server 实例中的数据结构。在 SQL Server 2019 中，主要包括通过 CREATE 创建新对象，如数据库、表、视图、过程、触发器和函数等；通过 ALTER 修改已有对象的结构；通过 DROP 删除已有对象；通过 DISABLE TRIGGER、ENABLE TRIGGER 等语句控制触发器。

2）数据操纵语言主要用于使用数据，使用这些语句可以从数据库中查询、增加、删除和修改数据。在 SQL Server 2019 中，主要包括 SELECT、INSERT、DELETE、UPDATE、UPDA-TETEXT、WRITETEXT、READTEXT 等语句。当使用数据定义语言定义数据后，才能使用数据操纵语言使用数据。

3）数据控制语言用于实现对数据库安全管理和权限管理等控制操作，SQL Server 2019 中，主要包括 GRANT（赋予权限）、REVOKE（收回权限）和 DENY（禁止赋予的权限）等语句。

4）事务管理语言主要用于事务管理方面。事务是指用户定义的一个数据库操作序列，这些操作"要么都做，要么都不做"，是一个不可分割的工作单位。在 SQL 中，可用数据控制语言将多个 SQL 语句组合起来，然后交给数据库系统统一处理，即事务管理。例如，将账户甲中的资金转入另一个账户乙，需要两个更新操作（账户甲的余额减少，账户乙的余额增加相应的数），这就属于事务管理，执行过程中或者两个更新都做，或者都不做，避免数据库不一致。在 SQL Server 2019 中，可用 COMMIT 语句提交事务，也可用 ROLLBACK 语句撤销。

5）附加的语言元素用于辅助语句的操作、标识、理解和使用，主要包括标识符、变量、常量、运算符、表达式、数据类型、函数、流程控制语句、错误处理语句和注释等元素。SQL Server 中使用了一百多个保留关键字来定义、操作或访问数据库和数据库对象，这些关键字包括 DATABASE、CURSOR、CREATE、BEGIN 等，这些关键字是 T-SQL 语法的一部分。

2. T-SQL 的执行方式

在 SQL Server 中，主要使用 SSMS 工具执行 T-SQL 编写的语句。SSMS 的主区域除了用于显示和修改表数据外，还有一个十分常用且重要的功能，即编写 T-SQL 程序脚本。若想运行编写的 T-SQL 语句，可先在"对象资源管理器"选中要运行 SQL 语句的数据库或者数据库中对象，然后单击"新建查询"按钮或者按〈Alt+N〉组合键，SSMS 将在主区域新建一个空白编辑器窗口，可在此编写 T-SQL 语句并执行。执行时需要注意的是，若用户在编辑器中选中部分 SQL 脚本，SSMS 将只运行选中的脚本；若用户没有在编辑器窗口中选择任何脚本，SSMS 将运行该窗口中的所有 SQL 脚本。

> 📖 **知识拓展**
> 什么是 SSMS 工具

SSMS 中还支持对大多数数据库对象，如表、视图、同义词、存储过程、函数和触发器生成操作 SQL 语句，该功能可减少开发人员反复编写 SQL 语句的工作，极大地提高了工作效率。例如，要生成查询表"教师"的 SQL 语句，只需在"对象资源管理器"中找到该表，在该表上右击，在弹出的快捷菜单中选择"编写表脚本为"→"SELECT 到"→"新查询编辑器窗口"命令，如图 7-1 所示。

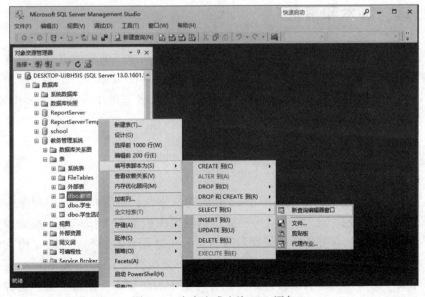

图 7-1　为表生成查询 SQL 语句

SSMS 可自动生成该表的查询语句。

> SELECT ［工号］,［系部编号］,［教师姓名］,［性别］,［年龄］,［职称］,［所在院系］
> FROM ［dbo］.［教师］

单击工具栏中的"执行"按钮,运行该语句,将在主区域中显示运行结果。自动生成的语句及其执行结果如图 7-2 所示。通过同样的操作,不仅可以自动生成查询语句,还可以自动生成表的创建、插入、更改和删除等操作的 SQL 语句。

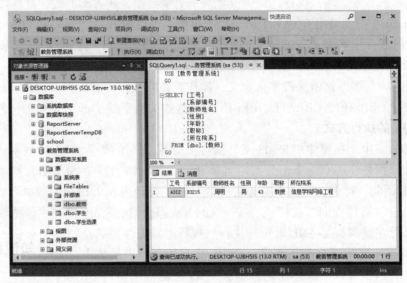

图 7-2   自动生成的查询语句及其执行结果

📝讨论思考:

1) T-SQL 的概念和特点是什么?
2) T-SQL 与标准 SQL 的区别和联系是什么?
3) 如何在 SSMS 中使用 T-SQL 语句?

7.2   批处理、脚本和事务

SQL 批处理是数据库系统中很重要的一个功能,能够对系统的性能进行有效优化。脚本将一组 SQL 命令以文本文件的形式存储,能够提高数据访问的效率,并进行相关的数据处理。事务是数据库系统上执行并发操作时的最小控制单元,能将逻辑相关的一组操作绑定在一起,以便使服务器保持数据的完整性。

7.2.1   批处理概述

1. 批处理的概念

批处理 (Batches) 是指一个或多个 T-SQL 语句的集合,由客户端应用程序一次性发送到 SQL Server 服务器以完成执行,它表示用户提交给数据库引擎的工作单元。批处理是作为一个单元进行分析和执行的,它要经历的处理阶段有:分析 (语法检查)、解析 (检查引用的对象和列是否存在、是否具有访问权限) 和优化 (作为一个执行单元)。SQL Server 将批处理语句编译为单个可执行的单元,称为执行计划,执行计划中的语句每次执行一条,这种批处理方式这有助于节省执行时间。

批处理中的错误分为两类：语法错误和运行时错误。需要注意，如果编译阶段发生语法错误，则会导致执行计划无法编译，此时不会执行批处理中的任何语句。但是运行阶段发生的错误，如算术溢出或约束冲突之类的错误，则根据不同情况而定。

1）大多数运行时错误将停止执行批处理中当前语句和它之后的语句。

2）某些运行时错误（如违反约束）仅停止执行当前语句，而继续执行批处理中的其他语句。

一般情况下，在遇到运行时错误的语句之前执行的语句已经完成，不受错误语句影响，唯一例外的情况是批处理位于事务中，并且运行时错误导致事务回滚。在这种情况下，所有运行时错误之前执行的未提交数据修改都将回滚（退回）。

2. 批处理的规则

下面的规则适用于批处理的使用。

1）创建默认（CREATE DEFAULT）、创建函数（CREATE FUNCTION）、创建过程（CREATE PROCEDURE）、创建规则（CREATE RULE）、创建模式（CREATE SCHEMA）和创建触发器（CREATE TRIGGER）和创建视图（CREATE VIEW）语句不能在批处理中与其他语句组合使用。

2）批处理必须以 CREATE 语句开始，所有跟在该批处理后的其他语句将被解释为第一个 CREATE 语句定义的一部分。

3）不能在同一个批处理中更改表结构（如修改字段名、新增字段，新增或更改约束等），然后引用新列。因为 SQL Server 可能还不知道架构定义发生了变化，导致出现解析错误。

4）不能在同一个批处理中删除一个对象之后，再次引用该对象。

5）不可将规则和默认值绑定到表字段或自定义字段上之后，立即在同一个批处理中使用。

6）使用 SET 语句设置的某些 SET 选项不能应用于同一个批处理中的查询。

7）如果批处理中的第一个语句是执行某个存储过程的 EXECUTE 语句，则 EXECUTE 关键字可以省略。如果 EXECUTE 语句不是批处理中第一条语句，则必须保留。

3. 指定批处理的方法

指定批处理的方法有 4 种。

1）应用程序作为一个执行单元发出的所有 SQL 语句构成一个批处理，并生成单个执行计划。

2）存储过程或触发器内的所有语句构成一个批处理，每个存储过程或者触发器都编译为一个执行计划。

3）由 EXECUTE 语句执行的字符串是一个批处理，并编译为一个执行计划。

4）由 sp_executesql 存储过程执行的字符串是一个批处理，并编译为一个执行计划。

需要注意以下几点。

1）若应用程序发出的批处理过程中含有 EXECUTE 语句，则已执行字符串或存储过程的执行计划将与包含 EXECUTE 语句的执行计划分开执行。

2）sp_executesql 存储过程所执行的字符串生成的执行计划与 sp_executesql 调用的批处理执行计划分开执行。

3）若批处理中的语句激活了触发器，则触发器将与原始的批处理分开执行。

4. 批处理的结束与退出

（1）执行批处理语句

功能：用 EXECUTE 语句执行标量值的用户自定义函数、系统过程、用户自定义存储过程或扩展存储过程。同时支持 T-SQL 批处理内字符串的执行。

（2）批处理结束语句

在 SSMS、sqlcmd 实用工具和 osql 实用工具中都使用 GO 命令作为批处理语句的结束标记，即当编译器执行到 GO 时，会将之前的所有语句当作一个批处理来执行。但是 GO 并不是一个 T-SQL 语句，它只是供 SSMS、sqlcmd 和 osql 这些 SQL Server 客户端工具识别的一个命令。📖

GO 命令和 T-SQL 命令不能在同一行，否则无法识别，但在 GO 命令行中可包含注释。用户必须遵照使用批处理的规则。例如，在批处理中的第一条语句后执行任何存储过程必须包含 EXECUTE 关键字。局部（用户定义）变量的作用域限制在一个批处理中，不可在 GO 命令后引用。

SQL Server 2005 以及更高的版本中对 GO 命令这个客户端工具进行了增强，让它可以支持一个正整数参数，表示 GO 之前的批处理将执行指定的次数。当需要重复执行批处理时，就可以使用这个增强后的命令。该命令使用的语法具体格式如下。

GO [count]

其中，count 为一个正整数，用于指定 GO 之前的批处理将执行的次数。

【案例 7-2】批处理语句以及 GO 语句的使用。

```
Use 教务管理系统            /* 将当前使用数据库切换到"教务管理系统" */
CREATE view vw_teacher
AS select * from 教师       /* 创建视图 vw_teacher */
GO                          /* 批处理执行前面语句 1 次 */
Insert into 教师 default values   /* 在"教师"表中插入 */
GO 10                       /* 批处理执行插入元组语句 10 次 */
```

将这些语句在编辑器窗口中执行后，会发现数据库"教务管理系统"中出现了一个视图 vw_teacher；表"教师"中新增元组 10 个，每个元组中的属性值都为 NULL（前提是该表未定义主码，即元组可重复）。

（3）批处理退出语句

批处理退出语句的基本语法格式如下。

RETURN [整型表达式]

该语句可无条件终止查询、存储过程或批处理的执行。存储过程或批处理不执行 RETURN 之后的语句。当存储过程使用该语句时，RETURN 语句不能返回空值。可用该语句指定返回调用应用程序、批处理或过程的整数值。📖

【案例 7-3】RETURN 语句的使用。创建过程检查"教师"表中某个元组的职称情况，若是"教授"，返回 1；若不是，则返回 2。

```
USE 教务管理系统
GO
CREATE PROCEDURE checkstate @ param char (10)
```

```
            AS
            IF(SELECT 职称   FROM 教师 where 工号=@param)= '教授'
            RETURN 1
            ELSE
            RETURN 2
```

以上语句创建了过程 checkstate 来检查教师的职称状态。如果该教师职称是"教授",将返回状态码 1;其他情况下,返回状态码 2。

再通过下面语句显示通过过程 checkstate 检查工号为 A312 的教师职称状态,并返回执行结果。

```
    DECLARE   @return_status  int
    EXEC @return_status = checkstate   'A312'
    SELECT  '返回值' =  @return_status
    GO
```

执行该批处理语句后,结果窗口显示返回值为 1,表示工号为 A312 的教师职称是"教授"。

7.2.2　脚本及事务

1. 脚本

脚本(Script)是存储在文件中的一系列 SQL 语句,脚本文件保存时的扩展名为 .sql,该文件是一个纯文本文件。

> 📖 **知识拓展**
> 使用 T-SQL 编辑器
> 编辑和执行脚本

脚本文件中可包含一个或多个批处理,GO 作为批处理结束语句,若脚本中无 GO 语句,则作为单个批处理。

使用脚本可以将创建和维护数据库时进行的操作保存在磁盘文件中,方便以后重复使用该段代码,还可以将此代码复制到其他计算机上执行。因此,对于经常操作的数据库,保存相应的脚本文件是一个良好的使用习惯。

保存查询分析器中的 T-SQL 语句为脚本文件时,通过"文件"→"保存"命令,或者单击工具栏上的"保存查询/结果"按钮,在打开的窗口中指定存储位置即可。或者关闭当前查询窗口时,也会自动弹出对话框,提示是否保存当前脚本文件。

在查询分析器中也可以通过选择"文件"→"打开"命令,或者工具栏上的"打开文件"按钮来打开已保存的脚本文件,并对其进行编辑或者执行。

2. 事务

事务的概念主要是为了保持数据的一致性而提出的。例如,在一次银行交易中,需要将账户 A 中的 10000 元转账至账户 B 中,那么这个操作序列就应该分两步来完成。第一步从账户 A 中减去 10000 元,第二步向账户 B 中加入 10000 元。可以设想,如果第一步完成后,比如突然断电等故障导致第二个动作没来得及完成,那么故障恢复后,会发现账户 A 中金额少了 10000 元,但是账户 B 中并没有增加 10000 元,总金额发生错误,造成数据不一致现象。解决这个问题就需要用到事务的概念。

(1) 事务的定义

事务(Transaction)是用户定义的数据操作序列,这些操作可作为一个完整的、不可分割的工作单元,一个事务内的操作"要么全部执行,要么全部不执行"。

事务的开始和结束可以由用户显式控制，在 SQL 中，常用的定义事务的语句有 3 条。

```
BEGIN TRANSACTION;
COMMIT;
ROLLBACK;
```

其中，BEGIN TRANSACTION 表示事务的开始，以 COMMIT 或 ROLLBACK 结束事务。COMMIT 表示事务的提交，即将所有对数据库的更新写入到磁盘上的物理数据库中，正常结束该事务。ROLLBACK 表示事务的回滚，用于事务执行过程中发生了某种故障，事务不能继续执行，系统将该事务中对数据库的所有已完成更新操作全部撤销，回滚（退回）到事务开始时的状态。

上述银行转账示例中，如果把整个过程当作一个事务，那么两步操作要么都执行，要么都不执行。也就是说，当发生故障造成事务中断时，系统会自动撤销已完成的第一个动作，这样当系统恢复时，账户 A 和账户 B 的金额还是正确的。

事务和程序是两个不同的概念。通常，一个程序中可包含多个事务；一个事务可以是一条 SQL 语句、一组 SQL 语句或整个程序。

需要特别注意的是，事务与批处理有所区别，事务是工作的原子工作单位，而一个批处理可以包含多个事务，一个事务也可以在多个批处理中的某些部分提交。当事务在执行中被取消或回滚时，SQL Server 会撤销自事务开始以来进行的部分活动，而不考虑批处理是从哪里开始的。

（2）事务的特征

事务定义了一个或多个数据库操作的序列，但是并非任意数据库操作序列都能称为事务，为了保护数据的完整性，一般要求事务具有以下 4 个特征。

1）原子性（Atomic）。事务中的所有步骤和操作都被当作原子单元，不可分割，执行时要么都做，要么都不做。

2）一致性（Consistent）。事务执行的结果必须是使数据库从一个一致性状态转变到另一个一致性状态。数据库的一致性是指数据库中的数据满足完整性约束。

3）隔离性（Isolated）。若多个事务并发执行，应如同各事务独立执行一样，一个事务的执行不受其他事务干扰。即一个事务的内部操作及使用的数据对其他并发事务是隔离的，一个事务不应该看到另一事务的中间阶段。并发控制就是为了保证事务的隔离性。

4）持久性（Durable）。在将数据修改写入到磁盘上数据库的数据分区之前，总是把这些修改写入到磁盘上数据库的事务日志中。把提交指令记录到磁盘的事务日志中以后，即使数据修改还没有应用到磁盘的数据分区，也可以认为事务是持久化的。此时，即使数据库因故障而受到破坏，DBMS 也应当可以恢复。

习惯上对上述 4 个特性合称为事务的 ACID 特性或 ACID 准则。保证事务的 ACID 特性是事务管理的重要任务。事务也是数据库故障恢复和并发控制的基本单位。因此，考虑到事务的 ACID 特性有可能遭到破坏的因素有两个：一是多个事务并行运行时，不同事务的操作交叉运行；二是事务在运行过程中被强制中止。第一种情况下，DBMS 必须保证多个事务的交叉运行，不影响这些事务的原子性。第二种情况下，DBMS 必须保证被强行中止的事务对数据库和其他事务没有影响。这些工作由 DBMS 中的恢复机制和并发机制负责完成。

> 📖 知识拓展
> 事务日志

（3）事务类型

任何对数据的修改都是在事务环境中进行的。SQL Server 使用以下几类事务模式管理数据的修改。

1）显式事务。事务中存在显式的 BEGIN TRASACTION 语句开始，以 COMMIT 或 ROLL-BACK 语句显式结束。

2）隐式事务。在前一个事务完成时新事务就隐式启动，但是每个事务仍然以 COMMIT 或 ROLLBACK 语句显式结束。

3）自动提交事务。如果数据修改语句是在没有显式或者隐式事务的数据库中执行的，就称为自动提交事务。简而言之，它一次仅执行一个操作，每条单独的语句都可看作一个事务。

4）批处理级事务。只能应用于多个活动结果集（MARS），在 MARS 会话启动的 T-SQL 显式或隐式事务变为批处理级事务。当批处理完成时没有提交或回滚的批处理级事务自动由 SQL Server 进行回滚。

【案例 7-4】通过以下银行转账的算法理解事务的概念。

```
BEGIN TRANSACTION
BALANCE1 = 账户 A 的余额；              /* 读取账户 A 的余额,并赋值给 BALANCE1 */
BALANCE1 = BALANCE1-AMOUNT；           /* AMOUNT 为转账金额 */
IF (BALANCE1<0) THEN
    {PRINT '账户金额不足,不能转账'；
    ROLLBACK ;}
ELSE
    {BLANCE2 = 账户 B 的余额；          /* 读取账户 B 的余额,并赋值给 BALANCE2 */
    BALANCE2 = BALANCE2+AMOUNT；
    账户 B 的余额=BALANCE2；
    COMMIT ;}
```

讨论思考：

1）什么是批处理？

2）什么是脚本？脚本有何作用？

3）什么是事务？如何通过事务进行数据一致性控制？

7.3　流程控制结构

在使用 T-SQL 语句编程时，经常需要按照执行的条件进行控制转移或者重复执行，即控制 SQL 语句、语句块或存储过程的执行流程，这就需要用到 T-SQL 中提供的几种基本的流程控制元素。与程序设计语言中的流程控制结构类似，T-SQL 中的控制结构也主要分为 3 类：顺序、选择和循环。表 7-1 列出了 T-SQL 提供的常用流程控制语句。🔖

📖 **知识拓展**
流程控制语句

表 7-1　T-SQL 提供的主要流程控制语句

语　　句	具　体　描　述
BEGIN…END	定义语句块
BREAK	退出最内层的 WHILE 循环
CASE	允许表达式按照条件返回不同值
CONTINUE	重新开始 WHILE 循环

(续)

语 句	具 体 描 述
GOTO	将程序的执行跳到相关标签处
IF…ELSE	判断条件是否成立，执行相应分支
RETURN	无条件退出
WAITFOR	为语句的执行设置延迟
WHILE	当指定条件为真时重复执行循环体

7.3.1 顺序结构

顺序结构是最基本的控制结构，执行流程为从上至下执行每一条语句，其流程图如图 7-3 所示。

1. BEGIN…END 语句

BEGIN…END 用来定义一个语句块，它将一系列 T-SQL 语句作为一个整体来执行。BEGIN 和 END 是控制语句的关键字，分别表示语句块的开始和结束。

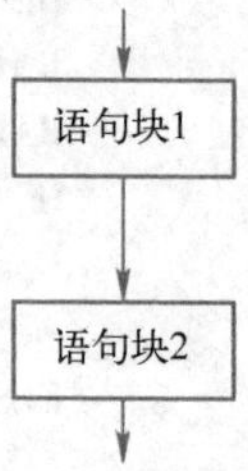

BEGIN…END 语句的具体语法格式如下。

```
BEGIN
    <语句 1>
    <语句 2>
    …
END
```

图 7-3　顺序结构流程图

介于 BEGIN 和 END 之间的各个语句既可以是单独的 T-SQL 语句，也可以是使用 BEGIN 和 END 定义的语句块，即 BEGIN 和 END 语句允许嵌套使用。

注意：

1）BEGIN 和 END 必须成对出现。

2）BEGIN…END 语句通常是和流程控制语句 IF…ELSE 或者 WHILE 语句一起使用的，如果不使用 BEGIN…END 语句块，则只有 IF、ELSE 或 WHILE 这些关键字后面的第一个 T-SQL 语句属于这些语句的执行体。可以看出，BEGIN…END 语句功能类似于程序设计语言中的{…}。

2. SET 语句

SET 语句常用于两种情况，第一种是给局部变量赋值。需注意，给标量（Scalar）变量赋值时，该值必须是一个标量表达式的结果，该表达式可以是一个标量子查询的结果。另外，SET 语句一次只能操作一个变量，若要给多个变量赋值，则需要多个 SET 语句。

> 📖 **知识拓展**
> 用 SET 语句给局部变量赋值

【案例 7-5】如果标量子查询返回多个值，SET 语句赋值失败。

```
DECLARE @student_name AS char(8)
SET @student_name=(SELECT 姓名
FROM 学生
WHERE 年龄>20)
SELECT @student_name AS 学生姓名
GO
```

该语句块在执行时报错。这是由于学生中年龄大于 20 岁的不止 1 人，子查询会返回多个值。但是当子查询跟随在 = 、! = 、< 、<= 、> 、>= 之后时，这种情况是不允许的。

SET 语句的第二种用法则是设定用户执行 T-SQL 命令时 SQL Server 的处理选项。例如，设置显示/隐藏受 SQL 语句影响的行数消息，可用语句 SET NOCOUNT (ON/OFF) 进行设置，其中 ON 表示选项开关打开，OFF 表示选项开关关闭。

3. SELECT 语句

SELECT 语句可作为输出语句使用，其具体语法格式如下。

SELECT 表达式 1,[, 表达式 2,…,表达式 n]

该语句的功能是输出指定表达式的结果，默认为字符型。

另外，SQL Server 还支持一种非标准的赋值 SELECT 语句，允许在单个语句中既查询数据，又同时把从同一行中获取的多个值分配给多个变量。

【案例 7-6】将学号为 BX15120 的学生的姓名和专业分别赋值给两个变量。

```
DECLARE @Name AS NVARCHAR(8) , @Major AS NVARCHAR(20)
SELECT
    @Name=姓名 ,
    @Major=专业
FROM 学生
WHERE 学号 = 'BX15120'
```

需要注意的是，当满足条件的查询结果只有一行时，赋值 SELECT 语句的执行过程符合预期希望。但是当查询返回多个满足条件的结果行时，这段代码又该如何执行呢？其实，在执行过程中，对于每个满足条件的结果行，都会给相应的变量进行赋值。但是，每次会用当前行的值覆盖掉变量中的原有值。这样当语句执行结束时，变量中的值是 SQL Server 访问到的最后一行中的值。

4. PRINT 输出语句 📖

> 📖 **知识拓展**
> PRINT 语句

PRINT 语句用于向客户端返回用户定义消息，其具体语法格式如下。

PRINT <表达式>

或者

PRINT msg_str │@local_variable │ string_expr

各参数说明如下。

1）若表达式的值不是字符型，则需要先用 Convert 函数将其转换为字符型。

2）msg_str 为字符串或 Unicode 字符串常量。

3）@local_variable 为字符类型的局部变量，此变量必须是 CHAR 、NCHAR 、VARCHAR 或 NVARCHAR 类型的变量，或者是能够隐式转换为这些数据类型的变量。

4）string_expr 为返回字符串的表达式。可包括串联（即字符串拼接，T-SQL 用 "+" 号实现）的文本值、函数和变量。

5）消息字符串为非 Unicode 字符串时，最长为 8000；如果为 Unicode 字符串，最长为 4000。超过该长度的字符串会被截断。

【案例 7-7】 查看教师表中职称为 "教授" 的教师人数。

```
DECLARE @count int
IF EXISTS (SELECT 工号 FROM 教师 WHERE 职称='教授')
BEGIN
SELECT @count=count(工号)  FROM 教师 WHERE 职称='教授'
PRINT '教师表中职称为教授的人数为:' + CONVERT(CHAR(5),@count) + '人'
END
```

执行结果如下。

教师表中职称为教授的人数为: 2 人

7.3.2 选择结构

选择结构也称为分支结构,执行流程为根据判断条件是否成立选择执行相应的分支(语句块),其流程图如图 7-4 所示。SQL Server 中有两种形式的语句支持分支结构: IF…ELSE 语句和 CASE 语句。

1. IF…ELSE 语句

IF…ELSE 语句的具体语法格式如下。

```
IF<条件表达式>
    <语句块 1>
[ ELSE
    <语句块 2>]
```

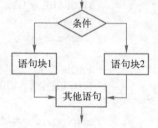

图 7-4　选择结构流程图

该语句的功能是根据 IF 关键字后的布尔表达式作为判断条件来控制语句的执行流程。如果判断条件值为 TRUE,则执行 IF 后指定的语句或语句块 1;如果判断条件值为 FALSE 或 UNKNOWN,则执行 ELSE 后的另一条语句或语句块 2。

【案例 7-8】 通过 IF…ELSE…语句判断今天是否是今年的最后一天。

```
If YEAR (SYSDATETIME ( )) < > YEAR (DATEADD (day, 1, SYSDATETIME ( )))
    /＊SYSDATETIME( )函数可以获得当前的系统时间 ＊/
PRINT  '今天是今年的最后一天! ';
ELSE
PRINT  '今天不是今年的最后一天! ';
GO
END
```

需要注意的是,如果<条件表达式>中包含 SELECT 语句,则必须将 SELECT 语句用圆括号括起来。语句块 1 和语句块 2 可以是单个的 T-SQL 语句,也可以是用 BEGIN…END 定义的语句块。而且 IF…ELSE 语句允许嵌套使用,即在 IF 后或 ELSE 后嵌套使用另一个 IF 语句。

2. CASE 语句

CASE 语句也称为多分支结构,可通过计算条件列表并返回多个可能结果表达式中的一个。CASE 表达式有两种不同形式: 简单 CASE 表达式和搜索式 CASE 表达式。

（1）简单 CASE 表达式

简单 CASE 表达式具体语法格式如下。

📖 **知识拓展**
CASE 语句

```
CASE <判断表达式>
    WHEN <简单表达式 1> THEN <结果表达式 1>
    WHEN <简单表达式 2> THEN <结果表达式 2>
    …
    WHEN <简单表达式 n> THEN <结果表达式 n>
    [ ELSE 结果表达式 n+1]
END
```

各参数说明如下。

1）CASE 表达式中可以有 n 个 WHEN…THEN…语句，而且至少有一个。

2）<判断表达式>可以是一个变量名、字段名、函数或子查询。

3）简单表达式不能包含比较运算符，而是给出被比较的表达式或值，其数据类型必须与测试表达式的数据类型相同，或者可以隐式转换为测试表达式的数据类型。

4）该语句执行过程：将一个测试表达式和一组简单表达式进行比较，如果某个 WHEN 语句中简单表达式的值与测试表达式的值相等，则返回相应结果表达式的值；如果都没有，则执行 ELSE 语句相应的结果表达式的值；如果没有指定 ELSE 子句则返回 NULL 值。

【案例 7-9】利用简单 CASE 表达式显示"网上购物"数据库"会员"数据表中的会员等级及其对应的会员卡类型。

```
SELECT 会员 ID,会员等级,会员卡类型 =
CASE 会员等级
    WHEN 1 THEN '钻石卡会员'
    WHEN 2 THEN '白金卡会员'
    WHEN 3 THEN '金卡会员'
    WHEN 4 THEN '银卡会员'
    ELSE '其他'
    END
FROM 会员
```

【案例 7-9】的执行结果如图 7-5 所示。

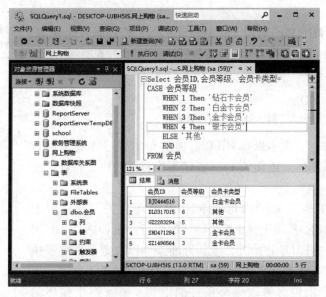

图 7-5 【案例 7-9】执行结果

175

（2）搜索式 CASE 表达式

搜索式 CASE 表达式的具体语法格式如下。

```
CASE
    WHEN <布尔表达式 1>   THEN   <结果表达式 1>
    WHEN <布尔表达式 2>   THEN   <结果表达式 2>
    …
    WHEN <布尔表达式 n>   THEN   <结果表达式 n>
        [ELSE 结果表达式 n+1]
END
```

各参数说明如下。

1）CASE 关键字后面没有任何表达式。

2）各 WHEN 关键字后面的都是布尔表达式，表达式中可以使用比较运算符，也可以使用逻辑运算符。

3）该语句执行过程：按照从上到下顺序为每个 WHEN 子句后面的布尔表达式求值，然后返回第一个取值为真的布尔表达式所对应的结果表达式的值。若所有 WHEN 后面的布尔表达式值没有为真的，则返回 ELSE 子句中结果表达式的值；若无 ELSE 子句，则返回 NULL 值。

> 【案例 7-10】利用搜索式 CASE 表达式，修改完成【案例 7-9】的操作。
>
> ```
> SELECT 会员 ID,会员等级,会员卡类型=
> CASE
>         WHEN 会员等级 = 1 THEN '钻石卡会员'
>         WHEN 会员等级 = 2 THEN '白金卡会员'
>         WHEN 会员等级 = 3 THEN '金卡会员'
>         WHEN 会员等级 = 4 THEN '银卡会员'
>         ELSE '其他'
>     END
> FROM 会员
> ```

7.3.3 循环结构

T-SQL 提供了 WHILE 语句用于控制循环结构，根据条件是否成立，反复执行某个语句块（循环体），其执行流程如图 7-6 所示。WHILE 语句的具体语法格式如下。

> 📖 **知识拓展**
> WHILE 语句

```
WHILE <布尔表达式>
{ SQL 语句 | 语句块 | BREAK | CONTINUE }
```

该语句的执行过程：先判断 WHILE 后面的布尔表达式值是否为真，若为真则执行循环体（语句块 1），否则不执行语句块 1 而直接往下执行后面的语句。

BREAK 与 CONTINUE 两个语句与 WHILE 循环有关，且只用于 WHILE 循环体内。BREAK 用于终止整个循环的执行；而 CONTINUE 用于结束本次循环返回 WHILE 开始处，重新判断条件以决定是否重复执行下一次循环。特别需要注意的是，为了保证 WHILE 循环不会陷入死循环，在循环体中必须包含修改循环条件的语句，或有终止循环的命令。

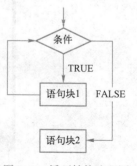

图 7-6 循环结构流程图

【案例 7-11】 通过 3 个简单的循环程序示例，了解 WHILE 循环语句及 BREAK 和 CONTINUE 语句的使用。

/* WHILE 语句用法 */	/* BREAK 语句用法 */	/* CONTINUE 语句用法 */
DECLARE @i AS INT = 1	DECLARE @i AS INT = 1	DECLARE @i AS INT = 0
WHILE @i < = 6	WHILE @i < = 6	WHILE @i < = 6
BEGIN	BEGIN	BEGIN
PRINT @i	IF @i = 3 BREAK	SET @i = @i+1
SET @i = @i+1	PRINT @i	IF @i = 3 CONTINUE
END	SET @i = @i+1	PRINT @i
GO	END	END
	GO	GO
示例(a)	示例(b)	示例(c)
循环执行结果：		
1	1	1
2	2	2
3		4
4		5
5		6
6		7
示例(a)执行结果	示例(b)执行结果	示例(c)执行结果

7.3.4   其他语句

1. 转移语句

T-SQL 中的 GOTO 命令与其他高级程序设计语言中的功能类似，用于将程序执行流程更改到标签处。即程序执行到 GOTO 语句时，跳过其后面的 T-SQL 语句，并从相应的标签位置继续执行。GOTO 语句和标签可在过程、批处理或语句块中的任何位置使用。GOTO 语句也可嵌套使用。

GOTO 语句的具体语法格式如下。

GOTO label

label 表示程序转到的相应标签处（起点）。标签的命名必须符合标识符规则，其定义格式如下。

Label:<程序行>

【案例 7-12】 利用 GOTO 语句求 1+2+3+…+100 的和。

```
DECLARE @i int, @sum int
SET @i = 1
SET @sum = 0
Label1:
SET @sum = @sum+@i
SET @i = @i+1
IF @i < = 100
GOTO Label1
PRINT '累加和为:'+STR(@sum)
```

2. 等待语句

等待语句的功能是在达到指定时间或时间间隔之前，或者指定语句至少修改或返回一行之前，阻止批处理、存储过程或事务的执行。T-SQL 中使用 WAITFOR 语句来实现该功能，其具体语法格式如下。

WAITFOR DELAY '<等待时间长度>' │ TIME '<执行时间>' │ [TIMEOUT timeout]

各参数说明如下。

1）DELAY 用于指明 SQL Server 等候的时间长度，最长为 24 h。TIME 用于指明 SQL Server 需要等待的时刻。DELAY 与 TIME 使用的时间格式都是 hh:mm:ss。

2）实际的时间延迟可能与命令中指定的等待时间长度或执行时间不同，它依赖于服务器的活动级别。时间计数器在计划完成与 WAITFOR 语句关联的线程后启动。如果服务器忙碌，则可能不会立即计划线程；因此，时间延迟可能比指定的时间要长。

3）WAITFOR 不更改查询的语义。如果查询不能返回任何行，WAITFOR 将一直等待，或等到满足 TIMEOUT 条件（如果已指定），TIMEOUT timeout 指定消息到达队列前等待的时间（以毫秒为单位）。

【案例 7-13】 延迟 20 s 执行查询"学生"表命令。

```
WAITFOR DELAY'00:00:20'
SELECT * From 学生
```

【案例 7-14】 在时间 12:30:00 执行查询"学生"表命令。

```
WAITFOR TIME'12:30:00'
SELECT * From 学生
```

3. 返回语句

RETURN 语句用于从查询或过程中无条件退出，并返回到调用它的程序中。RETURN 之后的语句是不执行的。其具体语法结构如下。

RETURN [<整型表达式>]

RETURN 命令可向执行调用的过程或程序返回一个整数值，0 表示返回成功，非 0 表示返回失败。表 7-2 给出了一些常见的返回值代表信息。

表 7-2 常用系统返回值及其含义

返 回 值	描 述	返 回 值	描 述
0	过程已成功返回	-7	资源出错，如没有空间
-1	对象丢失	-8	遇到非致命内部问题
-2	数据类型出错	-9	达到系统界限
-3	选定过程出现死锁	-10	出现致命内部矛盾
-4	许可权限出错	-11	出现致命内部矛盾
-5	语法出错	-12	表或索引损坏
-6	各种用户出错	-14	硬件出错

🖋 讨论思考：

1）T-SQL 提供了哪些常用流程控制语句？

2）选择结构通过哪两种形式可以实现？

3）循环结构中 BREAK 和 CONTINUE 语句作用有何区别？

*7.4　嵌入式 SQL 概述

SQL 提供了两种使用方式：一种为独立交互式；另一种为嵌入式。作为独立的语言时，SQL 能够独立地用于联机交互式的使用方式，用户可以在终端键盘上直接输入 SQL 命令对数据库进行操作；作为嵌入式语言时，SQL 能够嵌入到高级语言（如 C、C++和 Java）程序中，供程序员编写程序使用。

7.4.1　嵌入式 SQL 的概念

图 7-7　嵌入式 SQL
基本处理流程

嵌入式 SQL（Embedded SQL，ESQL）就是将 SQL 语句直接嵌入到某种高级语言中，被嵌入的高级语言称为主语言或者宿主语言。这种使用嵌入式 SQL 和主语言相结合的方式设计应用程序时，一方面利用了主语言的过程控制和交互式优点，另一方面保留了 SQL 强大的数据库管理功能，两者相结合使得对数据库的编程功能更加完善，应用起来也更方便。

对于嵌入式 SQL，DBMS 一般采用预编译方法进行处理，即由 DBMS 的预处理程序对源程序进行扫描，识别出嵌入式 SQL 语句，把它们转换成主语言调用语句，以使得主语言编译程序能够识别，然后通过主语言编译程序将整个程序编译成目标代码。嵌入式 SQL 的基本处理流程如图 7-7 所示。

7.4.2　嵌入式 SQL 的语法规定及用法

1. 嵌入式 SQL 的语法规定

1）在嵌入式 SQL 中，为了能够区分 SQL 语句与主语句，所有的 SQL 语句前面都必须加上前缀 EXEC SQL；结束标记则与主语言有关，例如，在 C 语言中以 "；" 作为结束标记。预编译程序根据开始标记和结束标记识别嵌入的 SQL 语句。当主语言为 C 语言时，嵌入式 SQL 的语法格式如下。📖

> 📖 **知识拓展**
> 嵌入式 SQL 用法

```
EXEC SQL <SQL 语句>；
```

> 【案例 7-15】将教师表中所有教师年龄增加 1 岁。
>
> ```
> EXEC SQL UPDATE 教师
>   SET 年龄=年龄+1；
> ```

2）如果一条嵌入式 SQL 语句占用多行，在 C 语言中可以使用续行符 "\"，其他语言中也有相应的规定。

3）嵌入式 SQL 语句中可以使用主语言的程序变量（也称为主变量）来输入或者输出数据。使用主变量之前，必须在 SQL 语句的 BEGIN DECLARE SECTION…END DECLARE SECTION 这两条预编译说明语句之间对主变量进行说明。说明之后，可以在 SQL 语句中任何一个地方使用主变量进行输入和输出数据。为了加以区分，SQL 语句中如果使用的是主变量，那么主变量之前要加 "："号；如果使用的是 SQL 自身的数据库对象名（表名、视图名、列名等），则不用加 "："号。

4）SQL 是面向集合的操作方式，使用嵌入式 SQL 语句返回的结果记录可能是单条，也可能是多条，而主语言中的主变量一次只能存放一条记录。为此，嵌入式 SQL 引入了游标（Cursor）的概念，用游标来协调这两种不同的处理方式。游标是指系统为用户开设的一个缓冲区，用于存放 SQL 的执行结果，每个游标区都有一个名字，用户可以通过游标逐一获取记录并赋给主变量，交给主语言进一步处理。📖

> 📖 知识拓展
> 游标的使用

5）在包含嵌入式 SQL 的应用程序中，SQL 语句负责管理数据库，主语言语句负责控制流程和其他功能。数据库的工作单元和主语言程序的工作单元之间的通信主要包括以下几点。

① 主语言通过主变量向 SQL 语句提供参数。

② DBMS 通过 SQL 通信区（SQL Communication Area，SQLCA）向应用程序返回 SQL 语句的执行状态信息。SQLCA 是一个含有错误变量和状态指示符的数据结构，应用程序通过这些状态信息可决定接下来执行的语句。SQLCA 需要在应用程序中用 EXEC SQL INCLUDE SQLCA 加以定义。

③ SQL 语句操作数据库的结果可通过主变量和游标进行处理。

2. 建立和关闭数据库连接📖

1）嵌入式 SQL 程序要访问数据库，必须先连接数据库，关系数据库管理系统根据用户信息对连接请求进行合法验证。只有通过了身份验证，才能建立一个可用的合法连接。

> 📖 知识拓展
> ESQL 访问数据库案例

建立数据库连接的 ESQL 语句如下。

    EXEC SQL CONNECT TO target［AS connection-name］［USER user-name］;

其中，target 是要连接的数据库服务器，它可以是一个常见的服务器标识串，如<DBname>@<hostname>:<port>，可以是包含服务器标识的 SQL 串常量，也可以是 DEFAULT。conection-name 是可选的连接名，连接名必须是一个有效的标识符，主要用来识别一个程序内同时建立的多个连接，如果在整个程序内只有一个连接，也可以不指定连接名。

2）程序运行过程中可以建立多个连接，执行的所有数据库单元的工作都在该操作提交时所选择的当前连接上。程序运行过程中可以修改当前连接，对应的 ESQL 语句格式如下。

    EXEC SQL SET CONNECTION connection-name｜DEFAULT;

3）当某个连接上数据库的操作完成后，应用程序应该主动关闭数据库连接，释放所占用的连接资源。关闭数据库连接的 ESQL 语句如下。

    EXEC SQL DISCONNECT［connection］;

其中，connection 是 EXEC SQL CONNECT 所建立的数据库连接。

🎵 讨论思考：

① SQL 语句的两种使用方式是什么？

② 什么是嵌入式 SQL？其基本处理过程是什么？

③ 嵌入式 SQL 的语法规定有哪些？

7.5　实验 7　T-SQL 应用编程

7.5.1　实验目的

1）掌握局部变量和全局变量的赋值与输出。
2）熟悉常用函数以及流程控制语句。
3）掌握 T-SQL 中顺序结构、选择结构与循环结构的实现。

7.5.2　实验内容及步骤

1. 变量的定义与输出

1）声明一个用于存放会员姓名的变量 @memberName 和一个用于存放会员 ID 的变量 @memberID。

```
DECLARE @memberName VARCHAR(8)
DECLARE @memberID VARCHAR(9)
```

2）使用 SET 和 SELECT 语句给变量赋值。

```
SET @memberID = 'BJ0444516'
SELECT @memberName = '赵明'
```

2. 练习 PRINT 与 SELECT 两种输出语句的使用

求"会员"数据表中会员 ID 为 BJ0444516 的会员家庭住址的长度，并输出结果。

```
DECLARE @家庭住址长度 INT
SELECT @家庭住址长度 = len（家庭住址）
FROM 会员
WHERE 会员 ID = 'BJ0444516'
PRINT '家庭住址长度为' + str（@家庭住址长度）
```

3. 选择结构

1）通过 IF…ELSE…语句判断商品"订单表"中，订单 ID 为 R20160428000000001 的订单是否属于包邮。

```
DECLARE @Price INT
SELECT @price = 运费
FROM 订单表
WHERE 订单 ID = ' R20160428000000001'
IF @price < > 0
    PRINT '该订单不包邮！'
ELSE
PRINT '该订单包邮！'
```

2）通过 CASE…WHEN…语句为商品按照销量进行分类。

```
SELECT 商品 ID, '该商品为'
CASE
WHEN count（会员 ID）> = 100 then '明星产品'
WHEN count（会员 ID）> = 50　 then '热销产品'
WHEN count（会员 ID）> = 10　 then '一般产品'
```

```
ELSE '滞销产品'
END
FROM 订货
GROUP BY 商品 ID
```

4. 循环结构

显示字符串 DataBase 中每个字符的 ASCII 码值和字符。

```
DECLARE @position int, @string char(10)
SET @posotion=1
SET @string='DataBase'
PRINT 'DataBase 中每个字符的 ASCII 码值和字符为:'
WHILE @positon<=DATALENGTH(@string)
BEGIN
    SELECT ASCII(SUBSTRING(@string, @positon, 1)) AS ASCII 码,
        CHAR(ASCII(SUBSTRING(@string,@position,1))) AS 字符
    SET @positon=@positon+1
END
```

7.5.3 实验练习

1）将当前日期赋值给一个日期时间型的变量，并分别输出当前的年、月、日。

2）定义一个变量@R 表示圆的半径，赋值为 2，计算并输出该圆的面积，结果保留两位小数。

3）定义一个字符串变量，并赋值为"数据库技术与实践"。请将其中的"技术"替换为"原理应用"。

4）用流程控制语句统计学生选课表中成绩为优秀（90~100）、良好（80~89）、中等（70~79）、及格（60~69）和不及格（0~59）各层次的人数。

5）用循环结构实现输出 1~100 之间的所有素数。

6）给定一个字符串，包含若干字母、数字和其他符号，统计其中字母、数字和其他符号的个数。

7.6　本章小结

T-SQL 是对标准 SQL 的扩展，包含了许多 SQL 所不具备的编程功能。本章系统地介绍了 T-SQL 应用编程中的相关概念、理论和操作。

批处理是一次性地将多个 T-SQL 语句发送给服务器以完成执行要求的工作方式，这有助于节省语句的执行时间。脚本是指存储在文件中的一系列 SQL 语句，将常用的 T-SQL 语句保存为脚本文件，可方便以后重复使用或复制到其他计算机上执行。事务是用户定义的数据操作序列，这些操作作为一个完整的不可分隔的工作单元，一个事务内的操作要么都做，要么都不做。利用事务可以保持数据的一致性。

T-SQL 中提供了一些常用的流程控制语句，通过这些语句使得 T-SQL 除了具备标准 SQL 的优点之外，又实现了顺序、选择和循环等程序结构的流程控制。

嵌入式 SQL 是将 SQL 语句嵌入到某种高级语言中使用，一方面利用了 SQL 强大的数据库管理功能，另一方面利用了主语言的流程控制能力及数据处理能力，通过将两者相结合来实现复杂应用的需求。

7.7　练习与实践 7

1. 选择题

（1）SQL Server 提供的单行注释语句是使用（　　）开始的一行。

    A. / *   B. @@

    C. --   D. //

（2）对于多行注释，必须使用注释字符对（　　）开始注释，使用结束注释字符对（　　）结束注释。

    A. //   B. / * */

    C. --   D. // //

（3）SQL Sever 中，全局变量以什么符号开头（　　）。

    A. @   B. **

    C. @@   D. &&

（4）下列标识符可以作为局部变量使用的是（　　）。

    A. ［@Myvar］   B. My var

    C. @My var   D. @Myvar

（5）用以去掉字符串尾部空格的函数是（　　）。

    A. LTRIM   B. RTRIM

    C. RIGHT   D. SUBSTRING

（6）下列 T-SQL 语句中有语法错误的是（　　）。

    A. DECLARE @Myvar INT   B. SELECT ＊ FROM AAA

    C. CREATE TABLE AAA   D. DELETE ＊ FROM AAA

2. 填空题

（1）SQL Server 中的编程语言是＿＿＿＿语言，它是一种非过程化的高级语言，其基本成分是 ＿＿＿＿。

（2）运算符是一种符号，用于指定要在一个或多个表达式中执行的操作，SQL Server 2019 常使用＿＿＿＿、＿＿＿＿、＿＿＿＿、＿＿＿＿、＿＿＿＿、＿＿＿＿和一元运算符。

（3）T-SQL 提供的控制结构有 ＿＿＿＿、＿＿＿＿、＿＿＿＿、＿＿＿＿、＿＿＿＿、＿＿＿＿ 和＿＿＿＿。

（4）在 SQL Server 中，其变量共分为两种：一种是 ＿＿＿＿，另一种是＿＿＿＿。

（5）包含在引号（" "）或方括号（［］）内的标识符称为＿＿＿＿。

（6）函数 LEFT('abcdef', 2)的结果是＿＿＿＿。

（7）在 T-SQL 中，每个程序块的开始标记关键字是 ＿＿＿＿，其结束标记关键字是 ＿＿＿＿。

（8）一般可以使用 ＿＿＿＿ 命令来标识 T-SQL 批处理的结束。

3. 简答题

（1）从功能上划分，T-SQL 语言分为哪 5 类？

（2）NULL 代表什么含义？将其与其他值进行比较会产生什么结果？若数值型列中存在 NULL，会产生什么结果？

（3）使用 T-SQL 语句向表中插入数据应注意什么？

（4）在 SELECT 语句中 DISTINCT、ORDER BY、GROUP BY 和 HAVING 子句的功能各是什么？

（5）在一个 SELECT 语句中，当 WHERE 子句、GROUP BY 子句和 HAVING 子句同时出现在一个查询中时，SQL 的执行顺序如何？

（6）什么是局部变量？什么是全局变量？如何标识它们？

（7）什么是批处理？使用批处理有何限制？

（8）在默认情况下，SQL 脚本文件的扩展名是什么？SQL 脚本执行的结果有哪几种形式？

（9）T–SQL 的概念及特点是什么？

（10）T–SQL 类型和执行方式有哪些？

（11）标识符有哪几种？使用规则是什么？

（12）什么是批处理及其规则？指定其方法有哪些？

（13）什么是脚本？主要有哪些用途？

（14）什么是事务？其特征有哪些？

（15）一般的表达式种类及特点有哪些？

（16）BEGIN…END 语句有何功能，其语法格式是什么？

（17）选择结构有哪几种？其语法格式是什么？

（18）循环结构的功能是什么？其语法格式怎么用？

（19）SQL 语言提供了哪两种使用方式？

（20）什么是嵌入式 SQL？嵌入式 SQL 的语法有哪些规定？

4. 实践应用题

阅读以下程序，写出运行结果或答案。

（1）执行以下程序段后，写出屏幕显示的运行结果。

【程序清单】

```
DECLARE @x int
SET @x = 12
WHILE  .T.
BEGIN
  SET @x = @x+1
    IF @x = ROUND(@x/4,0) * 5
      PRINT @x
    ELSE
      CONTINUE
    IF @x>10
        BREAK
END
```

（2）假设有一个名为 AAA 的数据库，包括 Students（学号 char(8)，姓名 varchar(8)，年龄 int，专业 varchar(20)，入学日期 DateTime）和 Score（学号 char(8)，课程名 varchar(10)，成绩 numeric(5,2)）两张表。试简述下列程序段的功能并写出结果。

1）【程序清单】

```
SELECT year(入学日期)AS 入学年份,count( * ) AS 人数
    FROM Students
    GROUP BY year(入学日期)
```

2）【程序清单】

```
DECLARE @MyNo CHAR(8)
  SET @MyNo='20030001'
  IF(SELECT 专业 FROM Students   WHERE 学号=@MyNo)='计算机软件',
    BEGIN
    SELECT AVG ( ) AS
    FROM   Score
    WHERE 学号 = @MyNo
END
ELSE
PRINT '学号为'+@MyNo+'的学生不存在或不属于软件专业'
  GO
```

（3）编写一个程序，输出所有学生的学号和平均分，并以平均分递增排序。

（4）编写一个程序，判断 school 数据库中是否存在 student 表。

（5）编写一个程序，查询所有同学参加考试的课程的信息。

（6）编写一个程序，查询所有成绩高于该课程平均分的记录，且按课程号有序排列。

*（7）创建一个自定义函数 maxscore，用于计算给定课程号的最高分，并用相关数据进行测试。

第8章 数据库安全

网络安全对国家安全非常重要，网络安全的核心和关键是数据安全。进入现代信息化大数据时代，信息无处不在，数据无处不用，各行业的各种业务处理已经转化为数据处理。随着信息技术的快速发展和广泛应用，数据库及数据安全的重要性更为突出，迫切需要采取切实有效的安全保护措施，确保数据库系统和业务数据的安全。💻

> 💻 **教学目标**
> - 理解数据库安全的概念及特点和风险分析
> - 掌握数据库安全关键技术、策略和机制
> - 理解角色管理、权限管理及完整性控制
> - 掌握数据库常用的备份及恢复技术和方法
> - 理解并发控制和封锁技术及实际应用

8.1 数据库安全的概念及特点

> **【案例8-1】** 2018 ISC互联网安全大会上，大会联席主席、360公司创始人周鸿祎指出：伴随大数据、云计算、人工智能等新技术的运用，网络安全正在从"信息安全时代"进入"大安全时代"。最近几年，大型网络安全事件频发，全球各地不同程度遭到利益集团、黑客或各种病毒的攻击，如知名酒店集团旗下的5亿条用户数据泄露并被售卖。各种数据信息安全事件造成全球每年的经济损失高达5000亿美元。

8.1.1 数据库安全的相关概念

数据库系统安全的核心和关键是数据安全，主要技术及管理措施和方法包括身份认证与权限管理、访问控制、数据独立性、数据安全性、数据完整性、并发控制、故障恢复等方面。

1. 数据安全的概念

数据安全是指通过保护措施确保数据的保密性、完整性、可用性、可控性和可审查性。数据库安全的核心和关键是其数据安全。主要通过实施对象级控制数据库的访问、存取、加密、使用、应急处理和审计等机制，包括用户可存取指定的模式对象及在对象上允许的具体操作类型等。

由于数据库存储着大量的重要信息和机密数据，而且在数据库系统中大量数据集中存放，供多用户共享，因此，必须加强对数据库访问的控制和数据安全防护。

2. 数据库安全的概念

数据库安全（DataBase Security）是指采取各种措施保护数据库及其相关文件和数据的安全。📖

数据库系统安全（DataBase System Security）是指为数据库系统采取的安全保护措施，防止系统和数据遭到破坏、更改和泄露。重点是确保系统和数据安全（核心和关键），主要通过 DBMS 以各种防范措施防止非授权使用数据库及其数据的破坏、更改和泄露，以及用户权限管理、身份认证、存取控制、视图、密码加密、备份恢复等技术和管理手段进行安全防范。

> 📖 知识拓展
> 数据库安全的相关概念

　　从系统与数据的关系上，也可将数据库安全分为数据库的系统安全和数据安全。数据库系统安全主要利用 DBMS，在系统级控制数据库的存取和使用安全的机制，包括以下几个方面。

1）系统的安全设置及管理，包括法律法规、政策制度和实体安全等。

2）数据库系统漏洞隐患防范及访问控制和权限管理。

3）用户的资源限制，包括访问、使用、存取、维护与管理等。

4）系统运行安全及用户身份认证及可执行的系统操作。

5）网络数据库异常及应急防范和安全审计。

6）用户对象可用的存储空间及设备设施安全。

在数据库系统中，通常采用访问控制、身份认证、权限限制、用户标识和鉴别、存取控制、视图，以及密码存储等技术进行安全防范。

8.1.2　数据库安全风险分析

　　数据是任何商业和公共安全中最具有战略性资源的资产，网络技术的快速发展，也致使数据库信息资产安全面临严峻的挑战，数据库安全风险主要表现在 3 个层面。📖

> 📖 知识拓展
> 数据库安全风险分析

1）管理层面。主要表现在未建立完善的相关组织和安全管理人员的职责、制度及流程，内部员工的日常操作有待规范，第三方维护人员的操作监控失效等，致使安全事件发生时，无法追溯并定位真实的操作者。

2）技术层面。现有数据库内部操作不明，无法通过外部的安全技术（如防火墙、入侵检测防御系统等）来阻止内部用户恶意操作、滥用资源和泄露机密信息等行为。

3）审计层面。现有依赖于数据库日志文件的审计方法存在很多缺陷，例如，数据库审计功能的开启会影响数据库本身的性能、数据库日志文件本身存在被篡改的风险，难于体现审计信息的真实性。

数据库信息价值以及可访问性的提升，使得数据库面对来自内部和外部的安全风险大增，如违规越权操作或恶意入侵导致机密信息泄露，但事后却难以有效追踪和审计。

　　常见的数据库的安全缺陷和隐患要素，主要包括以下几个。📖

1）数据库应用程序的研发、管理和维护等人为因素的疏忽。

2）用户对数据库安全的忽视，安全设置和管理失当。

> 📖 知识拓展
> 数据库风险及缺陷隐患

3）部分数据库机制威胁网络低层安全。

4）系统安全特性自身存在的缺陷。

5）数据库账号、密码容易泄露和破译。

6）网络操作系统的漏洞隐患及后门。

7）网络协议、病毒及运行环境等其他威胁。

🖉 讨论思考：

1）什么是数据库安全、什么是数据安全？

2）数据库系统安全包括哪些方面？

3）数据库安全风险体现在哪些方面？

4）常见数据库的安全缺陷和隐患要素有哪些？

8.2 数据库安全技术和机制

【案例8-2】北京安华金和科技有限公司长期致力于帮助客户应对数据库安全领域的威胁。为了提高数据库用户的安全意识，快速反馈最新数据库漏洞被利用的问题，发布了《2019年上半年数据库漏洞安全威胁报告》，用于快速跟踪及反馈数据库安全的发展态势。信息化的发展正改变着人们的工作和生活，数据作为信息化的核心，正逐步成为全球关注的重点，数据库系统漏洞隐患和数据共享带来极大的安全风险。

8.2.1 数据库安全常用技术

在网络数据库安全中，常用的数据库安全技术包括三大类。

1）预防保护类。主要包括身份认证、访问管理、加密、防恶意代码、防御和加固。

2）检测跟踪类。主体对客体的访问行为需要进行监控和事件审计，防止在访问过程中可能产生的安全事故的各种举措，包括监控和审核跟踪。

3）响应恢复类。网络或数据一旦发生安全事件，应确保在最短的时间内对其事件进行应急响应和备份恢复，尽快将其影响降至最低。

网络数据库安全常用技术包括：身份认证、访问控制、加密、防恶意代码、加固、监控、审核跟踪、备份恢复。如图8-1所示。

> 📖 **知识拓展**
> 数据库安全常用技术

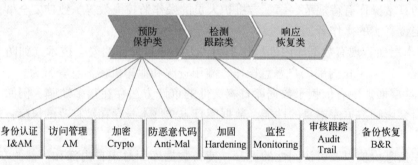

图8-1 常用的网络安全技术

8.2.2 数据库的安全策略和机制

1. 数据库的安全策略

数据库的安全策略，主要包括3个方面。

> 📖 **知识拓展**
> SQL Server 的安全策略

1）管理规章制度方面的安全性。SQL系统在使用中涉及各类操作人员，为了确保系统的安全，应着手制定严格的规章制度和对DBA的要求，以及在使用业务信息系统时的标准操作流程等。

2）数据库服务器实体安全性。为了实现数据库服务器实体（物理）方面的安全，应该做好网络系统设备设施及运行环境等的安全工作，数据库服务器放置在安全房间、相关计算机置于安全场所、数据库服务器不与Internet直接连接、使用防火墙、定期备份数据库中的数据、使用磁盘冗余阵列等。

3）数据库服务器逻辑方面的安全性。身份验证模式是 SQL 系统验证客户端和服务器之间连接的方式。系统提供了两种身份验证模式：Windows 身份验证模式和混合模式。

SQL 服务器安全配置涉及用户账号及密码、审计系统、优先级模型和控制数据库目录的特别许可、内置式命令、脚本和编程语言、网络协议、补丁和服务包、数据库管理实用程序和开发工具。在设计数据库时，应考虑其安全机制，在安装时更要注意系统安全设置。

2. SQL Server 的安全管理机制

SQL Server 的安全机制对数据库系统的安全极为重要，包括：访问控制与身份认证、存取控制、审计、数据加密、视图机制，以及特殊数据库的安全规则等。

> 📖 知识拓展
> SQL Server 的安全管理机制

SQL Server 具有权限层次安全机制，其安全性管理分为 3 个等级：

1）操作系统级的安全性。用户使用客户机通过网络访问 SQL Server 服务器时，先要获得操作系统的使用权。一般没必要向运行 SQL Server 服务器的主机登录，除非 SQL Server 服务器运行在本地机。SQL Server 可直接访问网络端口，可实现对 Windows 安全体系以外的服务器及数据库的访问，操作系统安全性是网络管理员的任务。由于 SQL Server 采用集成 Windows 网络安全性机制，使操作系统安全性得到提高，同时加大了 DBMS 安全性的灵活性和难度。

2）SQL Server 级的安全性。SQL Server 的服务器级安全性建立在控制服务器登录账户和口令的基础上。SQL Server 采用了标准 SQL Server 登录和集成 Windows 登录两种方式。无论使用哪种登录方式，用户在登录时提供的登录账户和口令都决定了用户能否获得 SQL Server 的访问权，以及在获得访问权后，用户在访问 SQL Server 时拥有的权利。

3）数据库级的安全性。在用户通过 SQL Server 服务器的安全性检验以后，将直接面对不同的数据库入口，这时用户将接受的第三次安全性检验。

各种用户对某一数据库进行操作，必须满足以下 3 个条件。

1）身份验证。登录 SQL Server 服务器时，必须通过操作系统级身份验证。

2）用户管理。必须是该数据库的用户，或者是某一数据库角色的成员。

3）权限管理。必须有对数据库对象执行该操作的权限。

✍ 讨论思考：

1）常用的数据安全关键技术有哪几类？分别起到什么作用？

2）数据库的安全策略通常主要包括哪几个具体方面？

3）SQL Server 数据库安全性管理分为哪几个等级？

4）用户对数据库进行操作必须满足的条件有哪些？

8.3　身份验证和访问控制

【案例 8-3】数据的安全性管理是数据库服务器的一项重要功能。SQL Server 2019 数据库采用了非常复杂的安全访问控制措施，数据库安全管理主要体现在以下两个方面。

1）对用户登录进行身份验证。当用户登录到数据库系统时，系统以多种方式验证该用户账户和口令，包括确认用户账户是否有效以及能否访问数据库系统等。

2）对多种用户进行的操作权限实施有效控制。当用户登录数据库系统通过身份验证后，还要对操作数据库中数据的指定权限进行控制，只能在允许的权限内进行操作。

8.3.1 身份验证及权限管理

1. 身份验证及验证模式

身份验证是指通过一定的手段完成对用户身份的确认，其目的是确认数据库用户身份的真实唯一性。

身份验证模式是指系统确认用户的方式，身份验证使用登录账号，并只验证该用户连接 SQL Server 实例的能力。若身份验证成功，用户才可连接到 SQL Server 实例，然后数据库系统需要确认用户是否有访问服务器上数据库的权限。因此，要登录 SQL Server 访问数据，必须拥有一个 SQL Server 允许登录的账户和口令，只有以该账户和口令通过 SQL Server 服务器验证后才能访问其中的数据。📖

📖 知识拓展
SQL Server 身份验证

在 SQL Server 2019 中，支持两种身份验证模式。

（1）Windows 验证模式

用户登录 Windows 时进行身份验证，登录 SQL Server 时就不再进行身份验证了。需要注意以下两点。

1）必须将 Windows 账户加入 SQL Server 中，才能采用 Windows 账户登录 SQL Server。

2）使用 Windows 账户登录到另一个网络的 SQL Server 时，应在 Windows 中设置相互间的托管权限。

（2）SQL Server 验证模式

在 SQL Server 验证模式下，SQL Server 服务器会对登录的用户进行身份验证。系统管理员应设定登录验证模式的类型为混合验证模式。采用此模式，SQL Server 系统既允许使用 Windows 登录名登录，也允许使用 SQL Server 登录名登录。

2. 权限管理的概念及作用

权限是操作和访问数据的通行证。可通过权限保护分层安全对象，并保护各种控制资源。主体（Principal）和安全对象之间通过权限相关联，SQL 中主体可以请求系统资源的个体和组合过程。

权限用于管理控制用户对数据库对象的访问，以及指定用户对数据库可执行的操作，用户可以设置服务器和数据库的权限。主要涉及 3 种权限：服务器权限、数据库对象权限和数据库权限。📖

📖 知识拓展
SQL Server 权限管理

1）服务器权限。允许 DBA 执行管理任务。这些权限定义在固定服务器角色中。这些角色可以分配给登录用户，但不能修改。一般只将服务器权限授给 DBA，而不需要修改或授权给别的用户登录。

2）数据库对象权限。数据库对象是授予用户以允许其访问数据库中对象的一类权限，使用 SQL 语句访问表或视图必须具有对象权限。

3）数据库权限。用于控制对象访问和语句执行。对象权限使用户可访问存在于数据库中的对象，还可给用户分配数据库权限。SQL 数据库权限除了授权用户可创建数据库对象和备份外，还增加了一些更改数据库对象的权限。一个用户可直接分配到权限，也可作为一个角色中成员间接获得权限。

8.3.2　数据库安全访问控制

SQL Server 2019 的安全访问控制包含通过 SQL Server 身份验证模式进入 SQL Server 实例，通过 SQL Server 安全性机制控制对 SQL Server 数据库及其对象的操作。📖

📖 知识拓展
数据库安全访问控制

1. 登录名管理

登录名是用户登录 SQL Server 的重要标识，若要登录到 SQL Server 数据库系统，主体必须具有有效的 SQL Server 登录名。在身份验证过程中会使用此登录名，以验证是否允许主体连接到该 SQL Server 实例。

常用的 SQL Server 登录用户的方式有两种：使用 SSMS 可视化界面和使用 T-SQL。

登录名管理包括创建登录名、设置密码策略、查看登录名信息、修改和删除登录名。

1）创建登录名。主要包括创建基于 Windows 的登录名、创建 SQL Server 登录名、查看登录名信息。

2）修改和删除登录名。DBA 应定期检查访问 SQL Server 的用户。访问服务器的用户可能经常变动，表明有些账户可能无人使用，可删除无人用的账户。对 Windows 身份认证体系，可利用安全机制强化口令并进行加固。

2. 监控错误日志

用户应时常查看 SQL Server 错误日志。在查看错误日志的内容时，主要应注意在正常情况下不应出现的错误消息。错误日志的内容很多，包括出错的消息，以及大量关于事件状态、版权信息等各类消息。要求学会在繁杂的错误信息中找到关键的出错信息。当浏览错误日志时，要特别注意以下的关键字：错误、故障、表崩溃、16 级错误和严重错误等。查看日志方法有两种：利用 SSMS 查看和利用文本编辑器查看。

3. 记录配置信息

在日常的维护计划中应该安排对配置信息的维护，特别是当配置信息修改时。使用系统过程 Sp_configure 可以生成服务器的配置信息列表。当无法启动 SQL Server 时，可以借助服务器的配置信息，并恢复服务器的运行。具体操作步骤为：打开 SSMS 操作界面，选择服务器单击"连接"按钮进入 SSMS 窗口，打开一个新的查询窗口，可以在此窗口中输入各种 SQL 命令。

8.3.3　用户与角色管理

1. 用户管理

通常对用户管理的数据库级的安全策略，在为数据库创建新的用户前，必须存在创建用户的一个登录或使用已经存在的登录创建用户。无论在操作系统、一般业务软件系统还是在数据库管理中，角色都是一个很重要的概念，角色的出现极大地简化了权限管理。

【案例 8-4】使用 SSMS 创建新用户的操作过程，如图 8-2 所示。

2. 角色的概念及管理

（1）角色的概念

角色（Role）是具有指定权限的用户（组），用于管理数据库的访问权限。根据角色自身的设置不同，一个角色可以看作是一个数据库用户或一组用户。角色可以拥有数据库对象（如表），并可将这些对象上的权限赋予其他角色，以控制所拥有的具体访问对象的权限。另外，

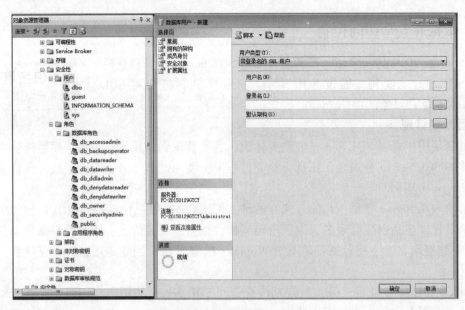

图 8-2 使用 SSMS 创建用户

也可以将一个角色的成员（Membership）权限赋予其他角色，这样就允许成员角色使用赋予他成员权限的角色的权限。📖

　　角色分为两类：服务器角色和数据库角色。SQL Server 中还有一种角色被称为应用程序角色。应用程序角色是一个数据库主体，使应用程序能够用其自身的、类似用户的权限来运行。

📖 知识拓展
用户管理中的角色

　　（2）服务器角色

　　服务器角色也称为固定服务器角色，是系统内置的，因为用户不能创建新的服务器级角色。服务器级角色的权限作用域为服务器范围。📖

📖 知识拓展
数据库安全服务器角色

　　当 SQL Server 安装时，会创建服务器级别上应用的大量预定义的角色，每个角色对应着相应的管理权限。其固定服务器角色用于授权给 DBA，拥有某种或某些角色的 DBA 就会获得与相应角色对应的服务器管理权限。用户可以向服务器角色中添加 SQL Server 登录名、Windows 账户和 Windows 组。

　　（3）数据库角色

　　在 SQL Server 安装时，数据库级别上也有一些预定义的角色，在创建每个数据库时都会添加这些角色到新创建的数据库中，每个角色对应着相应的权限。其数据库角色用于授权给数据库用户，拥有某种或某些角色的用户会获得相应角色对应的权限。📖

📖 知识拓展
数据库角色概念及作用

　　可以为数据库添加角色，然后将角色分配给用户，使用户拥有相应的权限。在 SSMS 中，给用户添加角色（或叫作将角色授权给用户）的操作与将固定服务器角色授予用户的方法类似，通过相应角色的属性对话框可以方便地添加用户，使用户成为角色成员。

　　用户也可使用 SSMS 或 T-SQL 命令创建新角色，使之拥有某个或某些权限；创建的角色还可修改其对应的权限。用户需要完成 3 项任务：创建新的数据库角色、给创建的角色分配权限、将角色授予某个用户。

　　SQL Server 2019 中有两种类型的数据库级角色：一是数据库中预定义的"固定数据库角

色", 二是可以创建的 "用户定义数据库角色"。

(4) 应用程序角色

应用程序角色是特殊的数据库角色, 用于允许用户通过特定应用程序获取特定数据。应用程序角色不包含任何成员, 而且在使用它们之前要在当前连接中将它们激活。激活一个应用程序角色后, 当前连接将丧失它所具备的特定用户权限, 只获得应用程序角色所拥有的权限。应用程序角色能够在不断开连接的情况下切换用户的角色和对应的权限。

> 📖 **知识拓展**
> 数据库应用程序角色

应用程序角色的使用过程如下。📖

1) 用户通过登录名或 Windows 认证方式登录到数据库。

2) 登录有效, 获得用户在数据库中拥有的权限。

3) 应用程序执行 Sp_setapprole 系统存储过程, 并提供角色名和口令。

4) 应用程序角色生效, 用户原有角色对应的权限消失, 用户将获得应用程序角色对应的权限。

5) 用户使用应用程序角色中的权限操作数据库。

✍ 讨论思考:

1) 什么是身份验证? SQL Server 中的两种身份验证模式是什么?

2) 什么是权限? SQL Server 中有几种权限, 各自有什么作用?

3) 什么是角色, 分为哪几类? 什么是服务器角色?

4) 数据库角色的作用及其类型是什么?

8.4 数据备份及恢复

【案例8-5】虽然数据库管理系统采取了各种措施来保证数据库的安全性和完整性, 但还是需要防止可能出现的意外故障, 如存储媒体损坏、用户操作错误、硬件故障或自然灾难等。这些故障会造成运行事务的异常中断, 影响数据的正确性, 甚至会破坏数据库, 使数据库中的数据破坏或丢失。

数据备份与恢复是数据库文件管理中最常见的重要操作。数据库备份在意外故障恢复中很重要, 也可以通过数据恢复将数据库从一个设备移动或复制到另一个设备。SQL Server 的备份和恢复组件为存储在 SQL Server 中的关键数据提供了重要的保护手段。

8.4.1 数据备份方法

备份又称转储, 用于系统意外故障或数据恶意修改、应用程序错误、自然灾害时的数据恢复。若以牺牲容错性为代价选择尽可能快速的数据文件访问方式, 则备份就能为防止数据损坏提供保障。设计备份策略的指导思想是: 以最小的代价恢复数据。备份与恢复相互联系, 备份策略与恢复应结合考虑。📖

> 📖 **知识拓展**
> 数据库中的数据备份

1. 备份内容

数据库中数据的重要程度决定了数据恢复的必要性与重要性, 也就决定了数据是否需要及如何备份。SQL Server 数据库需备份的内容分为数据文件(包括主要数据文件和次要数据文件)和日志文件两部分。为了使得数据库能够恢复到某个一致点, 备份不仅需要复制数据库数据文件里的内容，还要复制日志文件里的内容。因此根据每次备份的目标不同，我们可以将备份分为数据备份和日志备份。

2. 备份介质

备份介质是指将数据库备份到目标载体。SQL Server 2019 中，常用两种备份介质：

1）硬盘，最常用的备份介质，可以用于备份本地文件，也可以用于备份网络文件。

🔔 注意：备份到磁盘中有两种形式即文件形式、备份设备的形式。

2）云盘，大容量的备份介质，可用于通过网络进行备份。

3. 备份策略

对于系统数据库和用户数据库，备份的策略及方式是不同的。

1）系统数据库。当系统数据库 Master、Msdb 或 Model 中的任何一个被修改后，系统都会自动备份。

2）用户数据库。数据库创建或加载时，应备份数据库；当创建索引时应备份，以便恢复。

🔔 注意：当清理了日志或执行了不记日志的 T-SQL 命令时，应备份数据库，这是因为若日志记录被清除或命令未记录在事务日志中，日志中将不包含数据库的活动记录，因此不能通过日志恢复数据。不记日志的命令有 Backup Log With No_Log、Writetext、Updatetext、Select Into、命令行实用程序、BCP 命令等。

4. 备份方法

数据库备份常用的两类方法是完全备份和差异备份。完全备份每次都备份整个数据库或事务日志，差异备份只备份自上次备份以来发生变化的数据库数据。差异备份也称为增量备份。

数据备份范围为完整数据库、部分数据库、一组文件或文件组，根据备份范围，分为7种类型。📖

📖 知识拓展
数据库备份的主要类型

1）完整备份。是指复制数据库的全部数据，通过单个完整备份，可将数据库恢复至某个时间点的状态。由于数据库备份是一个在线操作，一个大的完整数据库备份可能需要较长时间，此时数据库容易发生变化，因此完整数据库备份还要对部分事务日志进行备份，以便能够恢复数据库到某个事务一致的状态。完整备份比较费时间，但是对于数据库还是需要定期做完整备份。

2）完整差异备份。也称为数据库差异备份（Differential Database Backup），只备份从上次数据库完整备份后（非上次差异备份后）数据库变动的部分。它基于以前的完整备份，因此，这样的完整备份称为基准备份。差异备份仅记录自基准备份后更改过的数据。

3）部分备份。与完整备份相似，但部分备份并不包含所有文件组。部分备份包含主文件组、每个读写文件组，以及任何指定的只读文件中的所有数据。

4）部分差异备份。只记录自上次部分备份后更改数据，这种备份称为差异备份的"基准备份"。

5）文件和文件组备份。是对单一数据库文件或文件夹的备份和恢复，优点是便利且有弹性，可分别备份和还原数据库中的文件。文件备份使用户可以只还原已损坏的文件，从而提高恢复速度。文件和文件组备份特别适用于大型数据库中，前提是数据库已分成多个文件或文件组。

6）文件差异备份。创建文件或文件组的完整备份后，可基于该完整备份创建一系列的差异备份。文件差异备份只捕获自上一次文件备份以来更改的数据。

7）事务日志备份。只用于完整恢复模式或大容量日志恢复模式。只备份数据库事务日志里的内容，但在数据库恢复时无法单独运行，必须和一次完整备份一起才可以恢复数据库，而且事务日志备份在恢复时有一定的时间顺序。与差异备份类似，事务日志备份生成的文件较小、占用时间短，但是在还原数据时，除了先还原完整备份之外，还要依次还原每个事务日志备份，而不是只还原最近一个事务日志备份。

5. 备份对象

根据 8.3 节所述，在 SQL Server 中，以下角色成员可以进行备份工作。

1）固定服务器角色 Sysadmin（系统管理员）。

2）固定数据库角色 Db_owner（数据库所有者）。

3）固定数据库角色 Db_backupoperator（允许进行数据库备份的用户）。

除上述角色外，还可以通过授权允许其他角色进行数据库备份。

6. 限制操作

在执行数据库备份的过程中，允许用户对数据库继续操作，但不允许用户在备份时执行下列操作：创建或删除数据库文件、创建索引、不记日志的命令。

若在系统正执行上述操作中的任何一种时试图进行备份，则备份进程不能执行。

8.4.2 数据恢复及应用

数据恢复（Data Restore）是指将备份到存储介质上的数据再恢复（还原）到计算机系统中的过程。与数据备份是一个逆过程，可能需要涉及整个数据库系统的恢复。

数据恢复是与数据备份相对应的系统维护和管理操作。系统进行恢复操作时，先执行一些系统安全性检查，包括检查所要恢复的数据库是否存在、数据库是否变化，以及数据库文件是否兼容等，然后根据所采用的数据库备份类型采取相应的恢复措施。由于数据恢复直接关系到系统在经过故障后能否迅速恢复正常运行，所以数据恢复在整个数据安全保护中极为重要。

1. 数据恢复的准备

数据库恢复的准备工作包括系统安全性检查和备份介质验证。在进行恢复时，系统先执行安全性检查、重建数据库及其相关文件等操作，保证数据库安全的恢复，这是数据库恢复必要的准备，可以防止错误的恢复操作。例如，用不同的数据库备份或用不兼容的数据库备份信息覆盖某个已存在的数据库。当系统发现出现了以下情况时，恢复操作将不能进行。

1）指定要恢复的数据库已存在，但在备份文件中记录的数据库与其不同。

2）服务器上数据库文件集与备份中的数据库文件集不一致。

3）未提供恢复数据库所需的所有文件或文件组。

安全性检查是系统在执行恢复操作时自动进行的。恢复数据库时，要确保数据库的备份是有效的，即要验证备份介质，得到数据库备份的信息。这些信息包括：备份文件或备份集名及描述信息；所使用的备份介质类型（磁带或磁盘等）；所使用的备份方法；执行备份的日期和时间；备份集的大小；数据库文件及日志文件的逻辑和物理文件名；备份文件的大小。此外，还要查看当前需还原数据库的使用状态：在还原数据库之前，要先查看数据库是否还有其他人在使用，如果有其他人正在使用，将无法还原数据库。

2. 数据库故障和恢复策略

数据库系统在运行中发生故障后，有些事务尚未完成就被迫中断，这些未完成事务对数据库所做的修改有一部分已写入物理数据库。这时数据库就处于一种不正确的状态，或说是不一致的状态，这时可利用日志文件和数据库备份的后备副本将数据库恢复到故障前的某个一致性状态。

数据库运行过程中可能会出现各种各样的故障，这些故障可分为 3 类：事务故障、系统故障和介质故障。根据故障类型的不同，应该采取不同的恢复策略。

（1）事务故障及其恢复

事务故障是由非预期的、不正常的程序结束所造成的故障。造成程序非正常结束的原因包括输入数据错误、运算溢出、违反存储保护和并行事务发生死锁等。发生事务故障时，被迫中断的事务可能已对数据库进行了修改，为了消除该事务对数据库的影响，要利用日志文件中所记载的信息，强行退回（Rollback）该事务，将数据库恢复到修改前的初始状态。为此，要检查日志文件中由这些事务所引起的发生变化的记录，取消这些没有完成的事务所做的一切改变，恢复操作称为事务撤销（Undo）。

1）反向扫描日志文件，查找该事务的更新操作。

2）对该事务的更新操作执行反操作，即对已插入的新记录进行删除操作，对已删除的记录进行插入操作，对修改的数据恢复旧值，用旧值代替新值。由后向前逐个扫描该事务已做的所有更新操作，并做同样处理，直到扫描到此事务的开始标记，事务故障恢复完毕。

一个事务是一个工作单位，也是一个恢复单位。事务越短，越便于对其进行 Undo 操作。若一个应用程序运行时间较长，则应将该应用程序分成多个事务，用明确的提交（Commit）语句结束事务。

（2）系统故障及其恢复

系统故障是指系统在运行过程中，由于某种原因造成系统停止运转，致使所有正在运行的事务都以非正常方式终止，要求系统重新启动。引起系统故障的原因可能有：硬件错误（如CPU 故障）、操作系统或 DBMS 代码错误、突然断电等。这时，内存中数据库缓冲区的内容全部丢失，存储在外部存储设备上的数据库并未破坏，但内容不可靠了。

系统故障发生后，对数据库的影响有以下两种情况。

1）一些未完成事务对数据库的更新已写入数据库，这样在系统重新启动后，要强行撤销（Undo）所有未完成事务，清除这些事务对数据库所做的修改。这些未完成事务在日志文件中只有 Begin Transcation 标记，而无 Commit 标记。

2）有些已提交的事务对数据库的更新结果还保留在缓冲区中，尚未写到磁盘上的物理数据库中，这也使数据库处于不一致状态，因此应将这些事务已提交的结果重新写入数据库。这类恢复操作称为事务的重做（Redo）。这种已提交事务在日志文件中既有 Begin Transcation 标记，也有 Commit 标记。

系统故障的恢复要完成两方面的工作，既要撤销所有未完成的事务，还需要重做所有已提交的事务，这样才能将数据库真正恢复到一致的状态。具体做法如下。

1）正向扫描日志文件，查找尚未提交的事务，将其事务标识记入撤销队列。同时查找已经提交的事务，将其事务标识记入重做队列。

2）对撤销队列中每个事务进行撤销处理。与事务故障中所介绍的撤销方法相同。

3）对重做队列中的每个事务进行重做处理。重做处理方法是：正向扫描日志文件，按照日志文件中所登记的操作内容，重新执行操作，使数据库恢复到最近某个可用状态。

系统发生故障后，难以确定哪些未完成事务已更新过数据库，哪些事务的提交结果尚未写入数据库，这样系统重新启动后，应撤销所有未完成事务，重做全部已经提交的事务。但是，在故障发生前已经运行完毕的事务有些是正常结束的，有些是异常结束的，所以无须将其全部撤销或重做。

> 📖 知识拓展
> 判断事务正常结束的方法

（3）介质故障及其恢复

介质故障是指系统在运行过程中，由于存储介质出现问题，使存储的数据部分或全部丢失。这类故障可能性很小却是一种最严重的故障，磁盘上的物理数据和日志文件可能被破坏，需要装入发生介质故障前最新的后备数据库副本，然后利用日志文件重做该副本后所运行的所有事务。具体的恢复方法为。

1）装入最新的数据库副本，使数据库恢复到最近一次备份时的可用状态。

2）装入最新的日志文件副本，根据日志文件中的内容重做已完成的事务。首先正向扫描日志文件，找出发生故障前已提交的事务，将其记入重做队列。再对重做队列中的每个事务进行重做处理，方法为：正向扫描日志文件，对每个重做事务重新执行登记的操作，即将日志文件中数据已更新后的值写入数据库。

通过上述对故障的分析，可见故障发生后对数据库的影响有两种可能性。

1）数据库没有被破坏，但数据可能出现不一致问题。这是由事务故障和系统故障引起，这种情况在恢复时，不需要重装数据库副本，直接根据日志文件，撤销故障发生时未完成的事务，并重做已完成的事务，使数据库恢复到正确的状态。这类故障的恢复由系统在重新启动时自动完成，不需要用户干预。

2）数据库本身被破坏。由介质故障引起，在此情况恢复时，将最近一次备份的数据装入，并借助日志文件，对数据库进行更新，从而重建数据库。这类故障的恢复不能自动完成，需要 DBA 的介入，先由 DBA 利用 DBMS 重装最近备份的数据库副本和相应的日志文件的副本，再执行系统提供的恢复命令。

3. 数据恢复类型

数据恢复操作的类型通常有 3 种：全盘恢复、个别文件恢复和重定向恢复。

1）全盘恢复。是将备份到介质上的指定系统数据全部恢复到其原来的地方。全盘恢复一般应用在服务器发生意外灾难时导致数据全部丢失、系统崩溃或是有计划的系统升级、系统重组等，也称为系统恢复。

2）个别文件恢复。是将个别已备份的最新版文件恢复到原来的地方。对大多数备份来说，这是一种相对简单的操作。利用网络备份系统的恢复功能，很容易恢复受损的个别文件。需要时只要浏览备份数据库或目录，找到该文件，启动恢复功能，系统将自动驱动存储设备，加载相应的存储媒体，恢复指定文件。

3）重定向恢复。是将备份的文件或数据恢复到另一个不同的位置或系统上去，而不是进行备份操作时其所在的位置。重定向恢复可以是整个系统恢复，也可以是个别文件恢复。重定向恢复时需要慎重考虑，要确保系统或文件恢复后的可用性。

4. 恢复模式

恢复模式是一个数据库属性，用于控制数据库备份和还原操作的基本行为。如恢复模式控制了将事务记录在日志中的方式、事务日志是否需要备份以及可用的还原操作。

1）恢复模式的优点可以简化恢复计划，并简化备份和恢复过程，明确系统操作要求之间的权衡，明确可用性和恢复要求之间的权衡。

2）在 SQL 中，有 3 种恢复模式：简单恢复模式、完整恢复模式和大容量日志恢复模式。

5. 恢复数据库操作

恢复数据库操作有两种方法：SSMS 方法和命令语句方法，下面以第一种方法为例介绍一下操作过程。

> 📖 **知识拓展**
> 数据恢复命令操作及用法

1）使用 SSMS 恢复数据库。启动 SSMS，选择服务器，右击相应的数据库，在弹出的快捷菜单中选择"还原（恢复）"命令，再选择"数据库"选项，出现恢复数据库窗口。

2）使用备份设备恢复数据库。

① 在恢复数据库窗口选择"源设备"选项，单击文本框右边的按钮，弹出"指定备份"对话框。

② 选中备份媒体中的备份设备，单击"添加"按钮，出现"选择备份设备"对话框。

③ 选择相应的备份设备，单击"确定"按钮即可。

3）使用 T-SQL 语句恢复数据库。用 RESTORE 命令对备份数据库进行恢复。📖

> 📖 **知识拓展**
> 数据库恢复的具体模式

✎ 讨论思考：

1）数据备份的作用和内容有哪些？

2）简述数据备份的类型及其作用。

3）什么是数据恢复，执行数据恢复前需注意哪些问题？

4）数据库运行故障有哪些？数据库恢复模式有哪些？

8.5 并发控制和封锁技术

> 【案例 8-6】现代信息系统几乎不存在单用户操作，基本上都是多用户操作，多个用户共享数据库，多个用户可能在同一时刻去访问或修改同一部分数据，这样就引出了一个问题——并发。这样可能导致数据库中的数据不一致，此时就需要用到事务。

8.5.1 并发操作产生的问题

并发之所以称为问题，主要是基于资源争用，资源争用会引起一系列的问题，主要体现在事务的阻塞上面。另外一个重要的问题就是数据的不一致性。

事务就是一个操作单元，这个操作可能是一行 Update 语句，也可能是异常复杂的一系列增删改查操作。事务具有如下 4 个基本特性（ACID）。

1）原子性（Atomicity）。一个事务被看作一个整体，当作单独工作单元。假设一个事务由多个任务组成，其中的语句必须同时成功才能认为事务成功。如果事务失败，系统将会返回到事务之前的状态。

2）一致性（Consistency）。一个事务执行的前后状态都应该是一个逻辑一致性的状态。不管事务是完全成功完成还是中途失败，当事务使系统中的所有数据处于一致的状态时存在一致性。

3）隔离性（Isolation）。是指每个事务各自独立运行，不受其他事务影响，而且事务的结果只有在它完全被执行时才能看到。即使在这样的一个系统中同时发生多个事务，隔离性原则也会保证某个特定事务在完全完成之前，其结果是看不见的。

4）持久性（Durability）。一旦事务完成，其结果不变，包括系统关闭，都需要保证事务结果。即使系统崩溃，一个提交的事务仍然存在。在事务完成后，数据库日志便记录所有对数据的更新或查询等。

> 📖 **知识拓展**
> SQL Server 默认的特性

任何数据库管理系统都支持这 4 种特性，只是实现方式不同。📖

8.5.2　并发控制概述

1. 并发控制的概念

数据库的并发控制是对多用户程序同时并行存取的控制机制，目的是避免数据的丢失和修改、无效数据的读出与不可重复读数据现象的发生，从而保持数据的一致性。

事务是数据库并发控制的基本单位，是用户定义的一个操作序列。对事务的操作实行"要么都做，要么都不做"原则，将事务作为一个不可分割的最小独立工作单位。通过事务 SQL Server 可将逻辑相关的一组操作绑定在一起，以便服务器保持数据的完整性。

在 SQL Server+. NET 开发环境下，有两种方法能够完成事务的操作，保持数据库的数据完整性，一是用 SQL 存储过程；二是在 ADO. NET 中一种简单的事务处理，如银行转账。

2. 并发控制需要处理的问题

若没有锁定且多个用户同时访问一个数据库，则当多个事务同时使用相同的数据时可能会发生问题。并发操作带来的数据不一致性问题主要包括以下几个。

1）丢失更新。当几个事务操作同一行（数据记录）时，某个更新没有及时保存，发生丢失更新使数据缺失问题。不应允许两个事务同时更新相同的数据，以免其中一个事务的更新操作丢失。

2）读"脏"数据（脏读）。指一个事务正在访问数据，而其他事务正在更新该数据，但尚未提交，此时就会发生脏读问题，即第一个事务所读取的数据是"脏"（不正确）数据，它可能会引起错误。

3）不可重复读。当一个事务多次访问同一行且每次读取不同的数据时，会发生重复读问题。同脏读相似，由于该事务也是正在读取其他事务正在更改的数据。当一个事务访问数据时，另外的事务也访问该数据并对其进行修改，因此就发生了由于第二个事务对数据的修改而导致第一个事务两次读到的数据不一样的情况。产生数据不一致性的主要原因是并发操作破坏了事务的隔离性。

4）幻读。当一个事务对某行执行插入或删除操作，而该行处于某个事务正在读取行的范围时，发生幻读问题。事务第一次读的行范围显示出其中一行已不复存在于第二次读或后续读中，因为该行已被其他事务删除。同样，由于其他事务的插入操作，第二次读或后续读显示有一行已不在原始读中。

8.5.3　常用的封锁技术

并发控制措施的目的就是用正确的方式控制调度并发操作，使一个用户事务的执行不受其他事务的干扰，从而避免造成数据的不一致性。封锁是并发控制最常用的主要技术，其基本单位是事务。

1. 封锁技术

封锁（locking）是实现数据库并发控制的主要手段。封锁可以防止用户读取正在由其他用户更改的数据，并可以防止多个用户同时更改相同的数据。如果不使用封锁技术，则数据库中的数据可能在逻辑上不正确，并且对于数据的查询可能会产生意外结果。

如在订飞机票时，甲事务要修改 A，若在读出 A 前先锁住 A，其他事务不能再读取和修改 A，直到甲修改并写回 A 后解除了对 A 的封锁为止，这样甲就不会丢失修改。因此，封锁可以防止丢失更新、脏读、不可重复读、幻读等并发操作带来的数据不一致性问题。当两个事务分别封锁某个资源，而又分别等待对方释放其封锁的资源时，就会发生死锁（Deadlock）。

如果事务 T1 封锁了数据 R，事务 T2 又请求封锁 R，T2 处于等待。T3 也请求封锁 R，当 T1 释放了 R 上的封锁之后系统首先批准了 T3 的请求，T2 仍然等待。然后 T4 又请求封锁 R，当 T3 释放了 R 上的封锁之后系统又批准了 T4 的请求……T2 有可能永远等待，即出现活锁（Livelock），避免活锁的简单方法是采用先到先服务的策略。

*2. 锁定粒度

在 SQL Server 中，可被封锁的资源从小到大分别是行、页、扩展盘区、表和数据库，被封锁的资源单位称为锁定粒度，上述 5 种资源单位其锁定粒度由小到大排列。锁定粒度不同，资源的开销将不同，并且锁定粒度与数据库访问并发度是一对矛盾，锁定粒度大，系统开销小，但并发度会降低；锁定粒度小，系统开销大，但并发度可提高。锁的粒度及其说明如表 8-1 所示。

表 8-1　锁的粒度及其说明

锁的粒度大小	说　明
行锁	行标识符。用于单独锁定表中的一行，这是最小的锁
键锁	锁定索引中的结点。用于保护可串行事务中的键范围
页锁	锁定 8KB 的数据页或索引页
扩展盘区锁	锁定相邻的 8 个数据页或索引页
表锁	锁定整个表
数据库锁	锁定整个数据库

3. 常用的封锁模式

SQL Server 使用不同的锁模式锁定资源，这些锁模式确定了并发事务访问资源的方式。共有 7 种封锁模式，分别是共享（Shared，S）、排它（Exclusive，X）、更新（Update，U）、意象（Intent）、架构（Schema）、键范围（Key-range）、大容量更新（Bulk Update，BU），下面主要介绍前两种。

> **📖 知识拓展**
> 常用封锁技术封锁模式

1）共享（S 锁、读锁）。共享锁允许并发事务读取一个资源。当一个资源上存在共享锁时，任何其他事务都不能修改数据。一旦读取数据完毕，资源上的共享锁便立即释放，除非将事务隔离级别设置为可重复读或更高级别，或者在事务生存周期内用封锁提示保留共享锁。

默认情况下，SQL Server 会自动在需要读取的数据上加上 S 锁，表、页和单独的行（表或者索引上）都可以持有 S 锁。通常情况下，SQL Server 会在读取完数据后马上释放 S 锁，不需要等待事务结束。

2）排它（X 锁、写锁）。排它锁可以防止并发事务对资源进行访问。其他事务不能读取或修改排它锁锁定的数据。当 SQL Server 通过 Insert、Update、Delete 等操作修改数据时，会对相应的数据加 X 锁。任何时候（事务范围内），一个特定的数据资源上只能有一个 X 锁。被修改的数据在事务提交或者回滚前，对于其他事务都是不可用的。还有一些常用的其他封锁模式。

> **📖 知识拓展**
> 常用的其他封锁模式

8.5.4　并发操作的调度

计算机系统以随机的方式对并行操作调度，而不同的调度可能会产生不同的结果。若一个事务运行中不同时运行其他事务，则可认为该事务的运行结果为正常或预期的，因此将所有事务串行起来的调度策略是正确的调度策略。虽然以不同的顺序串行执行事务也可能会产生不同的结果，但由于不会将数据库置于不一致状态，所以都可以认为是正确的。

由此可得并发操作的结论：几个事务的并行执行是正确的，当且仅当其结果与按某一次序串行地执行的结果相同。此并行调度策略称为可串行化（Serializable）的调度。可串行性（Serializability）是并行事务正确性的唯一准则。

> 【案例 8-7】 数据库系统现有两个事务，分别包含下列操作。事务 1 操作为：读 B；A＝B+1；写回 A。事务 2 操作为：读 A；B＝A+1；写回 B；分别查看调度策略。

假设 A 的初值为 10，B 的初值为 2。表 8-2 给出了对这两个事务的几种不同的调度策略，（a）和（b）为两种不同的串行调度策略，虽然执行结果不同，但它们都是正确的调度。（c）中两个事务是交错执行的，由于执行结果与（a）、（b）的结果都不同，所以是错误的调度。（d）中的两个事务也是交错执行的，由于执行结果与串行调度 1（a）的执行结果相同，所以是正确的调度。

表 8-2　对两个事务的不同调度策略

串行调度 1（a）	串行调度 2（b）	不可串行化的调度（c）	可串行化的调度（d）
读 B=2	读 A=10	读 B=2	读 B=2
A←B+1	B←A+1	读 A=10	等待
写回 A=3	写回 B=11	A←B+1	A←B+1 等待
读 A=3	读 A=3	写回 A=3	读 A=3
B←A+1	A←B+1	B←A+1	B←A+1
写回 B=4	写回 A=12	写回 B=11	写回 B=4
结果：A=3 B=4	结果：A=12 B=11	结果：A=3 B=11	结果：A=3 B=4

为确保并行操作正确，DBMS 的并行控制机制提供了保证调度可串行化的方法。目前，DBMS 普遍采用悲观封锁方法，如 DM 和 SQL Server，以保证调度的正确性，即并行操作调度的可串行性。另外，还有时标封锁方法、乐观封锁方法等。从程序员的角度看，分为乐观锁和悲观锁。乐观锁是完全依靠数据库来管理锁的工作。悲观锁是程序员自己管理数据或对象上的锁处理。

SQL Server 使用锁在多个同时在数据库内执行修改的用户间实现悲观并发控制。

讨论思考：

1）什么是事务？其基本特性有哪些？
2）简述并发控制的概念及其需要处理的问题和主要技术有哪些。
3）最常用的两种封锁模式是什么？

8.6　实验 8　数据备份及恢复操作

8.6.1　实验目的

1）掌握数据备份的基本方法。
2）掌握数据还原（恢复）的基本方法。

8.6.2 实验内容及步骤

（1）利用 SQL Server Management Studio（SSMS）管理备份设备

在备份一个数据库之前，需要先创建一个备份设备，如磁带、硬盘等，然后再去复制有备份的数据库、事务日志、文件/文件组。请自己新建一个备份设备，查看备份设备，删除备份设备。

使用 SSMS 创建备份设备的操作步骤如下。

1）打开 SSMS 并连接到一个 SQL Server 实例。

2）展开对象资源管理器中的服务器树。

3）展开"服务器对象"文件夹。

4）右击"备份设备"，并在弹出的快捷菜单中选择"新建备份设备"命令。

5）在"备份设备"对话框的"设备名称"文本框中输入 FullBackups，如图 8-3 所示。

图 8-3 使用 SSMS 创建备份设备

6）单击"文件"文本框右边的"浏览"按钮，可以更改物理文件的位置。也可保持默认设置。

7）单击"确定"按钮。

8）重复步骤 5）~7）两次，分别新建名称为 DiffBackups 与 LogBackups 的两个备份设备，如图 8-4 所示。

当进行一次备份时，只需指定设备名称即可，而不用指定磁盘或磁带的位置。

注：创建设备确实简化备份进程，但并非必需的步骤。可直接将一个数据库备份到文件或磁带位置。

（2）备份数据库

打开 SSMS，右击需要备份的数据库，选择"任务"，然后单击"备份"命令，出现备份数据库窗口。在此可以选择要备份的数据库和备份类型。

使用 SSMS 执行完整数据库备份：

1）打开 SSMS 并连接到一个 SQL Server 实例。

2）展开"对象资源管理器"中的服务器树。

3）展开"数据库"文件夹。

4）右击 Library 数据库。

5）在弹出的快捷菜单中选择"任务"→"备份"命令。

6）在"备份数据库"对话框中，可以选择不同的数据库进行备份，也可以更改备份类型，现在选择"完整"备份类型状态。

注：在备份类型的下面，可以指定是否进行"仅复制备份"。"仅复制备份"并不开始一个新的备份链，因此如果勾选此复选框，将无法进行差异备份。

7）在"备份集"选项组中，可以指定数据库备份的名称与描述。此处为默认状态。

8）在"目标"选项组中，默认备份文件名称为"数据库名 .bak"（此处 Library.bak），单击"确定"按钮即可，如图 8-5 所示。

图 8-4 创建备份设备

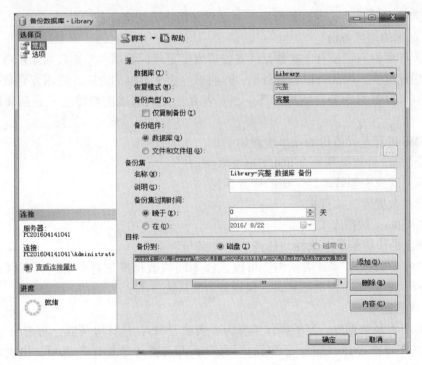

图 8-5 使用 SSMS 执行完整数据库备份

9）在"备份数据库"对话框的"选择页"窗格中，选择"选项"选项，此部分选项均为默认。

10）在"覆盖介质"选项组中，选择默认设置，即"追加到现有备份集"，则在后续每一次备份时将把新生成的备份文件添加到介质集上，如图 8-6 所示。

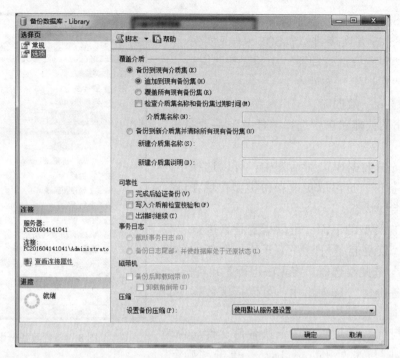

图8-6 使用SSMS执行完整数据库备份选项卡

注：如选择"覆盖所有现有备份集"复选框，则将清空全部备份集。

（3）数据库的差异备份

差异数据库备份只记录自上次数据库备份后发生更改的数据。差异数据库备份比数据库备份小而且备份速度快，因此可以经常备份，这将减少丢失数据的危险。使用差异数据库备份将数据库还原到差异数据库备份完成时那一点。若要恢复到精确的故障点，必须使用事务日志备份。

使用SSMS进行差异备份的操作步骤如下。

1）打开SSMS并连接到一个SQL Server实例。

2）展开"对象资源管理器"中的服务器树。

3）展开"数据库"文件夹。

4）右击Library数据库。

5）在弹出的快捷菜单中选择"任务"→"备份"命令。

6）在"备份数据库"对话框中，可以选择不同的数据库进行备份，也可以更改备份类型，现在选择"差异"备份类型状态。保持其余默认选项不变。

（4）恢复数据库

使用SSMS恢复数据库，实验操作步骤为：启动SSMS，选择服务器，右击相应的数据库，在弹出的快捷菜单中选择"还原（恢复）"命令，再选择"数据库"选项，出现恢复数据库窗口。

使用SSMS恢复数据库的操作步骤如下。

1）打开SSMS并连接到一个SQL Server实例。

2）展开"对象资源管理器"中的服务器树。

3）展开"数据库"文件夹。

4）右击Library数据库。

5) 在弹出的快捷菜单中选择"任务"→"还原"→"数据库"命令，执行后如图 8-7 所示。

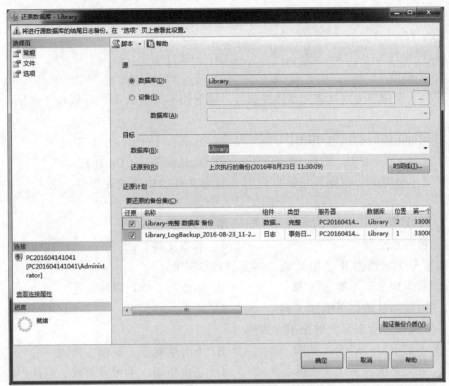

图 8-7 使用 SSMS 执行还原数据库

8.7 本章小结

数据库安全的核心和关键是数据安全。本章主要对数据库安全技术及应用方面，概述了数据库安全、数据库系统安全、数据安全的有关概念，介绍了 SQL Server 2019 在数据库安全方面的主要内容。

在此基础上概述了数据库安全风险分析，指出了常见数据库的安全缺陷和隐患要素。介绍了数据库安全关键技术，SQL Server 的安全策略和安全管理机制，在数据的访问权限及控制方面，涉及数据库的身份验证及权限管理，以及数据库安全访问控制方法。并结合 SQL Server 2019 实际应用，概述了具体的登录控制、用户与角色管理和权限管理等实际应用及相关部分操作。

数据的备份与恢复是数据库文件管理中最常见的操作，数据备份需要考虑备份内容、备份介质、备份时机、备份方法及类型。数据恢复是与数据备份相对应的系统维护和管理操作，通过叙述数据库运行故障，介绍了相对应的数据恢复类型。介绍了利用 SQL Server 2019 管理器 SSMS 或 SQL 备份/恢复语句在本地主机上进行数据库备份和恢复操作。最后介绍了并发控制与封锁等管理技术和方法。

8.8 练习与实践 8

1. 选择题

（1）下面关于登录账户、用户和角色的说法错误的是（　　）。

A. 登录账户是服务器级的　　　　　B. 用户是登录账户在某个数据库中的映射

C. 用户不一定要和登录账户相关联　D. 角色其实就是用户组

（2）数据库管理系统通常提供授权功能来控制不同用户访问数据的权限，这主要是为了实现数据库的（　　）。

A. 可靠性　　　　　　　　　　　B. 一致性

C. 完整性　　　　　　　　　　　D. 安全性

（3）若有3个用户U1、U2、U3，关系R，则下列不符合SQL的权限授予和回收的语句是（　　）。

A. Grant Select On R To U1　　　　B. Revoke Update On R To U3

C. Grant Delete On R To U1,U2,U3　D. Revoke Insert On R From U2

（4）当发生故障时，根据现场数据内容、日志文件的故障前映像和（　　）来恢复系统的状态。

A. 库文件　　　　　　　　　　　B. 日志文件

C. 检查点文件　　　　　　　　　D. 后备文件

（5）若事务T对数据R已加X锁，则其他对数据R（　　）。

A. 可以加S锁不能加X锁　　　　　B. 不能加S锁可以加x锁

C. 可以加S锁也可以加X锁　　　　D. 不能加任何锁

（6）并发操作会带来哪些数据不一致性（　　）。

A. 不可重复、幻读、脏读　　　　　B. 不可重复读、脏读、死锁

C. 丢失更新、脏读、死锁　　　　　D. 丢失更新、不可重复读、脏读、幻读

（7）解决并发操作带来的数据不一致性问题普遍采用（　　）。

A. 封锁　　　　　　　　　　　　B. 恢复

C. 存取控制　　　　　　　　　　D. 协商

（8）某公司使用SQL Server 2019管理公司的数据，现在数据库管理员希望对于重要的数据库201908_DB进行事务日志备份，在此之前他应该确保该数据库的还原模式为（　　）。

A. 完整恢复模式或者大容量日志恢复模式

B. 完整恢复模式或者简单还原模式

C. 简单还原模式或者大容量日志模式

D. 无论是是哪一种还原模式，都可以进行事务日志备份

（9）若系统在运行过程中，由于某种原因，造成系统停止运行，致使事务在执行过程中以非控制方式终止，这时内存中的信息丢失，而存储在外存上的数据未受影响，这种情况称为（　　）。

A. 事务故障　　　　　　　　　　B. 系统故障

C. 介质故障　　　　　　　　　　D. 运行故障

（10）使某个事务永远处于等待状态，而得不到执行的现象称为（　　）。

A. 死锁　　　　　　　　　　　　B. 活锁

C. 串行调度　　　　　　　　　　D. 不可串行调度

（11）关于"死锁"，下列说法中正确的是（　　）。

A. 死锁是操作系统中的问题，数据库操作中不存在

B. 在数据库操作中防止死锁的方法是禁止两个用户同时操作数据库

C. 当两个用户竞争相同资源时不会发生死锁

    D. 只有出现并发操作时，才有可能出现死锁

2. 填空题

（1）数据库安全的核心和关键是＿＿＿＿＿＿＿＿＿＿。

（2）SQL Server 2019 的安全性管理可分为 3 个等级：＿＿＿＿＿、＿＿＿＿＿、＿＿＿＿＿。

（3）备份是为了在数据库遭到破坏时，能够修复，数据库备份的类型主要有：＿＿＿＿＿、＿＿＿＿＿、＿＿＿＿＿、＿＿＿＿＿、＿＿＿＿＿、＿＿＿＿＿、＿＿＿＿＿。

（4）数据库运行过程中可能会出现各种各样的故障，这些故障可分为 3 类：＿＿＿＿＿、＿＿＿＿＿、＿＿＿＿＿。

（5）数据恢复操作通常有 3 种类型：＿＿＿＿＿、＿＿＿＿＿、＿＿＿＿＿。

（6）在 SQL 语言中，为了保障数据库的安全性，设置了对数据的存取进行控制的语句，对用户授权使用＿＿＿＿＿语句，收回所授的权限使用＿＿＿＿＿语句。

（7）事务故障、系统故障的恢复是由＿＿＿＿＿完成的，介质故障的恢复是由＿＿＿＿＿完成的。

（8）用户可以设置服务器和数据库的权限，主要涉及 3 种权限：分别是＿＿＿＿＿、＿＿＿＿＿、＿＿＿＿＿。

（9）并发控制的主要方法是采用了＿＿＿＿＿机制，其最典型类型有＿＿＿＿＿和＿＿＿＿＿两种。

（10）对象权限是指用户基于数据库对象层次上的访问和操作权限，共有 5 种：Select、Insert、Delete、＿＿＿＿＿和＿＿＿＿＿。

（11）＿＿＿＿＿只记录自上次完整数据库备份后发生更改的数据。

3. 简答题

（1）常见数据库的安全缺陷和隐患要素主要包括哪些？

（2）用户权限的种类主要有哪些？各自有哪些作用？

（3）常用的数据库安全关键技术包括哪些？

（4）数据备份常用方法及数据备份的范围主要有哪些？

（5）数据库的主要故障及其恢复策略具体有哪些？

（6）常见的并发控制需要处理的问题主要有哪些？

4. 实践题

（1）创建服务器登录的主要步骤。

（2）创建用户定义的服务器角色。

（3）创建数据库用户的主要方法。

（4）创建固定数据库的角色的过程。

（5）数据库或数据备份恢复的步骤和方法。

*第9章 关系数据库的规范化

数据库应用最重要的一个环节就是设计出一个好的规范的数据库模式。为了使数据库模式设计合理可靠、简单实用，通常会使用关系数据库的规范化理论。关系数据库的规范化理论是数据库设计的一个理论指导和工具，是指导关系模式设计的标准，其规范化原理对于数据库的设计十分重要，直接关系到数据处理的正确性和完备性。规范化理论为判断关系模式的好坏提供了理论标准，是数据库设计人员的有力工具。针对一些实际业务的数据应用操作需求，在数据库设计中构建规范且普遍适用的数据库模式，是一种高效的解决方案。📖

📘 **教学目标**

- 了解数据库关系模式存在的异常问题及成因
- 理解函数依赖的相关概念和理论
- 掌握关系模式的具体分解方法
- 掌握关系模式范式的概念及规范化过程

9.1 数据库的规范化问题

【案例9-1】 规范化理论的基本思想是：进行模式分解，消除数据依赖中不合理的部分，使关系模式达到某种程度的分离，使一个关系仅描述一个实体或者实体之间的一种联系。关系数据库的规范化理论是数据库设计的一个理论指南，关系模式的设计必须满足一定的规范化要求，从而满足不同的范式级别。设计合理的关系模式是关系数据库的重要组成部分，其规范化理论在整个模式及数据库设计中占有主导地位，直接影响关系数据库的性能。

9.1.1 规范化理论的研究内容

关系数据库设计理论即关系的规范化理论，是根据现实世界存在的数据依赖关系进行关系模式的规范化处理。在实际应用中，针对给定的业务应用环境和用户需求，需要建立一个合适的数据库模式，使数据库系统能够高效地存储和管理数据。为使数据库设计合理可靠，通过长期的数据库应用，形成了关系数据库的规范化理论。对规范化理论的研究，主要涉及的是关系模式中各属性之间的依赖关系及其对关系模式的影响，讨论良好的关系模式应具备的特性，以及达到良好关系模式的方法。

关系数据库设计理论具有很好的应用价值。关系模式的规范化理论主要包括各属性之间的依赖关系，以及对关系模式性能的影响，提供判断关系模式优劣的理论标准，预测可能出现的问题，提供自动产生各种模式的算法。其中，关系数据库设计理论的核心是数据间的函数依赖；衡量的标准是关系规范化的程度及分解的无损连接和保持函数依赖性；模式设计方法是自动化设计的基础。📖

📖 **知识拓展**
规范化理论的由来

9.1.2　关系模式的异常问题

一个关系模式若设计不当，将会出现数据冗余、操作异常和不一致等问题。

【案例9-2】设有一个关系模式：读者（读者号，姓名，单位，地址，图书号，借书时间，还书时间），主键为（读者号，ISBN）。设同一个单位的读者具有同样的地址。该关系模式部分数据如表9-1所示。

表9-1　案例9-2的部分数据

读者号	姓名	单位	地址	图书号	借书时间	还书时间
2008521432	杜晓晓	外语学院	4号楼	WC17401	2015-12-15 10:42:53	2016-01-15 18:32:02
2008521432	杜晓晓	外语学院	4号楼	WC17401	2014-12-11 18:43:23	2015-01-05 15:54:23
2008521432	杜晓晓	外语学院	4号楼	TG54324	2011-10-23 14:27:52	2012-11-11 09:54:24
2008521432	杜晓晓	外语学院	4号楼	TG42563	2012-08-14 11:24:14	2012-10-06 12:15:54
2009121221	刘小雪	汽车学院	5号楼	WC18401	2015-09-24 13:43:19	2015-09-30 12:05:50
2009121221	刘小雪	汽车学院	5号楼	NH87532	2015-12-16 14:57:14	2016-01-15 15:21:03
2010121036	尹梁栋	软件学院	2号楼	SC10801	2016-04-15 13:23:43	
2010121036	尹梁栋	软件学院	2号楼	WC13401	2016-04-21 08:43:12	
2012060907	徐冬	外语学院	4号楼	NH87533	2012-10-28 15:35:39	2012-11-13 13:57:28
2011031234	王大山	外语学院	4号楼	SC12501	2013-10-28 20:24:13	2013-11-13 14:53:37
2012180508	曹秉慧	商学院	3号楼	WC17402	2015-11-30 18:38:43	2015-12-30 13:56:34

观察表9-1的数据，可以看出该表存在以下问题。

（1）数据冗余

数据冗余是指相同数据在数据库中多次重复出现。在这个关系中，读者单位和地址的信息有冗余，一个单位有多少个读者，其地址信息就会重复同样次数；读者基本信息（包括读者号，姓名，地址）也有重复，一个读者借阅了多少次图书，其基本信息就重复多少次。数据冗余不但急剧增加数据库的数据量，耗费大量的存储空间和运行时间，增加数据查询和统计的复杂度，更重要的是容易造成数据的不一致或其他异常问题。📖

> 📖 **知识拓展**
> 数据冗余产生的问题

（2）更新异常

更新异常是指执行数据修改操作时，容易导致部分数据被修改，部分数据没有修改的问题，从而造成数据库数据不一致，影响数据的完整性。例如，一位读者进行了4次借阅，在该表中会存在4个元组。若单位发生了变化，这4个元组的地址都要相应改变。只要有任意一个地址未更改，就会造成地址不唯一，产生不一致现象。

（3）插入异常

插入异常是指插入的数据由于不能满足某个数据完整性（如实体完整性）要求而不能正常地被插入到数据库中。例如，一个尚未进行借阅的读者，虽然已知其读者号、姓名、性别、单位、地址这些基本信息，但由于从未借阅，图书号（主键属性）为空，不能录入到数据库。

（4）删除异常

删除异常是指在删除某个或某些数据的同时将其他数据也删除了。例如，若在表9-1中取消读者"曹秉慧"的借阅信息，就要将该元组删去，导致其基本信息也被删掉了。

更新异常、插入异常和删除异常统称为操作异常。为什么会出现上述这些操作异常和数据冗余的现象呢？因为这个关系模式设计得不理想，属性之间存在不良的函数依赖关系。良好的关系模式应当具备的要求如下。

1）数据冗余尽可能少。

2）更新数据时没有更新异常。

3）插入数据时没有插入异常。

4）删除数据时没有删除异常。

对于出现上述问题的关系模式，可以通过模式分解的方法进行规范化。如何改造这个关系模式，克服其不良的操作异常问题，是关系规范化理论要解决的问题，也是本章讨论函数依赖的原因。

🎵 讨论思考：

1）规范化理论的主要内容是什么？

2）不良的关系模式可能存在什么问题？

3）良好的关系模式的设计要求是什么？

9.2 函数依赖概述

在理论研究和实际应用中发现，同一关系中属性值之间存在相互依赖与相互制约的关系，这就是数据依赖。其中，函数依赖（Functional Dependency，FD）是数据依赖中最重要、最基本的一种，是同一关系内部属性与属性之间的一种约束关系，是关系模式规范化的关键和基础。

9.2.1 函数依赖的相关概念

定义 9-1 设 X、Y 是关系 R 的两个属性集合，当任何时刻 R 中的任意两个元组中的 X 属性值相同时，则它们的 Y 属性值也相同，则称 X 函数决定 Y，或 Y 函数依赖于 X，记为 $X \rightarrow Y$。📁

> 📁 **特别理解**
> 函数依赖的说明

定义 9-2 设 X、Y 是关系 R 的两个属性集合，X′是 X 的真子集，存在 $X \rightarrow Y$，但对每一个 X′都有 $X' \nrightarrow Y$，则称 Y 完全函数依赖于 X，记为 $X \xrightarrow{f} Y$。反之，若存在 $X' \rightarrow Y$，则称 Y 部分函数依赖于 X，记为 $X \xrightarrow{p} Y$。

【案例 9-3】 设有一个关系模式：读者（读者号，姓名，性别，单位，地址，书号，借书日期，还书日期），主键为（读者号，ISBN），则函数依赖关系有：

读者号→姓名，姓名函数依赖于读者号

（读者号，书号）$\xrightarrow{p}$姓名，姓名部分函数依赖于读者号和书号

（读者号，书号）$\xrightarrow{f}$借书日期，借书日期完全函数依赖于读者号和书号

9.2.2 函数依赖的逻辑蕴含

通常，函数依赖是以命题形式定义的，可将两个函数依赖集之间存在着一些互为因果的关系称为逻辑蕴含，即一个函数依赖集逻辑蕴含另一个函数依赖集。如函数依赖集 F = {A→B，

B→C} 和 {A→B，B→C，A→C} 相互逻辑蕴含。

定义 9-3 设 F 是在关系模式 R 上成立的函数依赖的集合，X→Y 是一个函数依赖。若对于 R 的每个满足 F 的关系 r 也满足 X→Y，则称 F 逻辑蕴含 X→Y，记为 F│= X→Y。

定义 9-4 设 F 是函数依赖集，被 F 逻辑蕴含的函数依赖全体构成的集合，称为函数依赖集 F 的闭包（closure），记为 F^+。即 F^+ = { X→Y│F│=X→Y }。

定义 9-5 对于函数依赖 X→Y，若 Y⊆X，则称 X→Y 是一个平凡的函数依赖，否则称为非平凡的函数依赖。

9.2.3 函数依赖的推理规则

以下具体说明函数依赖的推理规则 Armstrong 公理。

设 U 是关系模式 R 的属性集，F 是 R 上成立的只涉及 U 中属性的函数依赖集。函数依赖的推理规则（基本公理）有以下 3 条。

> 📖 **知识拓展**
> 函数依赖推理规则

1）A_1（自反律，Reflexivity）：若 Y⊆X⊆U，则 X→Y 在 R 上成立。

根据这条规则，可以推导出一些平凡函数依赖。由于 Φ⊆X⊆U(Φ 为空属性集，U 为全集)，所以 X→Φ 和 U→X 都是平凡函数依赖。

2）A_2（增广律，Augmentation）：若 X→Y 在 R 上成立，且 Z⊆U，则 XZ→YZ 在 R 上成立。

🔔 **注意**：存在一些特殊情形，例如，当 Z=Φ 时，若 X→Y，则对于 U 的任何子集 W 有 XW→Y。在 W=Z 时，若 X→Y，则 XW→YW；若 X→Y，则 X→XY。

3）A_3（传递律，Transitivity）：若 X→Y 和 Y→Z 在 R 上成立，则 X→Z 在 R 上成立。

> 【**案例 9-4**】设有一个关系模式：读者（读者号，姓名，性别，单位，地址），主键为（读者号），假设一个单位只有一个地址，则函数依赖关系有：
>
> 读者号→姓名   姓名函数依赖于读者号
>
> 读者号→单位   单位函数依赖于读者号
>
> 单位→地址   地址函数依赖于单位
>
> 因此有读者号 $\xrightarrow{传递}$ 地址   地址传递函数依赖于读者号

定理 9-1 函数依赖推理规则 A_1、A_2 和 A_3 是正确的。即，若 X→Y 是从 F 用推理规则导出，则 X→Y 在闭包 F^+ 中。

> 📂 **特别理解**
> 函数闭包

若给定关系模式 R(U,F)，X、Y 为 U 的子集，F = {X→Y}，则

F^+ = {X→Φ,X→X,X→Y,X→XY,Y→Φ,Y→Y,XY→Φ,XY→X,XY→Y,XY→XY}

定理 9-2 函数依赖的其他 5 条推理规则如下。

1）A_4（合并性规则）：{X→Y,X→Z}│=X→YZ。

2）A_5（分解性规则）：{X→Y,Z⊆Y}│= X→Z。

3）A_6（伪传递性规则）：{X→Y,WY→Z}│=WX→Z。

4）A_7（复合性规则）：{X→Y,W→Z}│=XW→YZ。

5）A_8（通用一致性规则）：{X→Y,W→Z}│=X∪(W-Y)→YZ。

> 【**案例 9-5**】设有关系模式 R(A,B,C,D,E) 及其上的函数依赖集 F = {AB→CD,A→B,D→E}，求证 F 必蕴含 A→E。

证明：

由 A→B（已知），有 A→AB（增广率）

由 AB→CD（已知），有 A→CD（传递率）

所以 A→C，A→D（分解规则）

由 D→E（已知），有 A→E（传递率）

【案例 9-6】已知关系模式 R(A,B,C)，F={A→B,B→C}，求 F⁺。

根据 FD 的推理规则，可以推出 F 的 F⁺有 43 个函数依赖。

例如，据规则 A_1 可推出 A→Φ，A→A，…。根据已知的 A→B 及规则 A_2，可以推出 AC→BC，AB→B，A→AB，…。并根据已知条件及规则 A_3 可推出 A→C 等。

给定关系模式 R(U,F)，A、B、C 为 U 的子集，F={A→B,B→C}，则依据上述关于函数依赖集闭包计算公式，可以得到 F⁺由 43 个函数依赖组成，具体情况如表 9-2 所示。

表 9-2 F⁺的 43 个函数依赖

A→F	AB→F	AC→F	ABC→F	B→F	C→F
A→A	AB→A	AC→A	ABC→A	B→B	C→C
A→B	AB→B	AC→B	ABC→B	B→C	Φ→Φ
A→C	AB→C	AC→C	ABC→C	B→BC	
A→AB	AB→AB	AC→AB	ABC→AB	BC→F	
A→AC	AB→AC	AC→AC	ABC→AC	BC→B	
A→BC	AB→BC	AC→BC	ABC→BC	BC→C	

定理 9-3 若 A_1，…，A_n 是关系模式 R 的属性集，则 X→A_1,…,A_n 成立的充分必要条件是 X→A_i（i=1，…，n）成立。

9.2.4 属性集的闭包及算法

从上述案例可知，直接利用 Amstrong 公理计算 F⁺比较困难，通过引入属性集闭包的概念，可以简化计算 F⁺的过程。

定义 9-6 设 F 是属性集 U 上的 FD 集，X 是 U 的子集，则（相对于 F）属性集 X 的闭包用 X⁺表示，为一个从 F 集使用 FD 推理规则推出的所有满足 X→A 的属性 A 的集合：X⁺={属性 A | X→A 在 F⁺中}。

定理 9-4 X→Y 可用 FD 推理规则推出的充分必要条件是 Y⊆X⁺。

算法 9-1 求属性集 X 相对于 FD 集 F 的属性集闭包 X⁺。

```
result = X
do
{
If F 中有某个函数依赖 Y→Z 满足 Y⊆ result
  then result = result∪Z
} while（result 有所改变）；
```

【案例 9-7】已知中 U = {A,B,C,D,E}，F = {AB→C,B→D,C→E,EC→B,AC→B}，求 $(AB)^+$。

解：

设 X = AB

因为 $X^{(0)}$ = AB

$X^{(1)}$ = ABCD

$X^{(2)}$ = ABCDE

$X^{(3)}$ = $X^{(2)}$ = ABCDE

所以 $(AB)^+$ = ABCDE = {A,B,C,D,E}

【案例 9-8】属性集 U 为 (A, B, C, D)，FD 集为 {A→B, B→C, D→B}。则用上述算法，可求出 A^+ = ABC，B^+ = BC，$(AD)^+$ = ABCD，$(BD)^+$ = BCD 等。

9.2.5 候选键的求解和算法

定义 9-7 设关系模式 R 的属性集是 U，X 是 U 的一个子集。若 X→U 在 R 上成立，则称 X 是 R 的一个超键。若 X→U 在 R 上成立，但对于 X 的任一真子集 X_1 都有 X_1→U 不成立，则称 X 是 R 上的一个候选键。

【案例 9-9】对案例 9-2 的关系模式：读者（读者号，姓名，单位，地址，图书号，借书时间，还书时间），如何确定其候选键？

解：

由于每位读者有一个对应的姓名、单位和地址，一个读者对一本图书可以进行多次借阅，每次借阅有相应的借书时间和还书时间，可知（读者号，图书号）可以以函数决定该关系模式的其他属性。在（读者号，图书号）集上增加其他属性，如（读者号，图书号，姓名）、（读者号，图书号，借书时间，还书时间）等属性集，虽然也能唯一标识关系中的元组，但包含了多余的属性，只能称为超键，而不能称为候选键。根据定义，不含多余属性（多个属性的最小集合）的超键为候选键，可知该关系模式的候选键即为（读者号，图书号）。

对给定的关系模式 $R(A_1,\cdots,A_n)$ 和函数依赖集 F，可将其属性分为 4 类：

1）L 类：仅出现在函数依赖集 F 左部的属性。

2）R 类：仅出现在函数依赖集 F 右部的属性。

3）N 类：在函数依赖集 F 左右都未出现的属性。

4）LR 类：在函数依赖集 F 左右都出现的属性。

若无特别说明，本章提到的键均为候选键。

定理 9-5 对于给定的关系模式 R 及其 FD 集 F，则有

1）若 X（X∈R）为 L 类属性，则 X 必为 R 的任一候选键的成员，若 X^+ 包含 R 的全部属性，则 X 必为 R 唯一候选键。

2）若 X（X∈R）为 R 类属性，则 X 不在任何候选键中。

3）若 X（X∈R）为 N 类属性，则 X 包含在 R 的任一候选键中。

4）若 X（X∈R）为 R 的 N 类和 L 类属性组成的属性集，则 X 为 R 的唯一候选键。

【案例 9-10】设有关系模式 R，属性集 U =（A，B，C，D），函数依赖集 F = {A→C，C→B，AD→B}。求 R 的候选键。

解：

1）检查 F 发现，A、D 只出现在函数依赖的左部，所以为 L 类属性，而 F 包含了全属性，即不存在 N 类的属性。

2）根据求属性闭包的算法，F 中 A→C，AD→B 可以求得（AD）$^+$ = ABCD = U，而在 AD 中不存在一个真子集能决定全属性，故 AD 为 R 的候选键。

【案例 9-11】设关系模式：学生（学号，系主任，姓名，系别，课程号，成绩），若函数依赖集 F = {学号→系主任，系别→系主任，学号→系别，（学号，课程号）→成绩，学号→姓名}，求该模式的候选键。

解：

1）通过观察函数依赖集 F 发现：学号和课程名只出现在函数依赖的左部，为 L 类属性，一定出现在任意候选键中；系主任、姓名和成绩是 R 类属性，一定不出现在任一候选键中；系别是 L 类和 R 类属性，可能出现在某个候选键中。

2）根据求属性闭包的求法，由 F 中函数依赖关系可求得：

（学号，课程名）$^+$ = {学号，系主任，姓名，系别，课程号，成绩}，包含了 R 的全部属性，故（学号，课程名）是该模式的唯一的候选键。

虽然（学号，课程名，系别）$^+$ = {学号，系主任，姓名，系别，课程号，成绩}也包含了全部属性，单根据候选键的最小特性，可知（学号，课程名，系别）并非该模式的候选键。

9.2.6 函数依赖推理规则的完备性

推理规则的正确性是指从函数依赖集 F，利用推理规则集推出的函数依赖必定在 F$^+$ 中，完备性指 F$^+$ 中的函数依赖都能从 F 集使用推理规则集导出。即正确性保证推出的所有函数依赖都正确，完备性则可保证推出所有被蕴含的函数依赖，以保证推导的有效性和可靠性。

定理 9-6　函数依赖推理规则 {A$_1$，A$_2$，A$_3$} 是完备的。

证明：

完备性的证明，即证明不能从 F 使用推理规则过程推出的函数依赖不在 F$^+$ 中成立。

设 F 是属性集 U 上的一个函数依赖集，有一个函数依赖 X→Y 不能从 F 中使用推理规则推出。现在要证明 X→Y 不在 F$^+$ 中，即 X→Y 在模式 R(U) 的某个关系 r 上不成立。因此可以采用构造 r 的方法来证明。

1）证明 F 中每个 FD V→W 在 r 上成立。

由于 V 有两种情况：V⊆X$^+$，或 V⊄X$^+$。

若 V⊆X$^+$，根据定理 9-4 有 X→V 成立。根据已知的 V→W 和规则 A$_3$，可知 X→W 成立。再根据定理 9-4，有 W⊆X$^+$，所以 V⊆X$^+$ 和 W⊆X$^+$，同时成立，则 V→W 在 r 是成立的。

若 V⊄X$^+$，即 V 中含有 X$^+$ 以外的属性。此时关系 r 的元组在 V 值上不相等，因此 V→W 也在 r 上成立。

2）证明 X→Y 在关系 r 上不成立。

因为 X→Y 不能从 F 使用推理规则推出，根据定理 9-4，可知 Y⊄X⁺。在关系 r 中，可知两元组在 X 上值相等，在 Y 上值不相等，因而 X→Y 在 r 上不成立。

综合 1）和 2）可知，只要 X→Y 不能用推理规则推出，则 F 就不逻辑蕴含 X→Y，也就是推理规则是完备的。

9.2.7　最小函数依赖集

定义 9-8　若关系模式 R(U) 上的两个函数依赖集 F 和 G，有 F⁺=G⁺，则称 F 和 G 是等价的函数依赖集。

定义 9-9　设 F 是属性集 U 上的函数依赖集，X→Y 是 F 中的函数依赖。函数依赖中无关属性如下。

1）若 A∈X，且 F 逻辑蕴含(F-{X→Y})∪{(X-A)→Y}，则称属性 A 是 X→Y 左部的无关属性。

2）若 A∈X，且(F-{X→Y})∪{X→(Y-A)} 逻辑蕴含 F，则称属性 A 是 X→Y 右部的无关属性。

3）若 X→Y 的左右两边的属性都是无关属性，则函数依赖 X→Y 称为无关函数依赖。

定义 9-10　设 F 是属性集 U 上的函数依赖集。若 F_{min} 是 F 的一个最小依赖集，则 F_{min} 应满足下列 4 个条件。

1）F_{min}^+ = F⁺。

2）每个 FD 的右边都是单属性。

3）F_{min} 中没有冗余的 FD（即 F 中不存在这样的函数依赖 X→Y，使得 F 与 F⁻{X→Y} 等价）。

4）每个 FD 的左边没有冗余的属性（即 F 中不存在这样的函数依赖 X→Y，X 有真子集 W，使得 F-{X→Y}∪{W→Y} 与 F 等价）。

算法 9-2　计算函数依赖集 F 的最小函数依赖集 F_{min}。

1）对 F 中的任一函数依赖 X→Y，若 Y=Y₁,Y₂,…,Yₖ（k≥2）多于一个属性，就用分解律，分解为 X→Y₁,X→Y₂,…,X→Yₖ，替换 X→Y，得到一个与 F 等价的函数依赖集 F_{min}，F_{min} 中每个函数依赖的右边均为单属性。

2）去掉 F_{min} 中各函数依赖左部多余的属性。

3）在 F_{min} 中消除冗余的函数依赖。

【案例 9-12】设 F 是关系模式 R(A，B，C) 的 FD 集，F={A→BC，B→C，A→B，AB→C}，试求 F_{min}。

解：

1）先将 F 中的 FD 写成右边是单属性形式：
$$F=\{A→B,A→C,B→C,A→B,AB→C\}$$
其中，多了一个 A→B，可删去。得 F={A→B,A→C,B→C,AB→C}

2）F 中 A→C 可从 A→B 和 B→C 推出，因此 A→C 是冗余的，可删去。得
$$F=\{A→B,B→C,AB→C\}$$
F 中 AB→C 可从 A→B 和 B→C 推出，因此 AB→C 也可删去。

最后得 F={A→B，B→C}，即所求的 F_{min}。

✏️ 讨论思考：

1）设计一个客户购货的关系数据库，给出关系模式，分析存在哪些函数依赖，讨论哪些是完全函数依赖，哪些是部分函数依赖。

2）如何求关系模式的候选键？

3）如何求函数依赖集的最小函数依赖集？

＊9.3 关系模式的分解

9.1 节分析了【案例 9-2】的关系模式存在的冗余和异常问题。之所以会出现这样的现象，是因为这个关系模式没有设计好，某些属性之间存在着不良的函数依赖关系。解决这个问题的方法是进行模式分解，即把一个关系模式分解成若干个关系模式，在分解的过程中消除不良的函数依赖，从而获得良好的关系模式，满足某种规范化条件。

9.3.1 模式分解问题

定义 9-11 设有关系模式 R(U)，属性集为 U，R_1、…、R_k 都是 U 的子集，并且有 $R_1 \cup R_2 \cup \cdots \cup R_k = U$。关系模式 R_1、…、R_k 的集合用 ρ 表示，$\rho = \{R_1, \cdots, R_k\}$。用 ρ 代替 R 的过程称为关系模式的分解。其中，ρ 称为 R 的一个分解，也称为数据库模式。

通常将上述的 R 称为泛关系模式，R 对应的当前值称为泛关系。数据库模式 ρ 对应的当前值称为数据库实例，由数据库模式中的每个关系模式的当前值组成，用 $\sigma = <r_1, r_2, \cdots, r_k>$ 表示。模式分解示意图如图 9-1 所示。

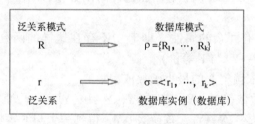

图 9-1 模式分解示意图

为了保持原有关系不丢失信息，对一个给定的模式进行分解，使得分解后的模式是否与原有的模式等价，存在 3 种情况。

1）分解具有无损连接性。

2）分解要保持函数依赖。

3）分解既要保持无损连接，又要保持函数依赖。

9.3.2 无损分解及测试方法

定义 9-12 设 R 是一个关系模式，F 是 R 上的一个 FD 集。R 分解成数据库模式 $\rho = \{R_1, R_2, \cdots, R_k\}$。若对 R 中满足 F 的每一个关系 r，有

$$r = \pi R_1(r) \bowtie \pi R_2(r) \bowtie \cdots \bowtie \pi R_k(r)$$

则就称分解 ρ 相对于 F 是无损连接分解；否则称为损失分解。

定理 9-7 设 $\rho = \{R_1, R_2, \cdots, R_k\}$ 是关系模式 R 的一个分解，r 是 R 的任一关系，$r_i = \pi R_i(r)$（$1 \leq i \leq k$），则有下列性质。

1）r⊆πρ(r)。

2）若 s=πρ(r)，则 πR$_i$(s)=r$_i$。

3）πρ(πρ(r))=πρ(r)，这个性质称为幂等性。

定理 9-8   R 的一个分解 ρ={R$_1$,R$_2$} 具有无损连接性的充分必要条件如下。

$$R_1 \cap R_2 \rightarrow R_1 - R_2 \in F^+ \text{或} R_1 \cap R_2 \rightarrow R_2 - R_1 \in F^+$$

当模式 R 分解成两个模式 R$_1$ 和 R$_2$时，若两个模式的公共属性（Φ 除外）能够通过函数决定 R$_1$（或 R$_2$）中的其他属性，则此分解具有无损连接性。

下面的算法 9-3 给出一个判别无损连接性的方法。

算法 9-3   判别一个分解的无损连接性。

设 ρ={ R$_1$⟨U$_1$,F$_1$⟩,…,R$_k$⟨U$_k$,F$_k$⟩} 是 R⟨U,F⟩ 的一个分解，U={A$_1$,…,A$_n$}，F={FD$_1$,FD$_2$,…,FDρ}，且 F 是一极小依赖集，记为 FD$_i$ 为 X$_i$→A$_{1i}$。

1）构造一个 k 行 n 列的表格 Rρ，表中每一列对应一个属性 A$_j$（1≤j≤n），每一行对应一个模式 R$_i$（1≤i≤k）。若 A$_j$ 在 R$_i$ 中，则在表中的第 i 行第 j 列处填上符号 aj，否则填上 bij。

2）将表格看成模式 R 的一个关系，根据 F 中的每个函数依赖，在表中寻找 X 分量上相等的行，分别对 Y 分量上的每列进行修改。

① 若列中有一个是 aj，则这一列上（X 相同的行）的元素都改成 aj。

② 若列中没有 aj，则这一列上（X 相同的行）的元素都改成 bij（下标 ij 取 i 最小的那个）。

③ 对 F 中所有的函数依赖，反复地执行上述的修改操作，一直到表格不能再修改为止（这个过程称为"追踪"过程）。

3）若修改到最后，表中有一行全为 a，即 a$_1$a$_2$…a$_n$，则称 ρ 相对于 F 是无损连接分解，否则为有损分解。

【案例 9-13】设有关系模式 R（A，B，C，D，E），F={AC→E，E→D，A→B，B→D}，请判断如下两个分解是否无损分解。

1）ρ1={AC,ED,AB}

2）ρ2={ABC,ED,ACE}

解：1）判断 ρ1 是否无损。根据算法 9-3，构造初始化表如表 9-3 所示。

表 9-3   初始化表

	A	B	C	D	E
AC	a1	b12	a3	b14	b15
ED	b21	b22	b23	a4	a5
AB	a1	a2	b33	b34	b35

根据 F 中的 AC→E，表 9-3 中 AC 属性列上没有两行是相同的，故不能修改上表。又由于 E→D 在 E 属性列上没有两行是相同的，故不能修改表 9-3。根据 A→B 对表 9-3 进行处理，由于属性列 A 上第一行、第三行同为 a1，所以将属性列 B 上的 b12 改为同一符号 a2。修改后的表如表 9-4 所示。

根据 F 中的 B→D 对表 9-4 进行处理，由于属性列 B 上第一行、第三行相同为 a2，所以将属性列 D 上 b14、b34 改为同一符号 b14，取行号最小值。修改后的表如表 9-5 所示。

表 9-4　修改后的表（1）

	A	B	C	D	E
AC	a1	a2	a3	b14	b15
ED	b21	b22	b23	a4	a5
AB	a1		b33	b34	b35

表 9-5　修改后的表（2）

	A	B	C	D	E
AC	a1	a2	a3	b14	b15
ED	b21	b22	b23	a4	a5
AB	a1	a2	b33	b14	b35

反复检查函数依赖集 F，无法修改表 9-5，故分解 ρ1 是有损的。

2）判断 ρ2 是否无损。根据算法 9-3 构造初始化表如表 9-6 所示。

表 9-6　初始化表

	A	B	C	D	E
ABC	a1	a2	a3	b14	b15
ED	b21	b22	b23	a4	a5
ACE	a1	b32	a3	b34	a5

根据 F 中的 AC→E 在 AC 属性列上第一行、第三行同为 a1、a3，所以将属性列 E 上 b15 改为同一符号 a5。修改后的表如表 9-7 所示。

表 9-7　修改后的表（1）

	A	B	C	D	E
ABC	a1	a2	a3	b14	a5
ED	b21	b22	b23	a4	a5
ACE	a1	b32	a3	b34	a5

E→D 在 E 属性列上第一行、第二行、第三行相同为 a5，所以将属性列 D 上改为同一符号 a4。修改后的表如表 9-8 所示。

表 9-8　修改后的表（2）

	A	B	C	D	E
ABC	a1	a2	a3	a4	a5
ED	b21	b22	b23	a4	a5
ACE	a1	b32	a3	a4	a5

从修改后的表可以看出，第一行全为 a，故分解 ρ2 是无损连接的。

9.3.3 保持函数依赖的分解

定义 9-13 设 F 是属性集 U 上的函数依赖集，Z 是 U 的子集，F 在 Z 上的投影用 πZ(F) 表示，定义为 πZ(F)={X→Y ｜ X→Y∈F+，且 XY⊆Z}。

定义 9-14 设 ρ={R₁,…,Rₖ} 是 R 的一个分解，F 是 R 上的 FD 集，若有∪πRᵢ(F)⊨F，则称分解 ρ 保持函数依赖集 F。

【案例 9-14】 关系模式 R={CITY,ST,ZIP}，其中 CITY 为城市，ST 为街道，ZIP 为邮政编键，F={(CITY,ST)→ZIP,ZIP→CITY}。若将 R 分解成 R₁ 和 R₂，R₁={ST,ZIP}，R₂={CITY,ZIP}，检查分解是否具有无损连接和保持函数依赖。

解：

1）检查无损连接性。

求得：R₁∩R₂={ZIP}；R₂-R₁={CITY}。

因为(ZIP→CITY)∈F⁺。

所以分解具有无损连接性。

2）检查分解是否保持函数依赖。

求得：πR₁(F)=Φ；πR₂(F)={ZIP→CITY}。

因为 πR₁(F)∪πR₂(F)={ZIP→CITY}≠F⁺。

所以该分解不保持函数依赖。

♪ 讨论思考：

1）为什么要进行关系模式的分解？

2）什么是无损分解？如何测试无损分解？

3）进行模式分解时如何做到既保持无损分解，又保持函数依赖分解？

9.4 关系模式的范式及规范化

关系数据库中的关系要满足一定的要求，满足不同程度要求的为不同的范式（Normal Forms，NF），即不同范式的关系模式要遵守不同的规则。为使关系模式达到一定的设计要求，需要将低一级范式的关系模式转化为高一级范式的关系模式，这个转换过程即为关系模式的规范化。本节将围绕关系模式的范式及规范化问题，讨论如何判断一个关系模式的范式等级，以及如何将低级的关系模式规范化成高级的关系模式，并保证在规范化的过程中不丢失原有的信息或语义。

9.4.1 关系模式的范式

衡量关系模式的好坏的标准是关系模式的范式，范式的种类与数据依赖有着直接的联系，满足不同程度要求的称为不同的范式等级。其中，满足最低要求的关系称为第一范式，简称 1NF，以此类推，还有第二范式（2NF）、第三范式（3NF）、BC 范式（BCNF）、第四范式（4NF）和第五范式（5NF）等多种。不同的范式表示关系模式遵守的不同规则。📖

📖 知识拓展
关系模式

"第几范式"用于表示关系的某个级别，称某一关系模式 R 为第几范式，记做 $R \in xNF$（x=1，2，…，5，N）。各种范式之间是一种包含关系，具体如下。

$$1NF \supset 2NF \supset 3NF \supset BCNF \supset 4NF \supset 5NF$$

1. 第一范式（1NF）

定义 9-15 若关系模式 R 的每个关系 r 的属性值都是不可分的原子值，则称 R 是第一范式（First Normal Form，1NF）的模式。

满足 1NF 的关系称为规范化的关系，否则称为非规范化的关系。关系数据库研究的关系都是规范化的关系，1NF 是关系模式应具备的最基本的条件。如关系模式：系（系名，研究生人数），假设研究生分为博士生和硕士生，对这两类学生的人数要进行分别统计，在这种情况下，学生人数不再是基本属性，而是一个由分属性"博士"和"硕士"组成的复合属性，因此，该关系模式是非规范化的关系模式，并不满足 1NF 的范式要求。1NF 仍可能出现数据冗余和异常操作问题，还需要去除局部函数依赖。

将一个非规范化关系模式变为 1NF 有两种办法：一是将不含单纯值的属性分解为多个属性，并使其仅含单纯值。二是将关系模式分解，并使每个关系都符合 1NF。

【案例 9-15】 关系模式 R 存放的是各系的研究生人数，如表 9-9 所示。请判断 R 是否符合 1NF。若不符合，能否规范化至 1NF？

表 9-9 关系模式 R

系 名	研究生人数	
	博士	硕士
电子系	25	60
计算机系	31	82
通信系	20	57

解：

表 9-9 的关系模式 R 中，"研究生人数"是由两个其他属性"博士"和"硕士"组成的一个复合属性，由于它不是基本属性，可判断 R 并不符合 1NF。对 R 的规范化有两种方法。

1）方法 1 是将"研究生人数"这个复合属性分解成两个属性"博士人数"和"硕士人数"，如表 9-10 所示。

表 9-10 对 R 中的复合属性进行分解

系 名	博 士 人 数	硕 士 人 数
电子系	25	60
计算机系	31	82
通信系	20	57

2）方法 2 是将关系模式 R 分解成两个不含复合属性的关系模式，如表 9-11 所示。

表 9-11 将 R 分解成两个 1NF 的关系模式

系 名	博 士 人 数	系 名	硕 士 人 数
电子系	25	电子系	60
计算机系	31	计算机系	82
通信系	20	通信系	57

2. 第二范式（2NF）

定义 9-16 对于 FD W→A，若存在 X⊆W 有 X→A 成立，则称 W→A 是局部依赖（A 局部依赖于 W）；否则称 W→A 是完全依赖。完全依赖也称为"左部不可约依赖"。

定义 9-17 若 A 是关系模式 R 中候选键属性，则称 A 是 R 的主属性；否则称 A 是 R 的非主属性。

定义 9-18 若关系模式 R 是 1NF，且每个非主属性完全函数依赖于候选键，则称 R 是第二范式（2NF）的模式。若数据库模式中每个关系模式都是 2NF，则称数据库模式为 2NF 的数据库模式。

将一个 1NF 的关系模式变为 2NF 的方法是，通过模式分解，使任一非主属性都完全函数依赖于它的任一候选键，目的是消除非主属性对键的部分函数依赖。下面分析一个不是 2NF 的案例。

> **【案例 9-16】** 关系模式 R(C#,TYPE,ADDR,P#,Credit)
>
> 其中，R 的属性分别表示客户编号、购物类别、地址、购货编号、积分等含义，且各购物类别的客户放在同一类。
>
> 候选键为（C#，P#）。函数依赖如下。
>
> （C#，P#）→Credit
>
> C#→TYPE，（C#，P#）→TYPE
>
> C#→ADDR，（C#，P#）→ADDR
>
> TYPE→ADDR（因为选购同一类商品的客户只存放一个地方）
>
> 可知此关系模式存在部分函数依赖，不符合 2NF。

若一个关系模式 R 不属于 2NF，则会产生以下几种问题。

1）插入异常。若要插入一个客户 C#=37，TYPE=PE，ADDR=213#BLVD3，但该客户还未选货物，则此客户还无购货编号 P#，此时的元组就不能插入 R 中。因为插入元组时必须给定键值，而此时键值的一部分为空，因而客户的原有数据信息无法插入。

2）删除异常。假定某个客户只选一种商品，如 S_3 就选了一种商品 C_4，若后来又放弃选 C_4，则 C_4 这个数据项就要删除。而 C_4 是主属性，删除了 C_4，整个元组就必须跟着删除，使得 S_3 的其他信息也被删除了，从而造成删除异常，即不应删除的信息也被删除了。

3）更新复杂。某个客户从服装类（表）转到食品类网页（表），这原本只需修改此客户元组中的商品类别 TYPE 分量。但由于关系模式 R 中还含有商品类的 ADDR 属性，客户转换商品类别将同时改变地址，因而还必须修改元组中的 ADDR 分量。另外，若此客户选购了 n 件商品，TYPE 和 ADDR 就要重复存储 n 次，造成修改的复杂化。

分析上述案例，可以看出主要问题在于有两种非主属性。一种如 Credit，对键是完全函数依赖；另一种如 TYPE 和 ADDR，对键不是完全函数依赖。解决的办法是将关系模式 R 分解为两个关系模式：

R_1（C#，P#，Credit）

R_2（C#，TYPE，ADDR）

关系模式 R_1 的键为（C#，P#），关系模式 R_2 的键为 C#，因此，就使得非主属性对键都是完全依赖。

【案例9-17】设关系模式 R（C#, P#, AMOUNT, ENAME, ADDR）的属性分别表示客户编号、购买商品的编号、数量、生产企业的名称和企业地址等含义。（C#, P#）是 R 的候选键。请对其进行模式分解。

解：

在 R 上有两个函数依赖：（C#, P#）→（ENAME, ADDR）和 P#→（ENAME, ADDR），所以，前一个 FD 是局部依赖，R 不是 2NF 模式。此时 R 的关系就会出现冗余和异常现象。例如某一类商品有 200 个客户选购，则在关系中就会存在 200 个元组，因而企业的客户名称和地址就会重复 200 次。

若将 R 分解成 R_1（P#, ENAME, ADDR）和 R_2（C#, P#, AMOUNT）后，局部依赖（C#, P#）→（ENAME, ADDR）就消失了。R_1 和 R_2 都是 2NF 模式。

算法9-4 分解成 2NF 模式集的算法。

设关系模式 R(U)，主键是 W，R 上还存在 FD X→Z，并且 Z 是非主属性和 X⊆W，则 W→Z 就是一个局部依赖。此时应将 R 分解成两个模式。

1）R_1(XZ)，主键是 X。

2）R_2(Y)，其中 Y=U−Z，主键仍是 W，外键是 X（参数，R_1）。

利用外键和主键的连接可以从 R_1 和 R_2 重新得到 R。

若 R_1 和 R_2 还不是 2NF，则重复上述过程，一直到数据库模式中每一个关系模式都成为 2NF 为止。

具体的规范化到 2NF 的分解步骤如下。

1）将主键属性集合的每个子集作为主键构建关系模式。

2）将非主属性依次放入到相应的关系模式。

3）去掉仅由主属性构成的关系模式。

【案例9-18】请判断【案例9-2】的关系模式：读者（读者号，姓名，单位，地址，图书号，借书时间，还书时间）是否属于 2NF？若不是，请将其规范化为 2NF。

解：

该关系模式中存在函数依赖：读者号→姓名；而由前述内容可知，该关系模式的 R 的主键是（读者号，图书号），因此有

（读者号，图书号）→姓名

即存在非主属性对主键的部分函数依赖关系，所以 R 不是 2NF（9.1 节已介绍过这个关系模式中存在操作异常，实际上这些异常正是由于其存在部分函数依赖造成的）。R 转换为 2NF 关系模式的过程如下。

1）将主键属性集合的 3 个子集作为主键构建关系模式。

R_1（读者号，…）

R_2（图书号，…）

R_3（读者号，图书号，…）

2）将非主属性依次放入到相应的关系模式。

R_1（读者号，姓名，单位，地址）

R_2（图书号）

R₃（读者号，图书号，借书时间，还书时间）

3）去掉仅由主属性构成的关系模式 R₂，剩下的 R₁、R₃ 即为所求，重新命名后成为

读者（读者号，姓名，单位，地址）

借阅（读者号，图书号，借书时间，还书时间）

其中借阅关系中的读者号为引用读者关系模式的外键。

3. 第三范式（3NF）

定义 9-19 若 X→Y，Y→A，且 Y↛X 和 A∉Y，则称 X→A 是传递依赖（A 传递依赖于 X）。

3NF 的目的是消除非主属性对键的传递函数依赖。

定义 9-20 若关系模式 R 是 1NF，且每个非主属性都不传递依赖于 R 的候选键，则称 R 是第三范式（3NF）的模式。若数据库模式中每个关系模式都是 3NF，则称其为 3NF 的数据库模式。

【案例 9-19】 在【案例 9-17】中，R₂ 是 2NF 模式，而且也已是 3NF 模式。但 R₁（P#,ENAME,ADDR）是 2NF 模式，却不一定是 3NF 模式。若 R₁ 中存在函数依赖 P#→ENAME 和 ENAME→ADDR，则 P#→ADDR 就是一个传递依赖，即 R₁ 不是 3NF 模式。此时 R₁ 的关系中也会出现冗余和异常操作。例如，一个企业生产 5 种产品，则关系中就会出现 5 个元组，企业的地址就会重复 5 次。若将 R₁ 分解成 R₁₁（ENAME,ADDR）和 R₁₂（P#,ENAME）后，C#→ADDR 就不会出现在 R₁₁ 和 R₁₂ 中。这样 R₁₁ 和 R₂₂ 都是 3NF 模式。

算法 9-5 分解成 3NF 模式集的算法。

设关系模式 R(U)，主键是 W，R 上还存在 FD X→Z。并且 Z 是非主属性，Z⊄X，X 不是候选键，这样 W→Z 就是一个传递依赖。此时应将 R 分解成两个模式。

1）R₁(XZ)，主键是 X。

2）R₂(Y)，其中 Y=U-Z，主键仍是 W，外键是 X（参数，R₁）。

利用外键和主键相匹配机制，R₁ 和 R₂ 通过连接可以重新得到 R。

若 R₁ 和 R₂ 还不是 3NF，则重复上述过程，一直到数据库模式中每一个关系模式都是 3NF 为止。

具体的规范化到 3NF 的分解步骤如下。

1）从关系模式中删除非主属性的依赖因子（即删除依赖于非主属性的属性）。

2）新建关系模式，放入从步骤 1）删除掉的依赖因子及其决定因子。

【案例 9-20】 请判断【案例 9-18】的关系模式：读者（读者号，姓名，单位，地址），借阅（读者号，图书号，借书时间，还书时间）是否属于 3NF？若不是，请将其规范化为 3NF。

解：

对于读者这个关系模式，有函数依赖：读者号→单位，同时，由题意"每个单位只有一个地址"，有函数依赖：单位→地址，可知存在传递函数依赖，故该关系模式不符合 3NF。

对于借阅这个关系模式，两个非主属性之间并没有函数依赖关系，故不存在传递函数依赖，所以该关系模式符合 3NF。

对读者关系的分解过程如下。

1）删除非主属性"单位"的依赖因子"地址"，得到

读者1（读者号，姓名，单位）

2）新建关系模式，放入从步骤1）删除掉的依赖因子"地址"及其决定因子"单位"，得到

单位（单位，地址）

3）设置主键和外键，得到

读者1（读者号，姓名，单位），单位为引用单位关系模式的外键

单位（单位，地址）

定理9-9 若R是3NF模式，则R也是2NF模式。

证明：略。

局部依赖和传递依赖是模式产生冗余和异常的两个重要原因。由于3NF模式中不存在非主属性对候选键的局部依赖和传递依赖，因此消除了很大一部分存储异常，具有较好的性能。而对于非3NF的1NF和2NF，甚至非1NF的关系模式，由于其性能上的弱点，一般不宜作为数据库模式，通常需要将它们变换成更高级的范式，这种变换过程，称为"关系的规范化"。

定理9-10 设关系模式R，当R上每一个FD X→A满足下列3个条件之一时。

1）$A \subseteq X$（即X→A是一个平凡的FD）。

2）X是R的超键。

3）A是主属性。

关系模式R就是3NF模式。

算法9-6 将一个关系模式分解为3NF，使它既具有无损连接性，又具有保持函数依赖性。

1）根据算法9-3求出保持函数依赖的分解：$\rho = \{R_1, R_2, \cdots, R_k\}$。

2）判定ρ是否具有无损连接性，若是，转到步骤4）。

3）令$\rho = \rho \cup \{X\} = \{R_1, R_2, \cdots, R_k, X\}$，其中X是R的候选键。

4）输出ρ。

【案例9-21】 将SD（C#，CNAME，SAge，Dept，Manager）规范到3NF。

解：

1）根据算法9-3求出保持函数依赖的分解：$\rho = \{S(C\#, CNAME, SAge, Dept), D(Dept, Manager)\}$。

2）判定ρ是否具有无损连接性。

SD分解为$\rho = \{S(C\#, CNAME, SAge, Dept), D(Dept, Manager)\}$时，S、D都属于3NF，且既具有无损连接性，又具有保持函数依赖性。

4. BC范式（Boyce-Codd NF）

定义9-21 若关系模式R是1NF，且每个属性都不传递依赖于R的候选键，则称R是BCNF的模式。若数据库模式中每个关系模式都是BCNF，则称为BCNF的数据库模式。

讨论BCNF的目的是消除主属性对键的部分函数依赖和传递依赖，具有如下性质。

1）若R∈BCNF，则R也是3NF。

2）若R∈3NF，则R不一定是BCNF。📖

以下案例说明属于3NF的关系模式有的属于BCNF，有的不属于BCNF。

📖 **知识拓展**
BCNF和3NF的区别

【案例 9-22】 先考察关系模式 C(P#, PNAME, PP#)，其中属性分别表示商品编号、商品名称和先行商品编号键，它只有一个键 P#，这里没有任何属性对 P#部分传递依赖，所以 C 属于 3NF。同时 C 中 P#是唯一的决定因素，所以 C 属于 BCNF。

【案例 9-23】 关系模式 CFM (C, F, M) 中，C 表示客户，F 表示企业，M 表示商品。每一个企业只生产一种商品。生产每种商品有若干企业，某一个客户选购某种商品，则对于一个固定的企业，具有的函数依赖为

(C, M)→F   (C, F)→M   F→M

其中，(C, M) 和 (C, F) 都是候选键。

由于没有任何非主属性对键传递依赖或部分依赖，所以 CFM 属于 3NF。但 CFM 不是 BCNF 关系，因为 F 是决定因素，但 F 不包含键。

对于不是 BCNF 的关系模式，仍然存在不合适的地方。非 BCNF 的关系模式也可以通过分解成为 BCNF。例如 CFM 可以分解为 CF(C, F) 与 FM(F, M)，都是 BCNF。

【案例 9-24】 设有关系模式 SNC (SNo, SN, CNo, Score)，SNo↔SN。存在着主属性对键的部分函数依赖：SN 部分依赖于 SNo 和 CNo，SNo 部分依赖于 SN 和 CNo，所以 SNC 不是 BCNF。

算法 9-7 无损分解成 BCNF 模式集。

1) 令 ρ={R}。

2) 若 ρ 中所有模式都是 BCNF，则转到步骤 4)。

3) 若 ρ 中有一个关系模式 S 不是 BCNF，则 S 中必能找到一个函数依赖 X→A 且 X 不是 S 的候选键，且 A 不属于 X。设 S_1=XA，S_2=S-A，用分解{S_1,S_2}代替 S，转到步骤 2)。

4) 分解结束，输出 ρ。

【案例 9-25】 将 SNC (SNo, SN, CNo, Score) 规范到 BCNF，其中候选键为 (SNo, CNo) 和 (SN, CNo)。

解：

函数依赖：F={SNo→SN,SN→SNo,(SNo,CNo)→Score,(SN,CNo)→Score}

1) 令 ρ={SNC(SNo,SN,CNo,Score)}。

2) 经过前面分析可知，ρ 中关系模式不属于 BCNF。

3) 用分解{S1(SNo,SN),S2(SNo,CNo,Score)}代替 SNC。

4) 分解结果为：S1(SNo,SN)描述客户实体；S2(SNo,CNo,Score)描述客户与商品的联系。

【案例 9-26】 设有关系模式 TCS(T,C,S)，候选键：(S,C)和(S,T)。

函数依赖是：F={(S,C)→T,(S,T)→C,T→C}。

解：

1) 分解{TC(T,C),ST(S,T)}代替 TCS。

2) 消除了函数依赖(S,T)→C，ST∈BCNF，TC∈BCNF。

9.4.2 关系模式的规范化

在关系数据库中，低级范式的关系模式通常存在数据冗余和操作异常现象，为此需要寻求解决这个问题的方法，从而引出了关系模式的规范化问题。一个低一级范式的关系模式，通过模式分解转化为若干个高一级范式的关系模式的集合，这种分解过程称为关系模式的规范化。📖

┌─────────────────────┐
│ 📖 知识拓展   │
│ 关系模式的构建   │
└─────────────────────┘

1. 规范化目的和原则

关系模式规范化的目的：使其结构合理，消除数据中的存储异常，使数据冗余尽量小，在操作过程中便于插入、删除和更新，并保持操作数据的正确性和完整性。

关系模式规范化的原则：遵从概念单一化"一事一地"的原则，即一个关系模式描述一个实体或实体间的一种联系。规范的实质就是概念单一化。

2. 规范化过程

常用的关系模式规范化过程如图 9-2 所示，主要包括以下两个方面。

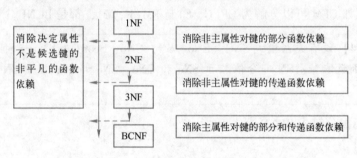

图 9-2 关系模式规范化的过程

1）对 1NF 关系进行分解，消除原关系中非主属性对键的部分函数依赖，将 1NF 关系转换为多个 2NF。

2）对 2NF 关系进行分解，消除原关系中非主属性对键的传递函数依赖，将 2NF 关系转换为多个 3NF。

在实际应用中，规范化的过程就是一个不断消除属性依赖关系中某些问题的过程，是从第一范式到第四范式的逐步递进规范的过程，实际上是通过把范式程度低的关系模式分解为若干个范式程度高的关系模式的过程。

3. 规范化要求

数据库的规范化问题对于数据库设计很重要，直接关系到数据处理的正确性和准确性。在数据库设计中构建关系模式需要规范化原理解决数据冗余和操作异常问题。规范化的基本思想是逐步消除数据依赖中不合适的依赖关系，通过模式分解的方法使关系模式逐步消除数据冗余和操作异常。

在规范化过程中，分解后的关系模式集合应当与原关系模式"等价"，即经过自然连接可以恢复原关系而不丢失信息，并保持属性间合理的联系。

保证分解后的关系模式与原关系模式是等价的，等价的 3 种标准如下。

1）分解要具有无损连接性。

2）分解要具有函数依赖保持性。

3）分解既要具有无损连接性，又要具有函数依赖保持性。

📝 讨论思考：

1) 一个合理的关系数据库一定要满足所有范式吗？

2) 如何对关系模式进行规范化？

3) 关系模式规范化的目标是追求满足更高的范式吗？

9.5　本章小结

本章重点介绍了数据库关系模式规范化设计问题。关系模式设计的正确性和完整性直接影响数据冗余度、数据一致性等问题。设计好的数据库模式必须要有模式规范化理论为基础。

数据库的不良关系模式设计会导致数据冗余，并容易引起增、删、改、查的操作异常。通过模式分解的方法，将原关系模式化成若干关系模式可以消除冗余。关系模式的规范化过程实际上是一个"分解"过程。分解是解决数据冗余的主要方法，也是规范化的一条原则："关系模式有冗余问题就应分解"。

函数依赖 X→Y 是数据之间最基本的一种联系，在关系中有两个元组，若 X 值相等则要求 Y 值也相等。函数依赖有一个完备的推理规则集。

关系模式在分解时应保持"等价"，有数据等价和语义等价两种，分别用无损分解和保持依赖两个特征进行衡量。前者能保持泛关系在投影连接后仍能恢复，而后者能保证数据在投影或连接中其语义不会发生变化，即不会违反函数依赖的语义。但无损分解与保持依赖两者之间没有必然的联系。

范式是衡量模式优劣的标准，表达了模式中数据依赖之间应满足的关系。范式的级别越高，其数据冗余和操作异常现象就越少。分解成 BCNF 模式集的算法能保持无损分解，但不一定能保持函数依赖集。而分解成 3NF 模式集的算法既能保持无损分解，又能保持函数依赖集。

9.6　练习与实践 9

1. 选择题

(1) 若有函数依赖 X→Y，并且对 X 的某个真子集 X′，有 X′→Y 成立，则称（　　）。

　　A. Y 完全函数依赖于 X　　　　　　B. X 完全函数依赖于 Y

　　C. Y 部分函数依赖于 X　　　　　　D. X 部分函数依赖于 Y

(2) 若 X→Y 和 Y→Z 在关系模式 R 上成立，则 X→Z 在 R 上也成立。该推理规则称为（　　）。

　　A. 自反规则　　　　　　　　　　　B. 增广规则

　　C. 传递规则　　　　　　　　　　　D. 伪传递规则

(3) 若关系模式 R 中属性 A 仅出现在函数依赖的左部，则 A 为（　　）。

　　A. L 类属性　　　　　　　　　　　B. R 类属性

　　C. N 类属性　　　　　　　　　　　D. LR 类属性

(4) 设 F 是某关系模式的极小函数依赖集。下列关于 F 的说法中错误的是（　　）。

　　A. F 中每个函数依赖的右部都必须是单个属性

　　B. F 中每个函数依赖的左部都必须是单个属性

　　C. F 中不能有冗余的函数依赖

　　D. F 中每个函数依赖的左部不能有冗余属性

（5）设有关系模式 R（X，Y，Z），其 F = {Y→Z，Y→X，X→YZ}，则该关系模式至少属于（　　）。

    A. 第一范式   B. 第二范式

    C. 第三范式   D. BC 范式

（6）关系模式中，满足第二范式的模式（　　）。

    A. 必定是第一范式   B. 可能是第一范式

    C. 必定是第三范式   D. 必定是 BC 范式

（7）有关系模式：借书（书号，书名，库存量，读者号，借书日期，还书日期），设一个读者可以多次借阅同一本书，但对一种书（用书号唯一标识）不能同时借多本。可作为该关系模式主键的是（　　）。

    A. （书号，读者号）   B. （书号，读者号，借书日期）

    C. （书号）   D. （读者号）

2. 填空题

（1）若关系模式 R ∈ 2NF，则 R 中一定不存在非主属性对主码的_____函数依赖。

（2）在关系模式 R 中，若有 X→Y，且 Z ⊆ Y，则 X→Z 在 R 上也成立，该推理规则为 Armstrong 公理系统中的_____。

（3）关系数据库中的关系表至少都满足_____范式要求。

（4）若关系模式 R 的主码只包含一个属性，则 R 至少属于第_____范式。

（5）关系模式在规范化过程中，若要求分解保持函数依赖，则分解后的模式一定可以达到 3NF，但不一定达到_____。

（6）如果有函数依赖 X→Y，并且对 X 的任意真子集 X'，都有 X'↛Y，则称_____。

3. 简答题

（1）关系规范化中的操作异常有哪些？它是由什么引起的？解决的办法是什么？

（2）设有关系模式 R（A，B，C，D），F = {D→A，D→B}，求 D⁺ 及 R 的全部候选码。

（3）设有关系模式 R（W，X，Y，Z），F = {X→Z，WX→Y}，该关系模式属于第几范式，请说明理由。

（4）设工厂里有一个记录职工工资的关系模式：R（工号，姓名，部门，部门主任，日期，工资）。假设每个职工只能隶属于一个部门；每个部门只有一个部门主任；每个职工每月有一个工资数。求该关系模式的候选码、极小函数依赖集。该关系模式属于第几范式？若未达到 3NF，请规范化至 3NF。

4. 实践题

设关系模式 R（客户编号，姓名，年龄，性别，商品编号，数量，供应商，地址）。假设每个客户每购买一件商品只有一个数量，每件商品只有一个供应商，企业没有重名，每个企业一个地址。请对 R 进行分解，使之满足 3NF，并上机实现该数据库模式。

第 10 章 数据库设计

现代信息化社会各领域对业务数据处理及管理的应用非常广泛，通过对企事业机构的需求分析，设计出相应的数据库及其应用软件极为重要。数据库设计是应用系统开发和信息化建设的核心，是数据库技术的综合应用和关键，通过构建数据库并研发数据处理及管理应用软件，才能更有效地充分利用数据库技术、方法和优势解决业务数据的各种应用问题。💻

```
💻 教学目标
    ● 熟悉数据库设计的任务、步骤和方法
    ● 掌握需求分析、概念设计、逻辑设计和物理设计
    ● 掌握数据库设计方案的实施、使用和维护
    ● 掌握数据库设计规范和文档
```

10.1 数据库设计概述

```
【案例10-1】数据库是应用系统的核心和重要基础。一个应用系统由50%的业务
（含业务数据信息支持）和50%的软件组成，其中的软件又由25%的数据库和25%的程
序组成，数据库设计的好坏至关重要。
```

10.1.1 数据库设计的任务和特点

1. 数据库设计的任务

数据库设计（Database Design）是指根据系统运行及用户业务数据处理与管理的需求，利用数据库技术通过需求分析与设计，构建相应的数据库及其应用系统的过程。数据库设计的任务是指在实际应用环境下，构造最优的数据库模式，包括数据库逻辑模式和物理结构，建立相应的数据库及其应用系统，使之能有效地处理、管理和存储数据，满足用户的数据信息需求和处理要求，也就是将现实世界中的业务数据，根据各种应用处理的要求加以合理组织，使之能满足网络及硬件和操作系统的特性，利用已有的数据库管理系统建立能够实现系统目标的数据库及其应用软件。📖

```
📖 知识拓展
数据库应用软件设计
```

2. 数据库设计的内容

数据库设计主要内容包括两个方面：结构特征设计和行为特征设计。

1）数据库的结构（数据）设计。结构设计就是数据库框架和数据库结构设计，其结果是得到一个合理的数据模型，以反映真实的事物（实体）之间的关系，其主要目的是汇总各种数据及视图，减少数据冗余，实现数据共享。结构设计属于静态设计主要包括数据库的概念设计、逻辑设计和物理设计。

2）数据库的行为（处理）设计。行为设计又称为动态模式设计，是指数据库用户的操作行为和处理动作的设计。在数据库系统中，用户对数据库的操作需要通过应用程序实现，所以数据库的

行为设计就是操作数据库的应用程序的设计，即设计应用程序、事务处理等，其设计是动态的。

3. 数据库设计的特点

1）综合性。数据库设计需要数据库技术及业务应用两方面知识。设计工作量大、范围广且较复杂。在数据库设计过程中，由于数据库设计者对业务知识不熟悉，在设计中需要花费时间深入调研，以免影响数据库和系统研发，同时，由于系统设计开发人员和系统应用人员是一种委托雇佣关系，在客观上需要处理好各种关系。

2）反复性。数据库设计要同应用系统设计相结合，要将行为（处理）设计和结构（数据）设计密切结合起来，需要不断深入，是一种"反复探寻，逐步求精"的过程。

10.1.2 数据库设计的基本方法

数据库设计方法是指使数据库设计更有效、更合理的指导原则和方法。一个优秀的数据库设计方法学，应该能在合理的期限内，产生一个有实用价值的数据库结构。其实用价值是指满足多用户在功能、性能、安全可靠性、完整性及扩展性等方面的要求，同时又遵从特定 DBMS 约束，可用简单的数据模型表达。另外，数据库设计方法还应具有足够的灵活性和通用性，不但能够为不同经验的用户使用，而且不受数据模型和 DBMS 的限制。经过不断地探索，在业内形成了多种数据库设计方法。

> 📖 **知识拓展**
> 软件工程的敏捷方法

规范设计方法是运用软件工程思想和方法提出的设计准则。公认的比较完整和权威的一种规范设计法是新奥尔良法（New Orleans），将数据库设计分为 4 个阶段：需求分析（分析用户系统的需求）、概念设计（信息分析和定义）、逻辑设计（设计的实现）和物理设计（物理数据库设计），如图 10-1 所示。

图 10-1 数据库设计的四个阶段

1985 年 S. B. Yao 等提出一种数据库设计的综合方法，如图 10-2 所示。他们认为数据库设计应包括设计系统开发的全过程，在设计过程中要把数据库设计和系统设计紧密结合，将数据库设计分为 5 个步骤，包括：需求分析、建立视图模型、视图汇总、视图的再结构和模式分析映射。

图 10-2 Yao 等提出的数据库设计阶段

现在，大多数设计方法都起源于新奥尔良法，并在设计的每个阶段采用一些辅助方法具体实现，下面概述几种比较有影响的设计方法。

1）基于 E-R 模型的数据库设计方法。基本步骤是：①确定实体（事务）类型；②确定实体联系；③画出 E-R 图；④确定属性；⑤将 E-R 图转换成某个 DBMS 可接受的逻辑数据模型，即二维表结构；⑥设计记录格式。

*2）基于 3NF 的数据库设计方法。基本思想是在需求分析基础上，确定数据库模式中的全部属性及其之间的依赖关系，将它们组织一个单一的关系模式，然后再将其投影分解，消除不符合 3NF 的约束条件，将其规范成若干个 3NF 关系模式的集合。

3）计算机辅助数据库设计方法。按照规范化的设计方法，结合数据库应用系统开发过程，计算机辅助数据库应用系统开发设计过程分为 6 个阶段：系统需求分析、概念结构设计、逻辑结构设计、物理结构设计、数据库实施、数据库运行和维护。📖

在数据库开发设计中，前两个阶段面向用户及新应用系统需求，属于面向具体问题，中间两个阶段是面向数据库管理系统，最后两个阶段是面向具体的实现方法。前 4 个阶段可统称为"分析和设计阶段"，后面两个阶段统称为"实现和运行阶段"。详细的数据库开发设计流程如图 10-3 所示。

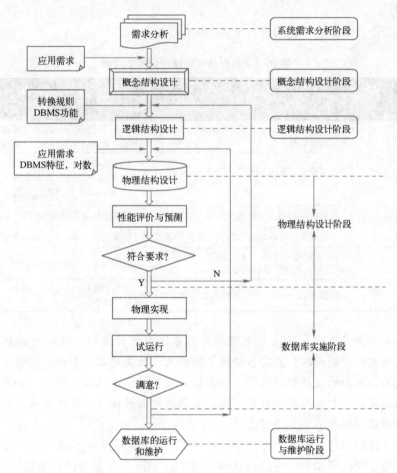

图 10-3 数据库开发设计流程

10.1.3 数据库开发设计的步骤

数据库开发设计的步骤主要有 6 个。📖

1）需求分析阶段。需求分析是指准确分析和认定用户及新应用系统的需求，确定"系统必须做什么"各种指标，是最难、最复杂且至关重要的阶段，决定了以后设计及研发质量和进度。

2）概念结构设计阶段。整个设计阶段完成"系统怎么做"的工作。概念结构设计是指对用户需求进行分析综合、归纳与抽象，形成独立于具体 DBMS 的概念模型（E-R 图），是整个数据库设计的关键。

3）逻辑结构设计阶段。逻辑结构设计是指将概念模型（E-R 图），转换成具体 DBMS 所支持的关系数据模型（二维表结构），并对其进行优化。

4）物理设计阶段。物理设计是指为逻辑数据模型选取一个最适合应用环境的物理结构（包括存储结构顺序和存储方式方法），如建立排序文件、索引。

5）数据库实施阶段。数据库实施是指建立数据库（数据库结构及表）并编写和调试应用程序，组织数据入库，并进行试运行。完成"系统这么做"的工作，并同需求分析确定的指标对照完成情况。

6）数据库运行与维护阶段。主要对数据库系统实际正常运行使用，并及时进行评价、调整与修改。

数据库开发设计阶段的主要内容，如表 10-1 所示。

表 10-1 数据库开发设计的主要内容

设计各阶段	设计内容	
	数　据	处　理
需求分析	业务数据描述，全系统中数据项、数据流、数据存储的描述	业务/数据流图、数据字典及处理过程的描述，确定"系统必须做什么"/分析报告
概念结构设计	概念模型（E-R 图） 数据字典	系统说明书。包括： 1）新系统要求、方案和概图 2）反映新系统信息的数据流图
逻辑结构设计	某种数据模型、关系模型库表、视图结构	系统结构图、模块结构图，DB 结构
物理设计	存储安排、存取方法选择、存取路径建立	模块设计、IPO 表、建立索引、排序文件
实施	编写模式（建库、表、视图、索引及编程）、装入数据、数据库试运行	程序编码、编译联结、测试
运行维护	性能测试，转储/恢复数据库重组和重构	新旧系统转换、运行、维护（修正性、适应性、改善性维护）

注意：数据库开发设计阶段从数据库应用系统设计开发的全过程考察数据库的设计问题。数据库设计无法一蹴而就，需要各阶段不断修改，反复完善，在设计过程中应尽量把数据库设计和系统其他部分的设计紧密结合，将数据和处理的需求收集、分析、抽象、设计和实现在各个阶段同时进行、相互参照与补充，以完善各个方面的设计。数据库各阶段设计，尽量用高技术含量的图表（模型）描述表示。

数据库设计过程与各级模式，如图 10-4 所示。各种应用系统经过综合需求分析，在概念设计阶段形成独立于机器和 DBMS 的概念模型（E-R 图）；在逻辑设计阶段将 E-R 图转换成具体的数据库支持的逻辑模式（数据模型，如关系模型二维表）；然后根据用户应用处理需求、安全性及完整性要求等，在数据表的基础上建立（映像）为必要的视图（外模式或子模式）；在物理设计阶段，根据 DBMS 特点和处理性能等需要，进行物理设计（如存储安排、建立索引等），形成数据库内模式；实施阶段开发设计人员基于外模式（应用），进行系统功能模块的编码与调试；实施后进入系统的运行与维护阶段。

讨论思考：

1）简述基于 E-R 模型的数据库设计方法和基于 3NF 的设计方法的特点和区别。

2）内模式对应数据库设计的哪个阶段？

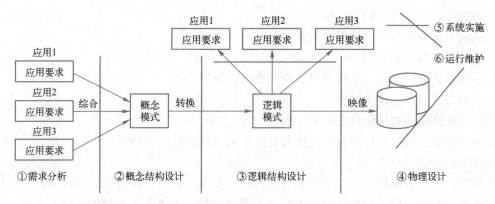

图 10-4 数据库设计过程与各级模式

10.2 数据库应用系统开发

10.2.1 系统需求分析

需求分析是对用户要求和系统"必须做什么"的分析确定,是后续研发的重要依据和起点,其优劣反映了用户实际需求的真实准确性,并直接影响后续研发结果的质量和合理实用性。

> 📖 **知识拓展**
> 数据库系统需求分析

1. 需求分析的主要任务

需求分析的总体任务是通过详细调研现实业务处理对象,充分掌握原系统业务数据及处理流程,明确用户各种需求,经规范化和分析形成文档(报告)。数据库需求分析的重点是调查用户和系统的数据(信息)及处理要求。

1)信息要求。确定用户需要从数据库中获得信息的具体内容与性质,从而导出各种数据要求。

2)处理要求。确定用户具体处理要求(如处理功能、内容、方式、顺序、流程和响应时间等),最终要实现的具体处理功能、性能等(指标)。

3)安全性和完整性要求。明确系统中不同用户对数据库的使用和操作情况,明确数据之间的关联关系及数据的用户具体定义要求。

需求分析阶段的主要任务包括两大方面。

1)调查、收集、分析用户具体需求,主要包括以下内容。

① 调查组织机构情况。包括该组织机构的部门组成、各部门的业务职责等,为分析信息流程做准备。

② 调查各部门的业务活动情况,重点包括各部门输入和使用的具体数据,加工处理数据的方式及方法,输出信息及输出的业务部门,以及输出结果的格式等。

③ 熟悉业务并明确用户对新系统各种具体要求,如信息、处理、功能要求,完全性和完整性要求等。

④ 确定系统边界及接口。明确由计算机或由人工完成的事务,应该实现的功能、系统边界和接口等。

2)编写需求分析报告。系统需求分析说明书也称系统需求规范说明书,是系统分析阶段的最后总结,编写系统需求分析说明书是一个不断反复、逐步完善的过程。系统需求分析说明书包括 6 项内容。

① 系统概况,包括系统的目标、范围、背景、历史和现状等。

② 系统的运行及操作的主要原理和技术。

③ 系统总体结构和子系统的结构描述及说明。

④ 系统总体和子系统的功能、性能、安全可靠性和接口等说明。

⑤ 系统数据处理概述、工程项目体制和设计阶段划分。

⑥ 系统设计方案及技术、经济、实施方案可行性等。

系统需求分析说明书提供的附件主要包括以下几种。

① 系统的软、硬件支持环境的选择和规格要求（所选择的 DBMS、操作系统、计算机型号及其网络环境等）。

② 组织机构图、组织之间联系图和各机构功能业务一览图（主要业务处理的组织架构）。

③ 数据流程图、功能模块图和数据字典等图表（描述主要业务处理的数据及功能）。

系统需求分析说明书是数据库设计人员与用户共同确认的重要系统文档，是数据库后续各阶段设计和实现的关键依据，研发人员必须严格遵循其文档要求进行后续设计与实现。

2. 需求分析的方法

结构化分析（Structured Analysis，SA）是分析和表达用户具体需求方法中一种简单常用的方法。从最上层的系统组织开始，采用逐层分解的方式。系统最高层数据抽象图如图 10-5 所示。

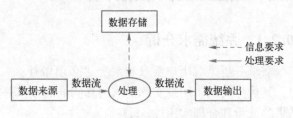

图 10-5　系统最高层数据抽象图

重要的系统数据和处理过程的关系，常用数据流图和数据字典进行描述和表示。

1）数据流图。数据流图（DataFlowDiagram，DFD）是描述数据与处理流程及其关系的图形表示，以图形的方式表示数据和数据流从输入移动到输出的过程中所经受的变换及过程。DFD 在需求分析阶段很重要，DFD 有多种画图标准，其中一种常用的基本元素如下。

① 箭头描述某数据流的流向。加工处理的数据及其流向，箭头代表数据流动方向，其上注明数据名称。

数据流 ——→（表示数据流方向的有向线）

② 矩形描述一个"处理"，输入数据经过处理产生输出数据。其中注明处理的名称。

处理 （表示数据处理逻辑）

③ 椭圆表示数据的产生（输入）源点或输出汇点。其中注明源点或汇点的名称。

数据源/汇点 （产生数据源点或输出汇点）

④ 双横线表示数据（文件）存储，可以是数据库文件或任何形式的数据组织。

═══ 或 ▢ （表示数据存储）

绘制 DFD 的目的主要是用于 DB 分析师与用户进行明确交流和确认，以便于指导数据库设计和实现。对 DFD 要求简单、易于理解。绘制常用逐层分解方法，直到功能细化形成多层次 DFD。

> 📖 知识拓展
> 数据流图的绘制原则

2）数据字典。数据字典（Data dictionary，DD）是系统中各类业务数据及结构描述的集合，是各类数据结构和属性清单。同 DFD 互为补充，数据字典贯穿于数据库需求分析直到运行的全过程，在不同的阶段，其内容形式和用途有所差别，在需求分析阶段，数据字典通常包括 5 部分。

① 数据项。数据项描述={数据项名，数据项含义说明，别名，数据类型，长度，取值范围，取值含义，与其他数据项的逻辑关系，数据项之间的联系}，其中，取值范围、与其他数

据项的逻辑关系用于定义数据的完整性约束条件。

　　② 数据结构。数据结构描述＝｛数据结构名，含义说明，组成：｛数据项或数据结构｝｝。

　　③ 数据流。数据流描述＝｛数据流名，说明，数据流来源，数据流去向，组成：｛数据结构｝，平均流量，高峰期流量｝。

　　④ 数据存储。数据存储描述＝｛数据存储名，说明，编号，流入的数据流，流出的数据流，组成：｛数据结构｝，数据量，存取方式｝。

　　⑤ 处理过程。处理过程描述＝｛处理过程名，说明，输入：｛数据流｝，输出：｛数据流｝，处理：｛简要说明｝｝。其中，简要说明主要描述该处理过程的功能及处理要求。

- 功能：该处理过程用于具体的实际操作，如查询、插入、修改和删除等。
- 处理要求：处理频度要求（如单位时间处理的事务及数据量）、响应时间要求等，是后面物理设计的输入及性能评价的标准。

最终的数据流图和数据字典为系统需求分析说明书的主要内容，是概念设计的重要基础。

10.2.2　概念结构设计

1. 概念结构设计的任务及特点

概念结构设计是将需求分析中用户具体业务数据处理等实际需求，抽象为信息结构（概念模型）的过程，是现实世界（事务）到机器世界（数据及处理）的一个重要过渡层次，也是整个数据库设计的关键。

概念结构设计通常将现实世界中的客观事物（实体），先抽象为不依赖 DBMS 支持的数据模型（E-R 图），概念模型是各种数据模型的共同基础。

概念结构设计的特点及优势，主要有以下 4 点。

1）直观易于理解，E-R 图便于研发人员和需求用户直接交换意见，用户的积极参与是数据库设计成功的关键。

2）可以真实且充分地描述现实世界的具体事物（特征），包括事物及其之间的联系，可以满足用户对数据的处理要求，是对现实世界的一个真实直观模型。

3）易于扩充、修改、完善，当应用环境和业务需求改变时，方便对概念模型扩充、修改和完善。

4）便于向关系、网状和层次等各种具体数据模型转换。

2. 概念结构的设计方法

1）自顶向下。首先定义全局概念结构的框架，然后逐步细化，如图 10-6 所示。

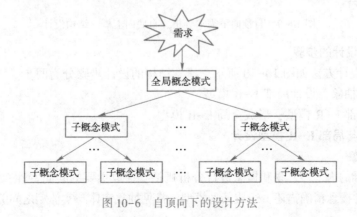

图 10-6　自顶向下的设计方法

2）自底向上。首先定义各局部应用的概念结构，然后将它们集成，得到全局概念结构。这种设计方法如图10-7所示。📖

3）逐步扩张。常先定义最重要的核心概念结构，然后向外扩充，以滚雪球方式逐步生成其他概念结构，直至总体概念结构，如图10-8所示。

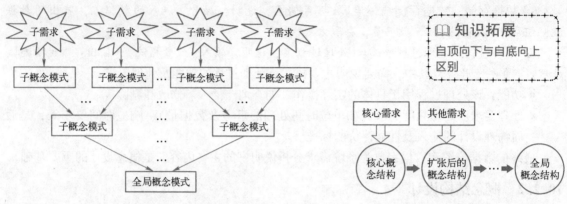

图 10-7　自底向上的设计方法

图 10-8　逐步扩张的设计方法

4）混合策略。将自顶向下和自底向上相结合，用自顶向下策略设计一个全局概念结构的框架，以其为架构集成由自底向上策略中设计的各局部概念结构。

其中最常用的设计方法是自底向上。即自顶向下地进行需求分析，再自底向上地设计概念模式结构，如图10-9所示。

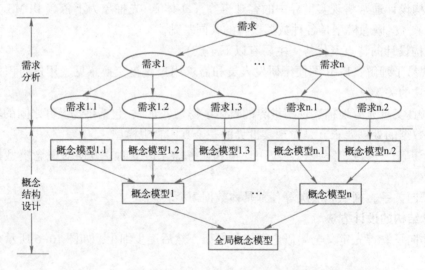

图 10-9　自顶向下需求分析、自底向上概念结构设计

3. 概念结构设计的步骤

自底向上的设计方法如图10-10所示，概念结构的设计步骤分为两步。

1）进行数据抽象，设计局部 E-R 模型。

2）集成各局部 E-R 模型，形成全局 E-R 模型。

4. 数据抽象与局部 E-R 模型设计

（1）数据抽象

抽象是对实际的人、事、物和概念进行分析概括，提取主要的共同特性，忽略非本质细节，并将其特性用各种概念精确描述，组成某种模型。常见抽象实体与实体型之间关系有3种。

1）分类（Classification）。将一组具有某些共同特性和行为的实体抽象为一个实体型。抽象实体与实体型之间的 "is member of（是其成员）" 的关系。

例如，在教学管理中，"张立" 是学生中的一员，具有学生共同的特性和行为，如图 10-11 所示。

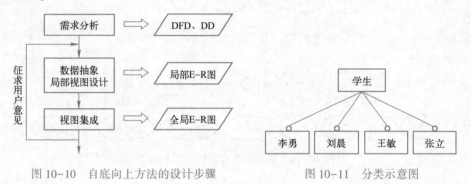

图 10-10　自底向上方法的设计步骤　　　　图 10-11　分类示意图

2）聚集（Aggregation）。聚集定义实体型的组成成分，将实体型的组成成分抽象为实体型特征的属性。属性与实体型之间是 "is part of（是其部分）" 的关系。

例如，学号、姓名、性别、年龄和系别等可以抽象为学生的属性，学号是实体的主键，如图 10-12 所示。

3）概括（Generalization）。定义类型之间的一种子集联系，抽象了类型之间的 "is subset of（是其子集）" 的语义。概括有一个很重要的性质：继承性。子类继承父类定义的所有抽象，如图 10-13 所示。

图 10-12　聚焦示意图　　　　　　　　图 10-13　概括示意图

（2）局部 E-R 模型设计

局部 E-R 图是指先选定一个局部应用，然后对局部应用的实体（事物）逐一设计分 E-R 图。将各局部应用涉及的数据分别从数据字典中进行抽取，参照数据流图，标定各局部应用中的实体、实体的属性、标识实体的键，确定实体之间的联系及其类型（1:1，1:n，m:n）。实际上实体和属性是相对的，通常要根据实际情况进行必要的调整，在调整时要遵守两条原则。📖

1）属性是原子的，是不可再分的数据项，不能再由其他属性组成。

2）属性不可与其他实体（事物）具有联系，联系只发生在实体之间。

符合这两条特性的实体常作为最简化属性。为了简化 E-R 图，现实的实体（事物）应尽量作为属性。例如，"学生" 由学号、姓名等属性描述，所以 "学生" 只能作为实体，不能是属性。若侧重学生描述，系别只表示其所属划分，是不可分数据项，则可作为学生实体的属性。若侧重描述系包括系主任、学生人数、教师人数、办公地点等，则系别应看作一个实体，如图 10-14 所示。

职称作为教师实体的属性，在涉及任务分配时，通常考虑职称情况，即职称与任务实体之间有联系，根据准则②，此时将职称作为实体处理会更合适些，如图 10-15 所示。

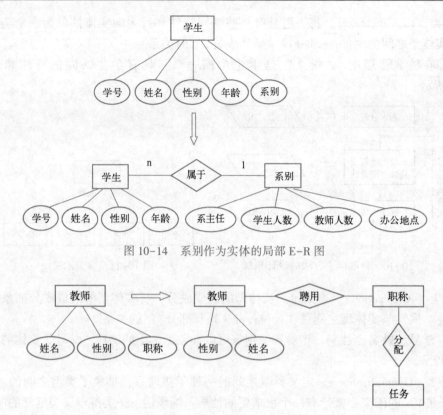

图 10-14   系别作为实体的局部 E-R 图

图 10-15   职称作为一个属性或实体聘用任务

【案例 10-2】 在 Web 教务管理信息系统中，语义约束为：一个学生可以选修多门课程，一门课程可以被多个学生选修，学生和课程是多对多联系；一个教师可以讲授多门课程，一门课程可以由多个教师讲授，教师和课程也是多对多联系；一个系可以有多位教师，一位教师只能属于一个系，因此系和教师是一对多联系，同样系和学生也是一对多联系。

由约定可以得到如图 10-16 所示的学生选课局部 E-R 图和如图 10-17 所示的教师任课局部 E-R 图。

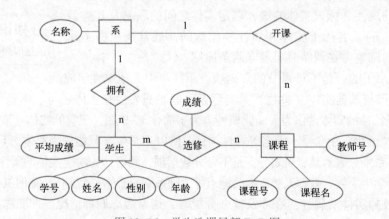

图 10-16   学生选课局部 E-R 图

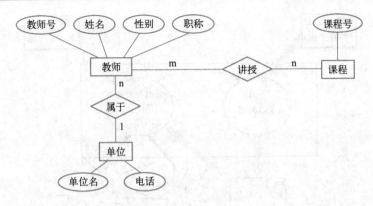

图 10-17 教师任课局部 E-R 图

5. 全局 E-R 模型设计

各个局部 E-R 图建立完成后，还需要进行合并（集成），集成为一个整体的概念数据结构，即全局 E-R 图。也就是视图的集成，视图的集成有两种方式。

1）一次集成法：一次集成多个局部 E-R 图，用于局部视图较简单情况，如图 10-18 所示。

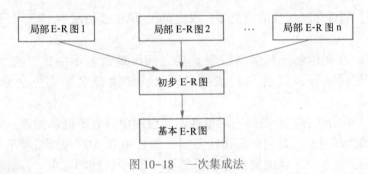

图 10-18 一次集成法

2）逐步累积式：通常先集成（较关键）两个局部视图，再每次将一个新的局部视图集成，如图 10-19 所示。

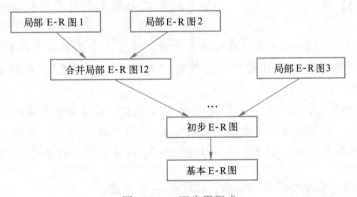

图 10-19 逐步累积式

采用任何方式，集成局部 E-R 图为全局 E-R 模型都需要两个步骤，如图 10-20 所示。

1）合并。需要解决各局部 E-R 图之间的冲突，并合成初步 E-R 图。合并时不能简单地将各局部 E-R 图拼凑到一起，而要尽力消除各局部 E-R 图中不一致地方，以形成一个可为全

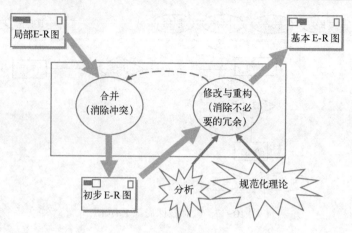

图 10-20　视图的集成

系统中所有用户共同理解和接受的统一概念模型。合理消除各局部 E-R 图冲突，是合并局部 E-R 图的主要工作和关键。

E-R 图合并中的冲突有 3 种：属性冲突，命名冲突和结构冲突。📖

① 属性冲突。属性名或属性值的类型、取值范围/单位或值域不同等或不一致。

② 命名冲突。在实体名、属性名或联系名之间出现命名不一致，通常属性的命名冲突最常见，主要是同名异义（含义）或异名同义，解决命名冲突方法常用协商调整等方式。

③ 结构冲突。共分 3 种：一是同一对象在不同应用中具有不同的抽象，常将属性变换为实体或将实体变换为属性。二是同一实体在不同局部 E-R 图中所包含属性不全相同，或属性排列次序不全相同。可将该实体的属性取各局部 E-R 图中属性的并集，再适当设计属性的次序。三是实体之间的联系在不同局部视图中呈现不同类型，可根据应用语义对实体联系的类型进行综合或调整。

【案例 10-3】 教务管理系统中，消除各局部 E-R 图之间的冲突后合并，从而生成初步总 E-R 图。

　　1）消除两个局部 E-R 图中存在的命名冲突，学生选修课程的局部 E-R 图中的实体型"系"与教师任课局部 E-R 图中的实体型"单位"都指"系"，即所谓的异名同义，合并后统一改为"系"。

　　2）消除结构冲突，实体型"系"和实体型"课程"在两个不同应用中的属性组成不同，合并后这两个实体的属性组成为原来局部 E-R 图中的同名实体属性的并集。解决上述冲突后，合并两个局部 E-R 图，生成如图 10-21 所示的初步的全局 E-R 图。

2）修改与重构。消除不必要的冗余，设计基本 E-R 图。

冗余数据是由基本数据导出的重复数据，冗余联系是由其他联系导出的重名联系。这些冗余容易破坏数据库的完整性，给数据库维护增加困难。常用分析方法消除数据冗余，可依据数据字典和数据流图，根据数据字典中数据项之间逻辑关系的说明修改以消除数据冗余。📖

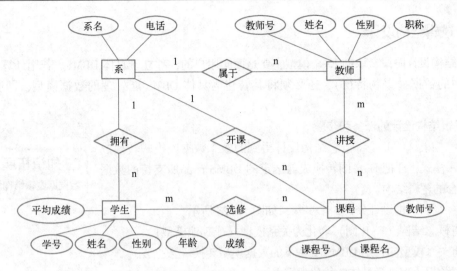

图 10-21　消除各局部 E-R 图冲突并进行合并

【案例10-4】以教务管理系统中合并 E-R 图为例，说明消除不必要冗余生成基本 E-R 图的方法。在初步合并 E-R 图时，"课程"实体型中的属性"教师号"可由"讲授"相关教师与课程之间的联系导出，而学生的平均成绩可由"选修"联系中的属性"成绩"计算出，所以"课程"实体型中的"教师号"与"学生"实体型中的"平均成绩"均属于冗余数据。

此外，"系"和"课程"之间的联系"开课"，可以由"系"和"教师"之间的"属于"联系与"教师"和"课程"之间的"讲授"联系推导出来，所以"开课"属于冗余联系。

初步合并 E-R 图在消除冗余数据和冗余联系后，便可得到全局 E-R 图，如图 10-22 所示。

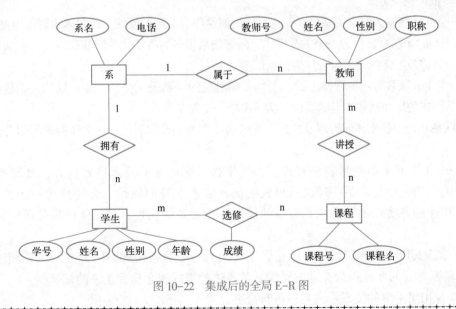

图 10-22　集成后的全局 E-R 图

10.2.3 逻辑结构设计

概念结构设计阶段获取的 E-R 模型主要是面向用户的，独立于具体 DBMS。若用计算机处理 E-R 模型中的数据（事物特征），还必须将其转化为具体 DBMS 能处理的数据模型，即逻辑结构设计。

1. 逻辑结构设计的任务和步骤

逻辑结构设计任务是将概念结构设计得到的概念数据库模式转换成逻辑数据库模式，即把 E-R 图转换成与选定的 DBMS 产品所支持的数据模型相符合的逻辑结构。

> 📖 知识拓展
> 数据库逻辑结构设计

通常，逻辑结构设计分为 3 个步骤，如图 10-23 所示。

1）将概念结构（E-R 图）转化为关系模型（或其他模型）。

2）将关系模型向特定 DBMS 支持下的数据模型转换（数据表）。

3）对数据模型进行具体的优化和完善。

图 10-23　逻辑结构设计的 3 个步骤

2. 初始化关系模式设计

关系模型的逻辑结构是一组关系模式（表）的集合。E-R 模型由实体、实体属性及实体间的联系组成，将 E-R 模型转换成关系模型，实际就是将实体、实体属性和实体间的联系转换为关系模式。

（1）转换原则及方式

1）一个实体转换为一个关系模式。将实体的属性作为关系的属性，将实体的键作为关系的键。

2）一个 m:n 联系转换为一个关系模式。同该联系相连的各实体的键和联系本身的属性作为关系的属性，并将各实体的键的组合作为关系的键。

3）一个 1:n 联系有两种转换方式。①与 n 端对应的关系模式合并。在 n 端的关系模式中，加入 1 端关系模式的键和联系本身的属性。②转换成一个关系模式。

同该联系相连的各实体的键以及联系本身的属性作为关系的属性，各实体的键的组合作为关系的键。

4）一个 1:1 联系有两种转换方式。①与任意一端对应的关系模式合并。此转换需要在合并端的关系模式中加入另一端关系模式的键和联系本身的属性。②转换成一个关系模式。同该联系相连的各实体的键和联系本身的属性作为关系的属性，各实体的键的组合作为关系的键。

5）3 个或其以上实体间的一个多元联系转换为一个关系模式。同该多元联系相连的各实体的键和联系本身的属性作为关系的属性，各实体的键的组合作为关系的键。

6）具有相同主键的关系模式可以进行合并。

（2）具体转换方法

1）将一个实体转换为一个关系。先分析该实体的属性，从中确定主键，再将其转换为关系模式。

【案例 10-5】 以图 10-22 为例将实体转换为关系模式（带下画线的为主键）。
学生（<u>学号</u>，姓名，性别，年龄）
课程（<u>课程号</u>，课程名）
教师（<u>教师号</u>，姓名，性别，职称）
系（<u>系名</u>，系名称，电话）

2）将每个联系转换成关系模式。

【案例 10-6】 将图 10-22 中的联系转换成关系模式（属性带下画线为主键）：
属于（<u>教师号</u>，<u>系名</u>），教师号为"教师"关系模式的外键，系名为"系"关系模式的外键。
讲授（<u>教师号</u>，<u>课程号</u>），教师号为"教师"（引用/关联）关系模式的外键，课程号为"课程"（引用/关联）关系模式的外键。
选修（<u>学号</u>，<u>课程号</u>，成绩），学号为"学生"（引用/关联）关系模式的外键，课程号为"课程"（引用/关联）关系模式的外键。
拥有（<u>系名</u>，<u>学号</u>），系名为"系"关系模式的外键，学号为"学生"关系模式的外键。

3）3 个或其以上的实体间的一个多元联系在转换为一个关系模式时，与该多元联系相连的各实体的主键及联系本身的属性均转换为关系的属性，转换后所有得到的关系的主键为各实体键的组合。

【案例 10-7】 图 10-24 表示网站销售中，商品、客户和网站 3 个实体之间的多对多联系，已知 3 个实体的主键分别为"商品 ID""客户 ID"和"网站 ID"，则三者之间的联系"销售"可以转换为关系模式：销售（<u>商品 ID</u>，<u>客户 ID</u>，<u>网站 ID</u>，时间），其中，主键以下画线标示，商品 ID 为"商品"关系模式的外键，客户 ID 为"客户"关系模式的外键，网站 ID 为"网站"关系模式的外键。

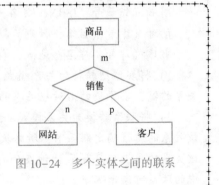

图 10-24　多个实体之间的联系

3. 关系模式的规范化

📖 知识拓展
数据库系统规范化设计

关系模式规范化理论是关系模型优化的基础和重要依据。关系模式的规范化方法主要包括以下几种。📖

1）确定数据依赖，按需求分析阶段所得到的语义，分别写出每个关系模式内部各属性之间的数据依赖，以及不同关系模式属性之间数据依赖。

2）对于各个关系模式之间的数据依赖进行极小化处理，消除冗余的联系。

3）按照数据依赖的理论对关系模式逐一进行分析，考查是否存在部分函数依赖、传递函数依赖和多值依赖等，确定各关系模式分别属于第几范式。

4）按照需求分析阶段得到的各种应用对数据处理的要求，分析对于这样的应用环境这些模式是否合适,确定是否要对它们进行合并或分解。

5)按照需求分析阶段得到的各种应用对数据处理的要求,对关系模式进行必要的分解或合并,以提高数据操作的效率和存储空间的利用率。常用的分解方式有水平分解和垂直分解。

【案例10-8】Web图书管理信息系统中,全局E-R模型到关系模型的转化,如图10-25所示。系统的全局E-R模型中的4个实体集(关系模型)可以表示如下。

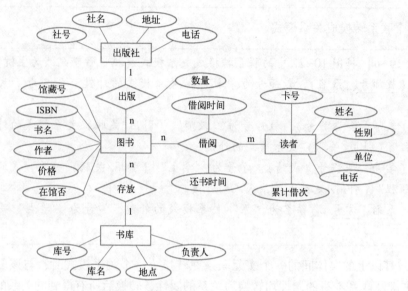

图10-25 图书管理系统全局E-R模型

出版社(社号,社名,地址,电话)
图书(馆藏号,ISBN,书名,作者,价格,在馆否)
读者(卡号,姓名,性别,单位,电话,累计借次)
书库(库号,库名,地点,负责人)

1)将实体型转换为关系模式。将实体集的属性转换成关系的属性,实体集的键对应关系的键,实体集的名对应关系的名。

2)将联系转换为关系模式。用关系表示联系,实质上是用关系的属性描述联系,则该关系的属性确定联系R,所转换的关系具有3个属性:①联系R单独的属性都转换为该关系的属性。②联系R涉及的每个实体集的键属性转换为该关系的属性。③信息系统中的联系可表示如下。

出版(社号,馆藏号,数量)　　　　　　　　　1:n联系
借阅(馆藏号,卡号,借阅时间,还书时间)　　n:m联系
存放(馆藏号,库号)　　　　　　　　　　　　1:n联系

根据联系的类型不同,联系转换为关系后,确定关系的键具有不同的规则。

①若联系R为1:1联系,则每个相关实体的键均可作为关系的候选键。

②若联系R为1:n联系,则关系的键为n(多)端实体的键。

③若联系R为n:m联系,则关系的键为相关实体的键的集合。

3)由具体情况,将相同键的多个关系模式合并在一起。具有相同键的不同关系模式,本质上所描述的是同一实体的不同侧面(即属性),因此可以合并。合并过程也是将

对事物不同侧面的描述转化为对事物的全方位的描述。合并后的关系包括两关系的所有属性，可以简化系统且节省存储空间。【案例 10-8】中的图书关系、出版关系和存放关系就可以合并为一个关系：图书（馆藏号，ISBN，书名，作者，价格，在馆否，数量，社号，库号），其中，社号为引用"出版社"关系模式的外键，库号为引用"书库"关系模式的外键。由于外键可以不与被引用的属性同名，只要求语义相同，为使图书的属性更清晰，可用不同名。

由此可见，当将联系 R 转换为关系模式时，只有当 R 为 m:n 联系时，才建立新关系模式。当 R 为 1:n 联系时，只需对与该联系有关的关系做相应修改即可。当 R 为 1:1 联系时也是如此，不必建立新的关系模式。

4. 关系模式的评价与改进

关系模式的评价有两个方面：设计质量评价和性能评价。对关系模式的改进包括以下两方面。

1）分解。常用的关系模式分解有水平分解和垂直分解。

2）合并。对于相同主键的关系模式，主要是多关系查询操作，可对关系模式按照组合频率进行合并。

在关系模式规范化中，数据库的物理设计与性能关系很密切，事实上，逻辑设计的质量对其有很大影响。除了性能评价提出的模式修改意见之外，还要改进 3 个方面：减少连接运算、减小关系及数据量、为各属性选择合适的数据类型。

📖 **知识拓展**
提高数据库性能的方法

10.2.4　数据库物理设计

数据库物理设计是指对逻辑数据模型选取最适合应用要求的物理结构的过程。主要任务是为数据库逻辑模式（结构）选择合适的应用环境的物理结构，即确定有效地实现逻辑结构模式的数据库存储模式，确定在物理设备上所采用的存储结构和存取方法，然后对该存储模式进行性能评价。若评价结果满足用户需求，则可进一步实现数据库的实施，否则需要修改或重新设计物理结构，最后得到一个性能优良的存储模式。

1. 确定物理结构

数据库物理设计内容包括记录存储结构的设计、存储路径的设计和记录集簇的设计。

（1）记录存储结构的设计

记录存储结构的设计是设计存储记录的结构形式，它涉及不定长数据项的表示。常用的 3 种数据存储方式如下。

1）顺序存储。顺序存储是指将逻辑相邻的数据存储在连续存储区域的相邻单元中，使逻辑相邻的数据在物理位置上相邻。这种存储方式的平均查找次数为表中记录数的一半，通常用于存储具有线性结构的数据。

2）散列存储。散列存储是指以主键值为自变量，通过一定的散列函数计算对应的函数值，并以该值为数据的存储地址存到存储单元中。常用的散列函数构造法包括除余法、直接地址法和平方取中法。不同的散列函数决定了该存储方式的平均查找次数。

3）聚集存储。聚集存储是指把某个或某些属性（聚集码）上具有相同值的数据集中存放在连续的物理块上，以提高这个或这些属性的查询效率。

（2）关系模式的存取方法选择

DBMS 常用存取方法有 3 种。

1）索引方法。主要包括：确定建立索引或组合索引的属性列，确定哪些索引要设计为唯一索引。📖

索引从物理上分为聚簇索引和普通索引。确定索引的顺序如下。

① 确定关系的存储结构，即记录的存放顺序，可按属性（组）聚集存放。

② 确定适合建立索引的属性。常对关系的主键或外键建立索引。主要数据进行更新时，系统对主键和外键分别做唯一性和参照完整性检查，建立索引可以加速操作。

③ 明确不宜建立索引的属性或表：太小的表或经常更新的属性或表、过长的属性、一些特殊数据类型的属性、不出现或很少出现在查询条件中的属性。

2）聚集索引。采用聚集索引的方法可将某个属性（组）上具有相同值的记录集中存放在连续的物理块上，从而极大提高相关属性的查询效率。

3）散列方法。当关系满足下列两个条件时，可以选择散列存取方法。

① 关系的属性主要出现在等值连接条件中或在相等比较选择条件中。

② 关系大小可预知且不变或动态改变，但所选 DBMS 可提供动态散列存取方法。

2. 评价物理结构

数据库物理结构设计完成后，需要评价物理结构，重点是时空效率。需要权衡系统的时空效率、维护代价和用户需求，对多种设计方案进行具体评价和考虑，其结果可产生多种方案，需要对这些方案细致地评价，从中选出较优方案。对数据库物理结构的评价依赖于所选用的 DBMS，具体的考核指标包括以下几个。

1）查询和响应时间。一个好的应用程序设计应较少占用 CPU 时间和 I/O 时间。

2）更新事物的开销，主要包括修改索引、重写物理块或文件及写校验等方面开销。

3）生成报告的开销，主要包括索引、重组、排序及结果显示的开销。

4）主存储空间的开销，包括程序和数据占用空间。可对缓冲区的个数及大小做适当控制以减小开销。

5）辅助存储空间开销，如数据块和索引块占用空间。可对索引块的大小及充满度做适当的控制。📖

10.2.5 数据库行为设计

数据库行为设计包括：功能分析、功能设计、事物设计，以及应用程序设计与实现。数据库的行为设计与传统应用程序类似，软件研发中的技术、工具和方法基本都可以应用，同时数据库应用程序设计也有其特殊性。

1. 功能分析

功能分析是需求分析完成后、功能设计之前对具体功能的分析。侧重系统具体功能分析及找出问题，确定改进重点并创新。在需求分析阶段进行数据流和事务处理的调查分析，前者为数据库的信息结构提供最原始依据，后者是应用业务处理的调查分析，是行为设计的基础。行为特征需要进行的处理包括以下几个。

1）分析所有查询、报表、事物及动态特性，描述对数据的各种处理。

2）明确对每个实体（业务应用）的所有操作，包括增加、删除、修改和查询。

3）确定整个应用系统总的处理功能的具体目标和（指标）要求。

4）给出全部操作的语义，包括结构约束和操作约束，可进一步定义：执行操作要求的前提、操作内容、操作成功后的状态。例如，职工办理退休手续，系统的行为操作特征是：该职工任务完成，并从当前"在职职工表"中删除该职工的数据，同时将该职工的数据插入到

"退休职工表"中。

5）确定某个对象每个操作处理的具体频率等。

6）明确某个应用的每个操作处理的响应时间。

2. 功能设计

功能设计是指在功能分析和需求的基础上，按照新系统功能指标及要求，对系统具体目标功能进行设计的过程。功能设计的任务包括 4 部分：市场及业务需求调研与产品规划、处理功能及组合设计、功能匹配设计和功能成本规划。从系统具体功能分析，找出功能方面的问题，并按功能关系绘出功能结构图。学生管理信息系统的功能结构图，如图 10-26 所示。

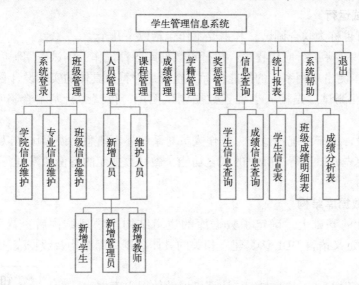

图 10-26　学生管理信息系统功能结构图

3. 事物设计

事物设计是计算机模拟人类处理事务（业务数据）的输入和输出设计的过程。

（1）输入设计

系统中很多错误都同输入不当有关，优秀输入设计可减少系统错误，其主要工作如下。

1）原始单据设计格式应简明，便于填写和归档，标准化且简化输入。

2）设计输入表，要求将全部功能所用的数据整理成表。

3）制作输入数据描述文档，包括数据的输入频率、数据的有效范围和出错校验。

（2）输出设计

输出设计是衡量一个系统好坏的重要标志，是系统设计中的重要环节。输出报表直接送给用户，需要认真设计好输出报表。输出设计考虑的主要因素如下。

1）确定用途。用于区分输出结果是送交客户，还是仅供内部交流或报送上级领导。

2）输出格式。根据具体用途和实际需求，确定指定的输出格式及标准等。

3）输出量。根据具体用途和实际需求，确定指定的输出数量。

4）输出设备及方式。根据需要，选择显示输出、打印或保存。

10.2.6　数据库的实施

数据库的实施是指在所有需求分析和概念设计、逻辑设计及物理设计的基础上，在计算机上研发数据库应用系统，建立实际数据库结构并装入数据，进行调试和试运行的过程。

1. 编制与调试应用程序

数据库应用程序编写常同数据库结构设计一起进行。在数据库实施阶段，需要在需求分析基础上运用概念设计、逻辑设计和物理设计的结果，利用前面的数据库知识、技术、方法和工具高效完成应用系统各功能模块的编制、集成与调试，及时建立好数据库及数据表结构，并输入应用数据便于应用系统的调用和试运行。在调试应用程序及数据输入尚未完成时，可以先使用模拟数据。对应用程序的调试需要实际运行数据库应用程序并调用相关数据，执行对数据的各项操作，测试应用程序的功能满足需求分析确定的指标要求情况。对不满足的应用程序，还需要对相关语句进行认真修改和完善。

2. 数据库的试运行

数据库试运行也称为联合调试，其主要工作包括以下几个。

1）功能测试：实际运行应用程序，执行对数据库各种操作，测试应用程序各种功能。

2）性能测试：测量应用系统的性能指标，查看是否符合具体的实际设计目标和要求。

3）安全可靠性测试。先输入小批量数据调试使用，待试运行基本合格后再输入大批量数据。

在试运行阶段，由于系统不稳定，操作人员对系统还不熟悉，误操作难以避免，随时可能发生故障，因此应先调试运行 DBMS 的恢复功能，做好数据库的备份和恢复，减少对数据库可能发生的破坏。

3. 建立实际数据库结构

在数据库设计的基础上，确定了数据库的逻辑结构与物理结构后，就可以用所选用的 DBMS 提供的数据定义语言 DDL 认真建立相关的具体数据库库结构及数据表和视图等。

4. 加载数据

数据加载方法有两种：人工方法与计算机辅助数据入库方法。📖

📖 **知识拓展**
数据库数据输入方法

（1）人工方法（适用于小型系统）

1）采集筛选数据。通常需要装入数据库中的数据都分散在各个部门的数据文件或原始凭证中，所以首先必须将需要入库的数据进行采集、分类和筛选。

2）转换数据格式。采集筛选需要入库的数据，其格式有时不符合数据库要求，还需要进行转换，包括一些数据图表等，这种转换有时可能较为复杂多样。

3）输入数据。将转换好的数据输入计算机数据库指定的数据表中。

4）校验数据。认真检查输入的数据是否有误，以免出现问题。

（2）计算机辅助数据入库（适用于大中型系统）

1）筛选数据。按原始业务数据类型或某种需求进行整理和筛选。

2）输入数据。将筛选数据直接成批输入计算机，提供输入界面输入子系统。

3）校验数据。数据输入子系统采用多种检验技术查验输入数据的正确性。

4）转换数据。根据实际要求，从录入的数据中抽取有用成分，对其进行分类并转换数据格式。

5）综合数据。数据输入子系统对转换的数据根据系统要求进一步综合成最终数据。

5. 整理文档

完整的文档资料是数据库设计及应用系统研发的重要组成部分。在应用程序编制和试运行中，应记录其工作要点及过程、发现的问题、采用的技术和解决方法等，并整理存档供管理、正式运行和改进时使用。全部调试工作完成后，需要编写"应用系统技术操作说明书"，在系统运行时发给用户。

10.2.7　数据库运行和维护

数据库试运行达到设计目标后，就可以正式投入实际应用。这表明已完成开发任务并开始正式运行和维护工作，对数据库设计进行评价、调整和修改等维护工作是长期任务，也是设计工作的延续和提升。

数据库经常性的维护工作主要由 DBA 完成，包括 4 个方面的内容：数据库的备份和恢复，数据库的安全性、完整性控制，数据库性能监督、分析及改进。

（1）数据库的备份和恢复

对数据库根据需要进行备份，便于出现故障时及时地将数据库恢复到正常状态，以减少损失和影响。

（2）数据库的安全性和完整性

应当根据企事业机构及用户的实际需要分配管理操作权限，在数据库运行中，由于业务及应用环境变化，对安全性等要求也会发生变化，如增加新用户或删除注销的用户，收回或增加某些用户的权限，或某些数据的取值范围出现变化等，都需要根据实际情况修改系统安全性控制。数据库的完整性约束条件也会随着应用环境的变化而改变，需要不断调整完善，以满足用户需求。📖

> 📖 **知识拓展**
> 数据库系统的安全性

（3）监控并改善数据库性能

在数据库运行过程中，DBA 必须监控系统运行，对监控的数据进行分析，找出改进系统性能的方法，主要包括以下几种。

1）利用监控工具获取系统运行过程中一系列性能参数的值。

2）通过认真分析相关数据，判断当前系统所处的运行状态。

3）根据实际需要，调整某些参数进一步改进数据库性能。

（4）数据库的重组织和重构

数据库的重组织并不改变原设计的逻辑和物理结构，而数据库的重构则不同，是指重新构建部分修改数据库的模式和内模式。

系统运行一段时间后，数据经过增删改，数据库的存取效率会降低，这就需要对数据库进行重组。另外，由于业务、技术和数据库应用环境发生变化，增加了新的业务及应用或新实体，取消了某些旧应用，有的实体及其之间的联系也发生了变化等原因，使原有的数据库设计不能满足新需求，必须调整数据库的模式和内模式。数据库的重构也很有限，只能进行部分修改，不能更改数据库的逻辑结构。

✍ 讨论思考：

1）举例说明 E-R 模型中实体之间多对多联系转换成关系数据模型的方法。

2）为某超市设计一个数据库，画出 E-R 图并将其转换成关系数据模型。

10.3　数据库设计文档

描述数据库设计的主要文档是"数据库设计说明书"，数据库是将一组相关数据按照一定结构存储为计算机的文件，并允许用户或计算机程序通过数据库管理系统（DBMS）访问其数据。"数据库设计说明书"是对于设计中的数据库的所有标识、逻辑结构和物理结构等做出具体的设计规定。根据 GB8567-2006《计算机软件文档编制规范》，数据库设计文档规定主要包括 4 个部分。📖

> 📖 **知识拓展**
> 数据库文档的规范化

1. 引言

引言部分包括编写目的、编写背景和专门术语的定义，以及参考资料等。具体说明如下。

1）编写目的。说明编写数据库设计说明书的目的，指出预期的读者。

2）背景。主要说明待开发的数据库的名称和使用此数据库的软件系统的名称，并列出该软件系统开发项目的任务提出者、用户以及将安装该软件和数据库的计算站（中心）。

3）定义。列出本文件中用到的专门术语的定义和外文首字母组词的原词组。

4）参考资料。列出有关的参考资料，包括本项目的经核准的计划任务书或合同、上级机关批文、属于本项目的其他已发表的文件、文件中各处引用到的文件资料（包括所要用到的软件开发标准）。

列出这些文件的标题、文件编号、发表日期和出版单位，说明能够取得文件来源。

2. 外部设计

1）标识符和状态。详细说明用于唯一标识该数据库的代码、名称或标识符，附加的描述性信息等。如果该数据库属于尚在实验中、尚在测试中或是暂时使用的，则要说明这一特点及其有效时间范围。

2）使用它的程序。列出将要使用或访问此数据库的所有应用程序，给出每个程序的名称和版本号。

3）约定。陈述一个程序员或系统分析员为了能使用此数据库而需要了解的建立标号、标识的约定，例如，用于标识数据库的不同版本的约定和用于标识库内各个文件记录、数据项的命名约定等。

4）专门指导。向准备从事数据库的生成、测试、维护人员提供专门的指导，例如，将被送入数据库的数据的格式和标准、操作规程和步骤，用于产生、修改、更新或使用这些数据文件的操作指导。如果这些指导的内容篇幅很长，列出可参阅的文件资料的名称和目录。

5）支持软件。简单介绍同此数据库直接有关的支持软件，如数据库管理系统、存储定位程序和用于装入、生成、修改和更新数据库的程序等。说明这些软件的名称、版本号和主要功能特性，如所用数据模型的类型、允许的数据容量等。列出这些支持软件的技术文件的标题、编号及来源。

3. 结构设计

1）概念结构设计。说明本数据库将反映的现实世界中的实体、属性及其之间的关系等的原始数据形式，包括各数据项、记录、系、文卷的标识符、定义、类型、度量单位和值域，建立本数据库的每个用户视图。

2）逻辑结构设计。说明将上述原始数据分解、合并后重新组织的全局逻辑结构，包括所确定的关键字和属性、重新确定的记录结构和文卷结构、所建立的各个文卷之间的相互关系，形成数据库 DBA 视图。

3）物理结构设计。建立系统程序员视图，包括数据在内存中的安排（对索引区、缓冲区的设计）、所使用的外存设备及外存空间的组织（索引区、数据块的组织与划分）以及访问数据的方式和方法。

4. 运用设计

1）数据字典设计。对数据库设计中涉及的各种项目，如数据项、记录、系、文卷、模式、子模式等要建立数据字典，以说明标识符、同义名及有关信息。还要说明对此数据字典设计的基本考虑。

2）安全保密设计。说明在数据库的设计中，将如何通过区分不同的访问者、访问类型和数据对象，进行分别对待而获得的数据库安全保密的设计考虑。

📎 讨论思考：

1）数据库设计文档主要包括哪几部分？
2）结构设计部分主要包括哪几方面设计？

10.4　数据库应用程序设计案例

本节通过"Web 图书管理信息系统"典型的数据库应用系统设计的案例，详细说明设计过程和方法，按照数据库应用系统开发步骤进行系统需求分析、数据库概念结构设计、逻辑结构设计、物理结构设计，便于掌握数据库应用软件的开发方法和流程，以及 SQL 语句和存储过程等应用。

10.4.1　引言

进入 21 世纪，随着现代信息化社会的快速发展和信息技术的广泛应用，各种业务信息化水平越来越高。大学及城市网上图书馆管理的各种图书、期刊和报纸等借阅的数据量及工作量都很巨大、很繁杂，很难用人工处理方式解决。"Web 图书管理信息系统"借助于计算机网络数据库技术强大的数据处理功能，可以极大地减轻图书管理人员进行图书信息管理和各种用户查询借阅的工作量，并提高了网上图书借阅数据处理的准确性、完整性、共享性和安全可靠性。

10.4.2　系统需求分析

"Web 图书管理信息系统"（以下简称"系统"）的开发和运用，不但可以实现现代网络图书管理的信息化和自动化，而且可以极大地增加工作效率、充分实现资源共享和利用率及安全可靠性。本系统实现了网上图书信息管理的各种基本功能，通过此系统可对图书馆库存图书信息进行管理和维护。实现了图书馆内管理的常用功能，包括图书信息管理、读者信息管理，以及图书借阅信息管理和统计等。

系统可以进行图书管理数据库的数据定义、数据操作和数据控制等处理功能，联机处理的速度快、时间短且效率高。系统的功能模块包括系统管理员模块、图书管理员模块和读者模块，具体功能包括：对读者及馆藏图书的增加、删除、更改和查询；对图书借阅信息的管理、查询和统计，读者对本人借阅信息的查阅，系统管理。图书管理信息系统的功能结构图，如图 10-27 所示。

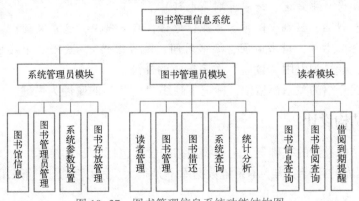

图 10-27　图书管理信息系统功能结构图

10.4.3　概念结构设计

概念结构设计是整个数据库设计的关键，通过对用户需求进行综合、归纳与抽象，形成独立于具体 DBMS 的概念模型。Web 图书管理信息系统总体 E-R 图，如图 10-28 所示。

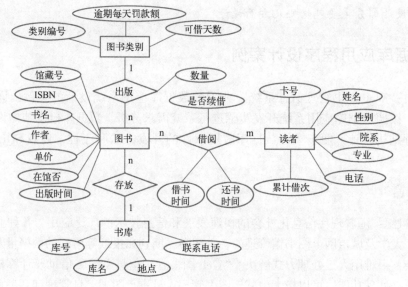

图 10-28　Web 图书管理信息系统 E-R 图

概念模型是在对用户需求分析之后，通过画出本系统抽象出的 E-R 图，由概念模型辅助工具 PowerDesigner 进行设计，通过具体地设置和绘图，最后形成概念模型图，生成的概念结构可以真实、充分地反映现实世界，包括事物（实体）及其之间的联系，可以满足用户对数据的处理要求，是对现实世界的一个真实模型。

10.4.4　逻辑结构设计

将概念结构设计阶段设计的基本 E-R 图，转换为关系模型，如下所示。

图书类别（<u>类别编号</u>，可借天数，逾期每天罚款额）

图书（<u>馆藏号</u>，ISBN，书名，作者，出版社，出版时间，单价，图书类别，存放地点，在馆否），其中，图书类别为引用"图书类别"关系模式的外键，存放地点为引用"书库"关系模式的外键

书库（<u>书库编号</u>，书库名，地点，联系电话）

读者（<u>卡号</u>，姓名，性别，院系，专业，电话，累计借次，违章次数）

借阅（<u>馆藏号</u>，<u>卡号</u>，借书时间，还书时间，是否续借），其中，馆藏号为引用"图书"关系模式的外键，卡号为引用"读者"关系模式的外键

说明：在上述介绍的关系模型中，标记下画线"＿＿＿"的属性为主键。

10.4.5　物理结构设计

在上述逻辑结构设计的基础上，主要物理结构设计包括以下几方面。

1）确定数据库的存储结构。本系统数据库不是很大，所以数据存储采用的是一个磁盘的一个分区。

2）存取方法和优化方法。除了建立合适的索引，视图的合理建立和使用也可以给数据操

作带来好处，为用户提供不同的视角进行数据操作。

3）功能实现。通过 RDBMS 提供的数据定义语言和其他实用程序，将数据库逻辑设计和物理设计结果严格描述出来，成为 DBMS 可以接受的源代码，再经过调试产生目标模式，最后是组织数据入库。

10.4.6 数据库的实施、运行和维护

完成数据库的物理设计之后，设计人员就要用 RDBMS 提供的数据定义语言和其他实用程序将数据库逻辑设计和物理设计结果严格描述出来，成为 DBMS 可以接受的源代码，再经过调试产生目标模式。然后就可以组织数据入库了，这就是数据库实施阶段。

1. 数据库实施

数据库的实施主要是根据逻辑结构设计和物理结构设计的结果，在计算机系统上建立实际的数据库结构、导入数据并进行程序的调试。相当于软件开发中的代码编写和程序调试阶段。

本系统的物理结构设计完成之后，就可将数据库转换为相应的表，生成相关的 SQL 语句，在通过运行之后，最终在 SQL Server 中创建数据库和数据表，如图 10-29 所示。

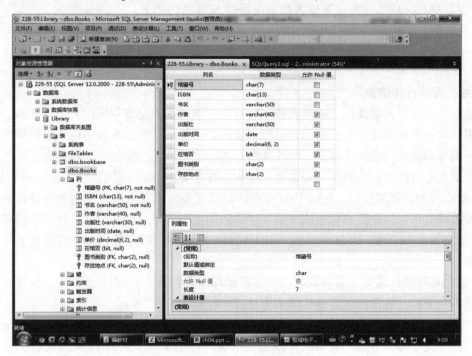

图 10-29 数据表的生成

2. 数据载入

数据库实施阶段包括两项重要的工作，一是数据的载入；二是应用程序的编码和调试。对于 Web 图书管理信息系统应用程序的开发和调试，以及数据库构建及数据的载入不再赘述，参见第 10.2.6 节。

3. 数据库调试

通过执行 SQL 语句，可以进行简单测试和联合测试。通常先进行各功能模块的简单测试，当一部分业务数据输入数据库后，就可以开始对数据库系统进行多模块联合调试，这些阶段需要实际运行数据库应用程序，执行对数据库及数据的各种操作。在没有完整的应用程序时，可以暂时通过 SQL 语言直接在数据库中执行对数据库及数据的部分操作进行运行和调试。

在 SQL Server 的查询分析器中输入相应的 SQL 语句，便可得到相应运行结果，具体如下。

1）图书资料查询。例如，查询书名涉及"数据库"的书籍信息的 SQL 语句如下。

```
SELECT *
FROM 图书
WHERE 书名 like '%数据库%'
```

2）借阅信息查询。例如，查询书名为《数据库原理及应用》这本书的借阅信息的 SQL 语句如下。

```
SELECT 图书.馆藏号,卡号,借阅时间,还书时间
FROM 图书,借阅
WHERE 图书.馆藏号=借阅.馆藏号 and 书名='数据库原理及应用'
```

3）删除信息。例如，删除书名为《网络安全技术及应用》的书籍信息的 SQL 语句如下。

```
DELETE
FROM 图书
WHERE 书名= '网络安全技术及应用'
```

4）更新信息。例如，更改某读者联系电话的 SQL 语句如下。

```
UPDATE 读者
SET 电话='13816168080'
WHERE 卡号='1401020'
```

4. 数据库运行和维护

数据库正式运行开始使用，标志着数据库开发工作的基本完成和维护工作的开始。由于业务和应用环境在不断变化，数据库运行过程中物理存储等也可能会不断变化，对数据库设计进行评价、调整和修改等维护工作是一个长期的任务，也是设计工作的继续和提高。

在数据库运行阶段，对数据库经常性的维护工作主要由 DBA 完成，包括以下几个方面。

1）数据库的转储和恢复。DBA 要针对不同的业务和应用要求制订不同的转储计划，保证发生意外故障时可以尽快将数据库恢复到某种一致的状态，并尽可能减少对数据库的破坏。

2）数据库的安全性、完整性控制。DBA 根据实际需要，做好数据库的安全性及完整性控制和管理。

3）数据库性能的监督、分析和改造。在数据库运行过程中，DBA 必须监督系统运行，对监测数据进行分析，找出改进系统性能的方法。

4）数据库的重组织与重构。数据库运行一段时间后，由于记录不断增删改，会使数据库的物理存储情况变差，数据的存取效率降低，数据库性能下降，这时 DBA 应对数据库进行重组织或部分重组织。

10.5 实验10 数据库应用系统设计

10.5.1 实验目的

1）从用户需求出发，遵循数据库设计步骤，建立概念模型、逻辑模型和物理模型，注重规范性、完整性、安全性和运行效率，使用 SQL 语言实现数据库系统并输入数据。

2）掌握数据库常用的基本知识、技术和方法，掌握 SQL Server 常用的操作，掌握软件开发的步骤与方法和工具，从而提高其需求分析、软件设计、数据库应用及团队开发的能力。

3）综合应用数据建模工具、SQL Server 等开发语言，完成一个小型数据库应用系统设计。

10.5.2 实验内容及步骤

在本实验中，可选择各自相对比较熟悉的行业应用系统业务模型。要求通过本实验可以较好地巩固数据库的基本知识、基本技术、关系数据库的开发设计方法等主要应用，针对实际应用问题进行需求分析，设计概念模型、逻辑模型和物理模型，并利用现有开发工具完成小型数据库系统的实现。

可以参考课程网站资源和配套参考文献，利用数据库技术，设计创建一个数据库应用系统。使用户可以通过 Windows 应用程序向系统数据库中添加、修改、删除和查询数据。系统数据库至少包括基本数据库及部分数据表。主要的基本实验步骤如下。

1）选定项目（选题）。确定 2~3 人小组，选定一个数据库应用系统项目（选题）并进行分工。

2）需求分析。对项目（选题）业务应用系统及用户进行调研和需求分析。

3）数据库设计。进行数据库的概念结构设计、逻辑结构设计和物理结构设计。

4）实施小型数据库应用系统及数据库。要求注重数据库的规范性、完整性、安全性和运行效率，具有查询、增加、更改和删除等功能，完成数据库应用系统及数据库（含数据）。

10.6 本章小结

本章主要介绍了数据库应用系统开发设计过程的 6 个阶段：需求分析、概念设计、逻辑设计、物理设计、数据库实施和数据库系统的运行与维护。

用户需求是确定数据库应用系统和数据库设计"必须做什么"的关键。主要方法包括：深入调研、跟班作业、开会调查、专人介绍、用户填表、查阅记录和分析研究等，描述和分析工具主要包括：编制组织机构图、业务关系（流程）图、数据流图和数据字典等表示用户需求。

概念设计是数据库设计的核心环节，是在用户需求描述与分析的基础上对现实世界的抽象和模拟。目前，最广泛流行的概念设计工具是 E-R 模型。对于小型的不太复杂的应用可使用集中模式设计法进行设计，对于大型数据库设计可采用视图集成法。

逻辑设计是在概念设计的基础上，将概念模型转换成所选用的具体的 DBMS 支持的数据模型的逻辑模式。本章重点介绍了 E-R 图向关系模型的转换，首先进行规范化处理，然后根据实际情况对部分关系模式进行逆规范化处理。

物理设计是从逻辑设计出发，设计一个可实现的、有效的物理数据库结构。

数据库的实施过程主要包括：应用程序编写与调试、构建数据库及数据载入和数据库系统试运行等步骤，该阶段的主要目标是对系统的功能和性能进行全面测试。

数据库使用与维护阶段的主要工作有数据库安全和完整性控制、数据库的备份和恢复、数据库性能监控分析与改进，以及数据库的重组和重构等。

10.7 练习与实践 10

1. 选择题

（1）数据流图是从"数据"和"处理"两方面表达数据处理的一种图形化表示方法，该方法主要用在数据库设计的（　　　）。

　　A. 需求分析阶段　　　　　　　　B. 概念结构设计阶段

　　C. 逻辑结构设计阶段　　　　　　D. 物理结构设计阶段

（2）在数据库设计中，将E-R图转换为关系数据模型是下述哪个阶段完成的工作（　　　）。

　　A. 需求分析阶段　　　　　　　　B. 概念设计阶段

　　C. 逻辑设计阶段　　　　　　　　D. 物理设计阶段

（3）在进行数据库逻辑结构设计时，判断设计是否合理的常用依据是（　　　）。

　　A. 数据字典　　　　　　　　　　B. 数据流图

　　C. 概念数据模型　　　　　　　　D. 规范化理论

（4）在数据库设计中，进行用户子模式设计是下述哪个阶段要完成的工作（　　　）。

　　A. 需求分析阶段　　　　　　　　B. 概念结构设计阶段

　　C. 逻辑结构设计阶段　　　　　　D. 物理结构设计阶段

（5）在将局部E-R图合并为全局E-R图时，可能会产生一些冲突。下列冲突中不属于合并E-R图冲突的是（　　　）。

　　A. 语法冲突　　　　　　　　　　B. 结构冲突

　　C. 属性冲突　　　　　　　　　　D. 命名冲突

（6）设实体A与实体B之间是一对多联系。下列进行的逻辑结构设计方法中，最合理的是（　　　）。

　　A. 实体A和实体B分别对应一个关系模式，且外键放在实体B的关系模式中

　　B. 实体A和实体B分别对应一个关系模式，且外键放在实体A的关系模式中

　　C. 为实体A和实体B设计一个关系模式，该关系模式包含两个实体的全部属性

　　D. 分别为实体A、B和它们之间的联系设计一个关系模式，外键在联系对应的关系模式中

（7）设有描述图书出版情况的关系模式：出版（书号，出版日期，印刷数量），设一本书可以被出版多次，每次出版都有一个出版数量。可作为该关系模式的候选键是（　　　）。

　　A. 书号　　　　　　　　　　　　B.（书号，出版日期）

　　C.（书号，印刷数量）　　　　　　D.（书号，出版日期，印刷数量）

（8）对数据库的物理设计优劣评价的重点是（　　　）。

　　A. 时空效率　　　　　　　　　　B. 动态和静态性能

　　C. 用户界面的友好性　　　　　　D. 成本和效益

（9）下述不属于数据库物理结构设计内容的是（　　　）。

　　A. 确定数据的存储结构　　　　　B. 确定数据存储位置

　　C. 确定数据的存储分配　　　　　D. 确定数据库表结构

（10）下述不属于数据库实施阶段的工作是（　　　）。

　　A. 调试应用程序　　　　　　　　B. 扩充系统功能

　　C. 加载数据　　　　　　　　　　D. 试运行应用程序

2. 填空题

（1）通常将数据库设计分为_____、_____、_____、_____、数据库运行和维护5个阶段。

（2）数据库结构设计包括_____、_____和_____3个过程。

（3）数据流图表达了数据库应用系统中_____和_____的关系。

（4）数据字典中的_____是不可再分的数据单位。

（5）在数据库设计中，在需求分析阶段用文档来描述数据需求，包括对数据项、数据结构、数据流、数据存储和数据处理过程的描述，通常将这个文档称为_____。

（6）概念设计的结果是得到一个与_____无关的模型。

（7）将 E-R 图转换为某个数据库管理系统支持的组织层数据模型是_____设计阶段完成的工作。

（8）在进行局部 E-R 图的合并时可能存在的冲突有_____、_____和_____。

（9）采用 E-R 方法的概念结构设计通常包括_____、_____和_____ 3 个步骤。

（10）根据应用要求确定在哪些表的哪个或哪些属性上建立索引的工作是在数据库设计的_____阶段完成的。

3. 简答题

（1）数据库设计分为哪几个阶段？每个阶段的主要工作是什么？

（2）需求分析阶段的任务是什么？其中发现事实的方法有哪些？

（3）概念结构应该具有哪些特点？其设计的策略有哪些？

（4）什么是数据库的逻辑结构设计？简述其设计步骤。

（5）把 E-R 模型转换为关系模式的转换规则是什么？

（6）数据模型的优化包含哪些方法？

（7）简述数据库物理结构设计阶段的主要工作。

（8）简述数据库实施阶段的主要工作是什么？

（9）简述数据库行为设计包含的内容。

4. 实践题

运用关系型数据库管理系统，实现高校图书馆管理信息系统。其功能需求分析如下。

（1）图书、资料的登记、注销和查询。

（2）借书证管理，包括申请、注销借书证，查询借书证持有人等。

（3）借还图书、等级资料、超期处理和超期拒借。

要求完成以下设计步骤。

（1）绘制系统 E-R 图。

（2）写出 E-R 图对应的关系模式（若有不符合 3NF 的，进一步规范化至 3NF）。

（3）进行表结构设计，实施数据完整性。

*第11章 数据库新技术

随着用户应用需求的提高、硬件技术和物联网技术的发展，丰富多彩的多媒体交流方式被提供，促进了数据库技术与网络通信技术、人工智能技术、面向对象程序设计技术、并行计算技术等相互渗透，互相结合，成为当前数据库技术发展的主要特征，形成了数据库新技术。目前，数据库技术已相当成熟，被广泛应用于各行各业中，成为现代信息技术的重要组成部分，是现代计算机应用系统的基础和核心。🖳

> 🖳 教学目标
> - 了解数据库新技术的发展及趋势
> - 理解各类型新技术产生的背景和基本概念
> - 理解数据库新技术的特点、基本原则和目标
> - 了解数据库新技术的发展趋势

11.1 云数据库及分布式数据库

> 【案例11-1】云数据库可以实现按需付费、按需扩展、高可用性以及存储整合等优势。将数据库部署到云可以通过简化可用信息，通过 Web 网络连接的业务进程，支持和确保云中的业务应用程序作为软件即服务（SaaS）部署的一部分。另外，将企业数据库部署到云还可以实现存储整合。比如，一个有多个部门的大公司肯定也有多个数据库，可以把这些数据库在云环境中整合成一个数据库管理系统（DBMS）。

11.1.1 云数据库的发展及趋势

1. 云数据库简介

云数据库（Cloud Database）是指被优化或部署到一个虚拟计算环境中的数据库。将一个现有的数据库优化到云环境的好处如下。📖

> 📖 知识拓展
> 云计算介绍

1）可以使用户按照存储容量和带宽的需求付费：通常采用多租户（Multi-tenancy）的形式，这种共享资源的形式对于用户而言可以节省开销；而且用户采用按需付费的方式使用云计算环境中的各种软硬件资源，不会产生不必要的资源浪费。另外，云数据库底层存储通常采用大量廉价的商业服务器，这也大幅度降低了用户开销。

2）可以将数据库从一个地方移到另一个地方（云的可移植性）：使用云数据库的用户不必控制运行原始数据库的机器，也不必了解它身在何处。用户只需要一个有效的链接字符串就可以开始使用云数据库。

3）可实现按需扩展：理论上，云数据库具有无限可扩展性，可以满足不断增加的数据存储需求。在面对不断变化的条件时，云数据库可以表现出很好的弹性。例如，对于一个从事产

258

品零售的电子商务公司，会存在季节性或突发性的产品需求变化；或对于类似 Animoto 的网络社区站点，可能会经历一个指数级的增长阶段。这时，就可以分配额外的数据库存储资源来处理增加的需求，这个过程只需要几分钟。一旦需求过去以后，就可以立即释放这些资源。

4）高可用性（HA）：不存在单点失效问题。如果一个节点失效了，剩余的节点就会接管未完成的事务。而且在云数据库中，数据通常是复制的，在地理上也是分布的。诸如 Google、Amazon 和 IBM 等大型云计算供应商具有分布在世界范围内的数据中心，通过在不同地理区间内进行数据复制，可以提供高水平的容错能力。例如，Amazon SimpleDB 会在不同的区间内进行数据复制，因此，即使整个区域内的云设施发生失效，也能保证数据继续可用。

5）大规模并行处理：支持几乎实时的面向用户的应用、科学应用和新类型的商务解决方案。将数据库部署到云可以通过简化可用信息通过 Web 网络连接的业务进程，支持和确保云中的业务应用程序作为软件即服务（SaaS）部署的一部分。另外，将企业数据库部署到云还可以实现存储整合。比如，一个有多个部门的大公司肯定也有多个数据库，可以把这些数据库在云环境中整合成一个数据库管理系统（DBMS）。

2. 云数据库特点

第一，云数据库信息的"留存率"更高，即使本地数据丢失也可以在云端找回，第二，扩展容易，通过数据库服务器内存、CPU、磁盘容量等的弹性扩容，很容易实现对数据库的升级；第三，数据迁移更为简便，将云数据库所在的操纵系统迁移到其他机器十分简单方便；第四，相比本地数据库，维护成本也大大降低。但对网络、硬件等要求较高。

3. 云数据库供应商

1）传统的数据库厂商：Teradata，Oracle，IBM DB2 和 Microsoft SQL Server。

2）涉足数据库市场的云供应商：Amazon，Google 和 Yahoo。

3）新兴小公司：Vertica，LongJump 和 EnterpriseDB。

就目前阶段而言，虽然一些云数据库产品，如 Google BigTable、SimpleDB 和 HBase，在一定程度上实现了对于海量数据的管理，但是这些系统暂时还不完善，只是云数据库的雏形。让这些系统支持更加丰富的操作以及更加完善的数据管理功能（比如复杂查询和事务处理）以满足更加丰富的应用，仍然需要研究人员的不断努力。

4. 云数据库产品

（1）Amazon 的云数据库产品

Amazon 是云数据库市场的先行者。Amazon 除了提供著名的 S3 存储服务和 EC2 计算服务以外，还提供基于云的数据库服务 Dynamo。Dynamo 采用"键/值"存储，其所存储的数据是非结构化数据，不识别任何结构化数据，需要用户自己完成对值的解析。Dynamo 系统中的键（key）不是以字符串的方式进行存储，而是采用 md5_key（通过 md5 算法转换后得到）的方式进行存储，因此，它只能根据 key 去访问，不支持查询。SimpleDB 是 Amazon 公司开发的一个可供查询的分布数据存储系统，它是 Dynamo "键/值"存储的补充和丰富。顾名思义，SimpleDB 的目的是作为一个简单的数据库来使用，它的存储元素（属性和值）是由一个 ID 字段来确定行的位置。这种结构可以满足用户基本的读、写和查询功能。SimpleDB 提供易用的 API 来快速地存储和访问数据。但是，SimpleDB 不是一个关系型数据库，传统的关系型数据库采用行存储，而 SimpleDB 采用了"键/值"存储，它主要服务于那些不需要关系数据库的 Web 开发者。📖

> 📖 **知识拓展**
> Amazon RDS

（2）Google 的云数据库产品

Google BigTable 是一种满足弱一致性要求的大规模数据库系统。Google 设计 BigTable 的目的是为了处理 Google 内部大量的格式化及半格式化数据。目前,许多 Google 应用都是建立在 BigTable 上的,如 Web 索引、Google Earth、Google Finance、Google Maps 和 Search History。 BigTable 提供的简单数据模型允许客户端对数据部署和格式进行动态控制,并且描述了 BigTable 的设计和实现方法。BigTable 是构建在其他几个 Google 基础设施之上的:首先,Big-Table 使用了分布式 Google 文件系统 GFS(Google File System)来存储日志和数据文件;其次, BigTable 依赖一个高可用的、持久性的分布式锁服务 Chubby;再次,BigTable 依赖一个簇管理 系统来调度作业、在共享机器上调度资源、处理机器失败和监督机器状态。

(3)Microsoft 的云数据库产品

2008 年 3 月,通过 SQL Data Service(SDS)提供的 RDBMS 功能,微软成为云数据库市场 上的第一个大型数据库厂商。此后,微软对 SDS 功能进行了扩充,并且重新命名为 SQL Azure。 微软的 Azure 平台提供了一个 Web 服务集合,允许用户通过网络在云中创建、查询和使用 SQL Server 数据库,云中的 SQL Server 服务器的位置对于用户而言是透明的。

(4)开源云数据库产品

HBase 和 Hypertable 利用开源 MapReduce 平台 Hadoop,提供了类似于 BigTable 的可伸缩数 据库实现。MapReduce 是由 Google 开发的、用来运行大规模并行计算的框架。采用 MapReduce 的应用更像一个人提交的批处理作业,但是这个批处理作业不是在单个服务器上运行,应用和 数据都是分布在多个服务器上。Hadoop 是由 Yahoo 资助的一个开源项目,是 MapReduce 的开 源实现,从本质上来说,它提供了一个使用大量节点来处理大规模数据集的方式。

HBase 已经成为 Apache Hadoop 项目的重要组成部分,并且已经在生产系统中得到应 用。与 HBase 类似的是 Hypertable。不过,HBase 的开发语言是 Java,而 Hypertable 则采用 C/C++开发。与 HBase 相比,Hypertable 具有更高的性能。但是,HBase 不支持 SQL (Structual Query Language)类型的查询语言。甲骨文开源数据库产品 BerkelyDB 提供了云 计算环境中的实现。

(5)其他云数据库产品

Yahoo 的 PNUTS 是一个为网页应用开发的大规模并行的地理分布的数据库系统,它 是 Yahoo 云计算平台重要的一部分。Vertica Systems 在 2008 年发布了云版本的数据库。 10Gen 公司的 Mongo 和 AppJet 的 AppJet 数据库也都提供了相应的云数据库版本。M/DB:X 是一种云中的 XML 数据库,它通过 HTTP/REST 访问。FathomDB 旨在满足基于 Web 的公 司提出的高传输要求,它所提供的服务更倾向于在线事务处理,而不是在线分析处理。 IBM 投资的 EnterpriseDB 也提供了一个运行在 Amazon EC2 上的云版本。LongJump 是一个 与 Salesforce.com 竞争的新公司,它推出了基于开源数据库 PostgreSQL 的云数据库产品。 Intuit QuickBase 也提供了自己的云数据库系列。麻省理工学院研制的 Relational Cloud 可以 自动区分负载的类型,并把类型近似的负载分配到同一个数据节点上,而且采用了基于 图的数据分区策略,对于复杂的事务型负载也具有很好的可扩展性。此外,它还支持在 加密的数据上运行 SQL 查询。

11.1.2 分布式数据库的发展及趋势

1. 分布式数据库简介

分布式数据库(Distributed Database)是指数据分别存在计算机网络中的各台计算机上的 数据库。分布式数据库系统通常使用较小的计算机系统,每台计算机可单独放在一个地方,每 台计算机中都可能有 DBMS 的一份完整副本,或者部分副本,并具有自己局部的数据库,位于

不同地点的许多计算机通过网络互相连接，共同组成一个完整的、全局的、逻辑上集中、物理上分布的大型数据库。📖

分布式数据库是指利用高速计算机网络将物理上分散的多个数据存储单元连接起来组成一个逻辑上统一的数据库。分布式数据库的基本思想是将原来集中式数据库中的数据分散存储到多个通过网络连接的数据存储节点上，以获取更大的存储容量和更高的并发访问量。近年来，随着数据量的高速增长，分布式数据库技术也得到了快速发展，传统的关系型数据库开始从集中式模型向分布式架构发展，基于关系型的分布式数据库在保留了传统数据库的数据模型和基本特征下，从集中式存储走向分布式存储，从集中式计算走向分布式计算。

另一方面，随着数据量越来越大，关系型数据库开始暴露出一些难以克服的缺点，以 NoSQL 为代表的非关系型数据库，因其高可扩展性、高并发性等优势得到了快速发展，一时间市场上出现了大量的 key-value 存储系统、文档型数据库等 NoSQL 数据库产品。其类型数据库正日渐成为大数据时代下分布式数据库领域的主力。📖

分布式软件系统（Distributed Software Systems）是支持分布式处理的软件系统，是在由通信网络互联的多处理机体系结构上执行任务的系统。它包括分布式操作系统、分布式程序设计语言及其编译（解释）系统、分布式文件系统和分布式数据库系统等。

分布式操作系统负责管理分布式处理系统资源和控制分布式程序运行。它和集中式操作系统的区别在于资源管理、进程通信和系统结构等方面。分布式程序设计语言用于编写运行于分布式计算机系统上的分布式程序。一个分布式程序由若干个可以独立执行的程序模块组成，它们分布于一个分布式处理系统的多台计算机上，被同时执行。它与集中式的程序设计语言相比有 3 个特点：分布性、通信性和稳健性。分布式文件系统具有执行远程文件存取的能力，并以透明方式对分布在网络上的文件进行管理和存取。分布式数据库系统由分布于多个计算机结点上的若干个数据库系统组成，它提供有效的存取手段来操纵这些结点上的子数据库。分布式数据库在使用上可视为一个完整的数据库，而实际上它分布在地理分散的各个结点上。当然，分布在各个结点上的子数据库在逻辑上是相关的。

Hadoop 的分布式文件系统 HDFS，作为开源的分布式平台，为目前流行的很多分布式数据库提供了支持，如 HBase 等。Yonghong 的分布式文件系统 ZFS，为分布式数据集市 Z-DataMart 提供了底层平台。

2. 分布式数据库的特点

大数据时代，面对海量数据的井喷式增长和不断增长的用户需求，分布式数据库必须具有以下特征。

1）高可扩展性：分布式数据库必须具有高可扩展性，能够动态地增添存储结点以实现存储容量的线性扩展。

2）高并发性：分布式数据库必须及时响应大规模用户的读/写请求，能对海量数据进行随机读/写。

3）高可用性：分布式数据库必须提供容错机制，能实现对数据的冗余备份，保证数据和服务的高度可靠性。

3. 分布式数据库相对传统集中式数据库的优点

大数据时代，面对日益增长的海量数据，传统的集中式数据库的弊端日益显现，分布式数据库相对传统的集中式数据库有如下优点。

1）更快的数据访问速度：分布式数据库为了保证数据的高可靠性，往往采用备份的策略实现容错，所以在读取数据的时候，客户端可以并发地从多个备份服务器同时读取，从而提高了数据访问速度。

2）更强的可扩展性：分布式数据库可以通过增添存储结点来实现存储容量的线性扩展，而集中式数据库的可扩展性十分有限。

3）更高的并发访问量：分布式数据库由于采用多台主机组成存储集群，所以相对集中式数据库，它可以提供更高的用户并发访问量。

11.1.3 云数据库与传统的分布式数据库

分布式数据库是计算机网络环境中各场地或结点上的数据库的逻辑集合。逻辑上它们属于同一系统，而物理上它们分散在用计算机网络连接的多个结点，并统一由一个分布式数据库管理系统管理。

分布式数据库已经存在很多年，它可以用来管理大量的分布存储的数据，并且通常采用非共享的体系架构。云数据库和传统的分布式数据库具有相似之处，比如，都把数据存放到不同的结点上。但是，分布式数据库在可扩展性方面是无法与云数据库相比的。由于需要考虑数据同步和分区失败等开销，前者随着结点的增加会导致性能快速下降；而后者则具有很好的可扩展性，因为后者在设计时就已经避免了许多会影响到可扩展性的因素，比如，采用更加简单的数据模型、对元数据和应用数据进行分离以及放松对一致性的要求等。另外，在使用方式上，云数据库也不同于传统的分布式数据库。云数据库通常采用多租户模式，即多个租户共用一个实例，租户的数据既有隔离又有共享，从而解决了数据存储的问题，同时也降低了用户使用数据库的成本。

11.2 大数据及主动数据库

【案例 11-2】数据，已经渗透到当今每一个行业和业务的职能领域，成为重要的生产因素。人们对于海量数据的挖掘和运用，预示着新一波生产率增长和消费者盈余浪潮的到来。"大数据"在物理学、生物学和环境生态学等领域以及军事、金融和通信等行业存在已有时日，却因为近年来互联网和信息行业的发展而引起人们关注。

11.2.1 大数据概述

1. 大数据的概念

大数据（Big Data）是一个体量特别大，数据类别特别大的数据集，并且无法在一定时间范围内用常规软件工具进行捕捉、管理和处理的数据集合。大数据需要新处理模式才能具有更强的决策力、洞察发现力和流程优化能力以适应海量、高增长率和多样化的信息资产。

📖 知识拓展
大数据简介

2. 大数据的特点

要理解大数据这一概念，首先要从"大"入手，"大"是指数据规模，大数据一般指在 10 TB（1 TB = 1024 GB）规模以上的数据量。大数据同过去的海量数据有所区别，其基本特征可以用 4 个 V 来总结（Volume、Variety、Value 和 Velocity），即体量大、多样性、价值密度低、速度快。

1）数据体量巨大。从 TB 级别跃升到 PB 级别。

2）数据类型繁多，如前文提到的网络日志、视频、图片和地理位置信息等。

3）价值密度低。如视频连续不间断监控过程中，可能有用的数据仅仅有一两秒。

4）处理速度快。1 秒定律。最后这一点也是和传统的数据挖掘技术有着本质的不同。物联网、云计算、移动互联网、车联网、手机、平板电脑、PC 以及遍布地球各个角落的各种各样的传感器，无一不是数据来源或者承载的方式。

3. 大数据技术

大数据技术是指从各种各样类型的巨量数据中，快速获得有价值信息的技术。解决大数据问题的核心是大数据技术。目前所说的"大数据"不仅指数据本身的规模，也包括采集数据的工具、平台和数据分析系统。大数据研发目的是发展大数据技术并将其应用到相关领域，通过解决巨量数据处理问题促进其突破性发展。因此，大数据时代带来的挑战不仅体现在如何处理巨量数据从中获取有价值的信息，也体现在如何加强大数据技术研发，抢占时代发展的前沿。

1）数据采集：ETL 是数据抽取（Extract）、清洗（Cleaning）、转换（Transform）和装载（Load）的过程。

2）数据存取：关系数据库、NoSQL、SQL 等。

3）基础架构：云存储、分布式文件存储等。

4）数据处理：自然语言处理（Natural Language Processing，NLP）是研究人与计算机交互的语言问题的一门学科。处理自然语言的关键是要让计算机"理解"自然语言，所以自然语言处理又叫作自然语言理解（Natural Language Understanding，NLU），也称为计算语言学（Computational Linguistics）。一方面它是语言信息处理的一个分支，另一方面它是人工智能（Artificial Intelligence，AI）的核心课题之一。

5）统计分析：假设检验、显著性检验、差异分析、相关分析、T 检验、方差分析、卡方分析、偏相关分析、距离分析、回归分析、简单回归分析、多元回归分析、逐步回归、回归预测与残差分析、岭回归、logistic 回归分析、曲线估计、因子分析、聚类分析、主成分分析、因子分析、快速聚类法与聚类法、判别分析、对应分析、多元对应分析（最优尺度分析）、boot-strap 技术等。

6）数据挖掘：分类（Classification）、估计（Estimation）、预测（Prediction）、相关性分组或关联规则（Affinity grouping or association rules）、聚类（Clustering）、描述和可视化，以及复杂数据类型挖掘（Text、Web、图形图像、视频和音频等）。

7）模型预测：预测模型、机器学习和建模仿真等。

8）结果呈现：云计算、标签云和关系图等。

4. 大数据的作用

（1）对大数据的处理分析正成为新一代信息技术融合应用的结点。移动互联网、数字家庭、物联网、社交网络和电子商务等新一代信息技术的应用不断产生大数据。云计算为这些海量、多样化的大数据提供存储和运算平台。通过对不同来源数据的管理、处理、分析与优化，能够使大数据为人们提供更好的服务。

（2）大数据是信息产业持续高速增长的新引擎。面向大数据市场新技术、新产品、新服务及新业态的不断涌现，在硬件与集成设备领域将对芯片、存储产业产生重要的影响，还将催生一体化数据存储处理服务器、内存计算等市场；在软件与服务领域，大数据将促进数据快速处理分析、数据挖掘技术和软件产品的发展。

（3）对大数据的利用将成为提高核心竞争力的关键因素。各行各业对大数据分析越来越重视，通过大数据分析可以实时掌握市场动态并迅速做出应对，可以更加精准有效的为营销策略提供决策支持，可以为消费者提供更加及时和个性化的服务。

（4）大数据时代科学研究的方法、手段将发生重大改变。在大数据时代，可通过实时监测、跟踪研究对象，对其在互联网上产生的海量行为数据进行挖掘分析，揭示出其规律性，提出研究结论和对策。

5. 大数据的发展趋势

（1）数据的资源化

所谓资源化，是指大数据成为企业和社会关注的重要战略资源，并已成为大家争相抢夺的新焦点。因而，企业必须要提前制订大数据营销战略计划，抢占市场先机。

（2）与云计算的深度结合

大数据离不开云处理，云处理为大数据提供了弹性可拓展的基础设备，是产生大数据的平台之一。自 2013 年开始，大数据技术已开始和云计算技术紧密结合，预计未来两者关系将更为密切。除此之外，物联网、移动互联网等新兴计算形态，也将一齐助力大数据革命，让大数据发挥出更大的作用。

（3）数据泄露泛滥

未来几年，数据泄露事件的增长率也许会达到 100%，除非数据在其源头就能够得到安全保障。可以说，在未来，每个财富 500 强企业都会面临数据攻击，无论它们是否已经做好安全防范。而所有企业，无论规模大小，都需要重新审视今天的安全定义。在财富 500 强企业中，超过 50%将会设置首席信息安全官这一职位。企业需要从新的角度来确保自身以及客户数据，所有数据在创建之初便需要获得安全保障，而并非在数据保存的最后一个环节，仅仅加强后者的安全措施已被证明于事无补。

（4）数据管理成为核心竞争力

数据管理成为核心竞争力，直接影响财务表现。当"数据资产是企业核心资产"的概念深入人心之后，企业对于数据管理便有了更清晰的界定，将数据管理作为企业核心竞争力，持续发展，战略性规划与运用数据资产，成为企业数据管理的核心。数据资产管理效率与主营业务收入增长率、销售收入增长率显著正相关；此外，对于具有互联网思维的企业而言，数据资产竞争力所占比重为 36.8%，数据资产的管理效果将直接影响企业的财务表现。

6. 大数据的实际应用

（1）提高医疗和研发水平

大数据分析应用的计算能力可以让人们能够在几分钟内就可以解码整个 DNA，并且可以制定出最新的治疗方案。同时可以更好地去理解和预测疾病。就好像人们戴上智能手表等可以产生的数据一样，大数据同样可以帮助病人对于病情进行更好的治疗。大数据技术目前已经在医院得到应用，用于监视早产婴儿和患病婴儿的情况，通过记录和分析婴儿的心跳，医生针对婴儿的身体可能会出现不适症状做出预测。这样可以帮助医生更好地救助婴儿。

（2）金融交易

大数据在金融行业的应用主要是金融交易。高频交易（HFT）是大数据应用比较多的领域。其中大数据算法应用于交易决定。现在很多股权的交易都是利用大数据算法进行，这些算法现在越来越多地考虑了社交媒体和网站新闻来决定在未来几秒内是买入还是卖出。

（3）大数据正在改善我们的生活

大数据不单单只是应用于企业和政府，同样也适用于生活当中的每个人。可以利用穿戴的装备（如智能手表或者智能手环）生成最新的数据，可以根据热量的消耗以及睡眠模式来进行追踪。而且还利用大数据分析来寻找属于自己的爱情，大多数时候交友网站就是利用大数据应用工具来帮助需要的人匹配合适的对象。

7. 大数据研发建设的重点

1）建立一套运行机制。大数据建设是一项有序的动态的可持续发展的系统工程，必须建立良好的运行机制，以促进建设过程中各个环节的正规有序，实现统合，搞好顶层设计。

2）规范一套建设标准。没有标准就没有系统。应建立面向不同主题、覆盖各个领域、不断动态更新的大数据建设标准，为实现各级各类信息系统的网络互连、信息互通、资源共享奠定基础。

3）搭建一个共享平台。数据只有不断流动和充分共享，才有生命力。应在各专用数据库建设的基础上，通过数据集成，实现各级各类指挥信息系统的数据交换和数据共享。

4）培养一支专业队伍。大数据建设的每个环节都需要依靠专业人员完成，因此，必须培养和造就一支懂指挥、懂技术、懂管理的大数据建设专业队伍。

11.2.2 主动数据库概述

1. 主动数据库概念

传统数据库是"被动"的——只能根据应用程序的要求对数据库进行数据的创建、检索、修改和删除等操作，不能根据发生的事件或数据库的状态"主动"做些什么。数据库仅作为一种被动的数据存储仓库而存在。

主动数据库（Active Database）是指在没有用户干预的情况下，能够主动地对系统内部或外部所产生的事件做出反应的数据库，是数据库技术和人工智能技术相结合的产物。主要设计思想：用一种统一而方便的机制实现应用对主动性功能的需求，即系统能把各种主动服务功能与数据库系统集成在一起，以利于软件的模块化和软件重用，同时也增强了数据库系统的自我支持能力。

2. 主动数据库的功能模块

数据模型：在传统数据库中主要指层次模型、网状模型和关系模型等描述和处理实体间联系的方法，而在主动数据库中主要指知识模型。

执行模型：处理和执行主动规则的方式。

条件检测：如何检测规则的条件。

事务调度：如何控制事务执行的次序，使数据库状态满足完整性、一致性等要求。

（1）知识模型

1）在主动数据库管理系统中描述、存储和管理 ECA（Event-Condition-Action）规则的方法。

2）支持有关时间的约束条件。

3）传统数据库为实现复杂的参照完整性和数据一致性引进了触发器，但只能描述"单个关系"的更新，且执行方式单一，条件的检查、动作的执行总是在触发后立即执行或事务提交前执行。

（2）执行模型

1）指 ECA 规则的处理和执行方式。

2）提出了立即式、延迟式和隔离式等执行 ECA 规则的方式，克服了 DBMS 中触发器只能顺序执行规则的不足。

图 11-1 所示为主动数据库执行模式。

3）主动规则执行分为 5 个阶段。

① 信号通知阶段：事件源引起事件发生的现象。

② 规则触发阶段：产生事件（包括复合事件）并触发相应的规则，规则和与之相关的事件形成了规则实例。

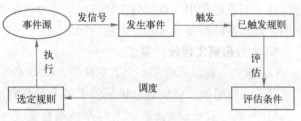

图 11-1　主动数据库执行模型

③ 评估阶段：对触发规则的条件进行评估，条件评估成功的所有规则实例形成了规则冲突集。

④ 规则调度阶段：对规则冲突集进行处理，选出下面将要执行的规则。

⑤ 执行阶段：执行所选出的规则实例的动作。动作执行时可能产生其他事务，即规则的级联触发。

（3）条件检测

主动数据库系统实现的关键技术之一，是在复杂的条件下如何高效地对条件求值，以提高系统效率。

（4）事务调度

1）指如何控制事务的执行次序，使得事务满足一定的约束条件。

2）传统 DBMS 中并发事务的调度应满足可串行化，以保证数据库的一致性。

3）主动数据库中还需满足事务时间方面的要求。

3. 主动数据库一般模型

在功能结构上，一个主动数据库系统（ADBS）由一个传统数据库系统（DBS）、一个事件驱动的知识库（EB）和相应的事件监视器（EM）组成。即 ADBMS=DBS+EB+EM。

1）DBS：传统数据库系统，用来存储数据，以及对数据进行维护、管理和运用。

2）EB：事件驱动知识库，是一组由事件驱动的知识的集合，每一项知识表示在相应的事件发生时，如何主动地执行其中包含的由用户预先定义的动作。

3）EM：是一个随时监视 EB 中事件是否发生的监视模块，一旦监视到某事件发生，就主动地触发系统，按照 EB 中指明的相应知识执行其中预先设定的动作。

主动数据库的主动性主要是通过规则机制实现的，常采用事件驱动的 ECA 规则模型，即事件-条件-动作（Event-Condition-Action）规则。每条规则指明"当什么事件发生时，在什么条件下执行什么动作"。一般形式可以表示如下。

```
RULE<规则名>[（<参数>,…）]
WHEN（事件表达式）
IF<条件 1>THEN<动作 1>；
…
IF<条件 n>THEN<动作 n>；(n≥1)
END-RULE[<规则名>]
```

上述事件驱动的"事件-条件-动作"规则的语义是：一旦<事件>发生后，计算机就主动触发，执行其后的 IF-THEN 规则，即如果<条件 1>为真，则执行其后的<动作 1>，并且接着逐个检查下一个 IF-THEN 规则，直到执行完为止。

4. 主动数据库系统体系结构

结合研究和实际系统开发中的经验，人们提出了用以实现主动数据库系统抽象模型的主动规则体系结构。主动数据库系统的体系结构应具有高度的模块性和灵活性，主要部件如下。

1）事件监测器：确定规则所关心的事件是否发生。原始事件由数据库或外部源提供，复合通报是指原始事件加上从历史记录中获得的已发生事件的信息。

2）条件评估器：评估与被监测事件相关联的规则的条件部分。

3）调度器：比较当前被触发规则与先前被触发规则，修改冲突集，触发被调度为立即处理的规则。

4）查询执行器：执行数据库查询或动作。

为了支持监视数据库的演化，要求不但能够访问数据库当前状态，而且也要能够访问数据库历史状态。以上每一部分的功能极大地依赖主动数据库所支持的知识模型和执行模型，也受主动数据库所在开发环境的影响。目前，可以确定两种主动数据库的范畴。

1）层次型：在被动数据库的顶层部分，将主动功能部分作为它的一层来进行开发。这种方法的优点是无须访问被动数据库的源代码，所产生的主动系统可以轻松的移植到不同的被动系统。但是由于缺乏对底层数据库内核的访问，会影响系统的执行，也会限制对耦合模式及优化的支持。

2）集成型：通过改变原有被动数据库的源码来开发主动部分。这种方法解决了在层次型中主动数据库设计者的限制问题，在开发工业系统中是一种比较好的模型。但是，为了支持高效的主动能力，系统要求改变的内分与内核挂钩。

由于目前大部分主动数据库是在传统的数据库管理系统或者是面向对象数据库管理系统上研制的，其体系结构大多是扩充数据库管理系统的事务管理部分、对象管理部件以支持知识模型和执行模型。此外，还增加了事件监测部件、条件评估部件及规则管理部件。

5. 主动数据库管理系统

主动数据库管理系统的主动功能依赖于其所能检测的事件的种类。一般来说，除了完成一般数据库管理系统的各种数据存储和数据管理功能之外，主要还应能完成几种主动性功能。

1）各种实时检测和控制功能。

2）数据库状态的动态监视，包括一致性或完整性检查等功能。

3）例外情况处理，以及错误监测、警报和处理功能。

4）处理或推理过程跟踪功能。

5）分布数据库系统中各子系统间的通信和同步功能。

6）检索或推理策略的自动选择和切换功能。

7）广泛的中断处理功能，便于与"外界"的交互作用。

8）对数据库系统运行情况的各种自动统计和审计功能等。

6. 主动数据库的实现

（1）改造的途径

最简单的实现方案就是在原有数据库管理系统的基础上进行改造。为此只需在原有数据库管理系统之外增加一个能经常有机会（如具有较高的运行优先级）运行的事件监视器即可。此时，事件库是统一的一个库，由用户预先设置好，在应用程序运行的同时，由事件监视器来监视事件的发生，并根据事件库中所示，自动执行相应的动作或动作序列。

（2）嵌入主动程序设计语言的途径

这种方法把一般程序设计语言改造成一种主动程序设计语言，数据库操作嵌入在其中执行。这种途径已由主动程序设计语言将事件库分成块，分布在各个进程或对象（当采用面向对象范式时）中，运行效率可望大大提高。

（3）重新设计主动数据库程序设计语言的途径

重新设计主动数据库程序设计语言将数据的定义、操作、维护和管理功能与应用程序彻底融合在一起，彻底地解决了"阻抗不匹配"问题。

一般来说，第 1 种途径是一种最简单的途径，但效率较差；第 2 种途径是一种折中方案，改造的工作量适中，除了在两种语言的接口部分可能损失一定的效率之外，运行效率较好；第 3 种途径是一种最彻底的方案，运行效率高，但是现实的难度和工作量较大。因此应根据具体情况对上述 3 种实现途径进行具体的选择。

7. 主动数据库的应用

虽然主动数据库研究还有待发展，但主动数据库在计算机集成制造、网络管理、办公自动化等众多应用领域都有着广泛的应用。例如，在一些商品化的数据库管理系统中，如 Oracle 和 Sybase 等数据库系统，在某种意义上都引入了主动处理的功能。另外，主动性概念正在被引入各种与数据库关系密切的领域中，因为人们发现这种主动性机制可方便地用来实现实时数据库、合作数据库、动态数据库和演绎数据库等。另外，在电网监控等工业应用方面，主动数据库也有广泛的应用。

11.3 数据仓库与数据挖掘

11.3.1 数据仓库概述

1. 数据仓库的概念

数据仓库（DataWarehouse），是为企业所有级别的决策制定过程，提供所有类型数据支持的战略集合。它是单个数据存储，出于分析性报告和决策支持目的而创建。数据仓库为需要业务智能的企业，提供指导业务流程改进、监视时间、成本、质量以及控制。数据仓库由数据仓库之父 Bill Inmon 于 1990 年提出，主要功能仍是将组织透过资讯系统的联机交易处理（OLTP）经年累月所累积的大量资料。

2. 主要特点

1）面向主题的。仓库是围绕大的企业主题（如顾客、产品、销售量）而组织的。面向主题为特定的数据分析领域提供数据支持。数据仓库关注的是决策者的数据建模与分析，而不针对日常操作和事务的处理。

2）集成的。数据仓库通常是结合多个异种数据源构成的，异种数据源可能包括关系数据库、面向对象数据库、文本数据库、Web 数据库和一般文件等。将所需数据从原来的数据中抽取出并进行加工与集成，统一与综合之后进入数据仓库。

3）时变的。数据仓库随时间变化而变化，随时间增加新的数据内容，随时删去旧的数据内容。数据仓库中的数据是经过抽取而形成的分析型数据，不具有原始性，供企业决策分析之用，执行的主要是查询操作。

4）非易失的。数据仓库里的数据通常只有两种操作，即初始化载入和数据访问，因此其数据相对稳定。数据仓库的数据不能被实时修改，只能由系统定期地进行更新。

数据库数据与数据仓库数据对照如表 11-1 所示。

表 11-1　数据库数据与数据仓库数据

数据库数据	数据仓库数据
原始性数据	加工性数据
分散性数据	集成性数据
当前数据	历史数据
即时数据	快照数据
多种数据访问操作	读操作

3. 数据仓库的结构

数据仓库包括 3 部分内容：数据层实现对企业操作数据的抽取、转换、清洗和汇总，形成信息数据，并存储在企业级的中心信息数据库中；应用层通过联机分析处理，甚至是数据挖掘等应用处理，实现对信息数据的分析；表现层通过对前台分析工具，将查询报表、统计分析、多维联机分析和数据挖掘的结论展现在用户面前。

1）源数据：是数据仓库系统的基础，是整个系统的数据源泉，来自多个数据源、不同格式的数据。通常包括企业内部信息和外部信息。内部信息包括存放于 RDBMS 中的各种业务处理数据和各类文档数据。外部信息包括各类法律法规、市场信息和竞争对手的信息等。

2）前端工具，主要包括各种报表工具、查询工具、数据分析工具、数据挖掘工具，以及各种基于数据仓库或数据集市的应用开发工具。其中，数据分析工具主要针对 OLAP 服务器，报表工具和数据挖掘工具主要针对数据仓库。

3）数据仓库管理器：仓库管理包括安全和特权管理；跟踪数据的更新；数据质量检查；管理和更新元数据；审计和报告数据仓库的使用和状态；删除数据；复制、分割和分发数据；备份和恢复；存储管理等。

4）查询管理器：又称为后端部件，完成所有与用户查询管理有关的操作。这一部分通常由终端用户的存取工具、数据仓库监控工具、数据库的实用程序和用户建立的程序组成。它完成的操作包括解释执行查询和对查询进行调度。

5）详细数据：在仓库的这一区域存储所有数据库模式中的所有详细数据，通常这些数据不能联机存取。

6）轻度和高度汇总的数据：在仓库的这一区域存储所有经仓库管理器预先轻度和高度汇总（聚集）的数据。这一区域的数据是变化的，随执行查询的改变而改变。

7）归档/备份数据：这一区域存储为归档和备份用的详细的各汇总过的数据，数据被转换到磁带或光盘。

8）元数据：是描述数据仓库内数据的结构和建立方法的数据。元数据是数据仓库的设计和管理人员用于开发和日常管理数据仓库使用的数据。包括：数据源信息；数据转换的描述；数据仓库内对象和数据结构的定义；数据清理和数据更新时用的规则；源数据到目的数据的映射；用户访问权限；数据备份历史记录，数据导入历史记录和信息发布历史记录等。商业元数据从商业业务的角度描述了数据仓库中的数据。包括：业务主题的描述，包含的数据、查询、报表。元数据为访问数据仓库提供了一个信息目录，这个目录全面描述了数据仓库中都有什么数据、这些数据怎么得到的和怎么访问这些数据，是数据仓库运行和维护的中心，数据仓库服务器利用它来存储和更新数据，用户通过它来了解和访问数据。

9）终端用户访问工具：为用户访问数据仓库提供手段。包括数据查询和报表工具、应用开发工具、管理信息系统（EIS）工具、联机分析处理（OLAP）及数据挖掘工具。

3. 数据仓库的类型

数据仓库可分为企业数据仓库（EDW）、操作型数据库（ODS）和数据集市（datamart）3种类型。企业数据仓库为通用数据仓库，它既含有大量详细的数据，也含有大量累赘的或聚集的数据，这些数据具有不易改变性和面向历史性，被用来进行涵盖多种企业领域上战略或战术上的决策。操作型数据库既可以被用来针对工作数据做决策支持，也可用作将数据加载到数据仓库时的过渡区域。与EDW相比较，ODS是面向主题和面向综合的，是易变的，仅含有目前的详细数据，不含有累计的历史性数据。数据市集是数据仓库的一种具体化，它可以包含轻度累计、历史的部门数据，适合特定企业中某个部门的需要。几组数据市集可以组成一个EDW。

11.3.2 数据挖掘概述

1. 数据挖掘的概念

数据挖掘（Data Mining）也称为数据库中的知识发现。从技术角度考虑，是从大型数据集中发现可行信息的过程，是通过分析每个数据，从大量数据中寻找其规律的技术，主要有数据准备、规律寻找和规律表示3个步骤。数据准备是从相关的数据源中选取所需的数据并整合成用于数据挖掘的数据集；规律寻找是用某种方法将数据集所含的规律找出来；规律表示是尽可能以用户可理解的方式（如可视化）将找出的规律表示出来。数据挖掘包括3个因素，即数据挖掘的本源（大量完整的数据）、数据挖掘的结果（知识和规则）和结果的隐含性，因而需要一个挖掘的过程。数据挖掘的任务有关联分析、聚类分析、分类分析、异常分析、特异群组分析和演变分析等。

> 📖 **知识拓展**
> 数据挖掘的特点

2. 数据挖掘的分类

数据挖掘利用了来自一些领域的思想：①来自统计学的抽样、估计和假设检验；②人工智能、模式识别和机器学习的搜索算法、建模技术和学习理论。数据挖掘也迅速地接纳了来自其他领域的思想，这些领域包括最优化、进化计算、信息论、信号处理、可视化和信息检索。一些其他领域也起到重要的支撑作用。特别地，需要数据库系统提供有效的存储、索引和查询处理支持。源于高性能（并行）计算的技术在处理海量数据集方面常常是重要的。分布式技术也能帮助处理海量数据，并且当数据不能集中到一起处理时更是至关重要。因此，数据挖掘按照不同的分类方式，采用的技术也不尽相同。

1）按照数据库类型分类：根据数据模型不同，可分为关系型、面向对象型和数据仓库型数据挖掘技术；根据应用类型不同，可分为空间、时间序列、文本和多媒体数据挖掘技术。

2）按照知识类型分类：根据数据挖掘功能，可分为特征化、区分、关联、聚类、孤立点分析和演变分析等数据挖掘技术。

3）按照所有的技术分类：根据用户交互程序的不同，如自动系统、交互探察系统和查询驱动系统等，所用的数据分析方法分为面向对象数据库技术、数据仓库技术、统计学方法和神经网络方法等来进行描述。

4）按照应用分类：通常会根据应用系统的需求与特点来确定数据挖掘的类型。

3. 数据挖掘的步骤

数据挖掘的步骤会随不同领域的应用而有所变化，每一种数据挖掘技术也会有各自的特性和使用步骤，针对不同问题和需求所制定的数据挖掘过程也会存在差异。此外，数据的完整程度、专业人员支持的程度等都会对建立数据挖掘过程有所影响。这些因素造成了数据挖掘在各不同领域中的运用、规划，以及流程的差异性，即使同一产业，也会因为分析技术和专业知识的涉入程度不同而不同，因此对于数据挖掘过程的系统化、标准化就显得格外重要。如此一来，不仅可以较容易地跨领域应用，也可以结合不同的专业知识，发挥数据挖掘的真正精神。数据挖掘完整的步骤如下。

1）理解数据和数据的来源（Understanding）。

2）获取相关知识与技术（Acquisition）。

3）整合与检查数据（Integration and Checking）。

4）去除错误或不一致的数据（Data Cleaning）。

5）建立模型和假设（Model and Hypothesis Development）。

6）实际数据挖掘工作（Data Mining）。

7）测试和验证挖掘结果（Testing and Verification）。

8）解释和应用（Interpretation and Use）。

由上述步骤可看出，数据挖掘涉及了大量的准备工作与规划工作，事实上许多专家都认为在整套数据挖掘的过程中，有 80% 的时间和精力是花费在数据预处理阶段，其中包括数据的净化、数据格式转换、变量整合，以及数据表的链接。可见，在进行数据挖掘技术的分析之前，还有许多准备工作要完成。

4. 数据挖掘常用方法

在大数据时代，数据挖掘是最关键的工作。大数据的挖掘是从海量、不完全、有噪声、模糊、随机的大型数据库中发现隐含在其中有价值的潜在有用的信息和知识的过程，也是一种决策支持过程。其主要基于人工智能、机器学习、模式学习和统计学等。通过对大数据高度自动化的分析，做出归纳性的推理，从中挖掘出潜在的模式，可以帮助企业、商家或用户调整市场政策，减少风险，理性面对市场，并做出正确的决策。目前，在很多领域，尤其是在商业领域，如银行、电信和电商等，数据挖掘可以解决很多问题，包括市场营销策略制定、背景分析和企业管理危机等。数据挖掘常用的方法有分类、回归分析、聚类、关联规则、神经网络方法和 Web 数据挖掘等。这些方法从不同的角度对数据进行挖掘。

（1）分类

分类是找出数据库中的一组数据对象的共同特点，并按照分类模式将其划分为不同的类，其目的是通过分类模型，将数据库中的数据项映射到某个给定的类别中。可以应用到应用分类和趋势预测中，如淘宝商铺将用户在一段时间内的购买情况划分成不同的类，根据情况向用户推荐关联类的商品，从而增加商铺的销售量。

（2）回归分析

回归分析反映了数据库中数据的属性值的特性，通过函数表达数据映射的关系来发现属性值之间的依赖关系。它可以应用到对数据序列的预测及相关关系的研究中去。在市场营销中，回归分析可以被应用到各个方面。如通过对本季度销售的回归分析，对下一季度的销售趋势做出预测，并做出针对性的营销改变。

（3）聚类

聚类类似于分类，但与分类的目的不同，是针对数据的相似性和差异性将一组数据分为几个类别。属于同一类别的数据间的相似性很大，但不同类别之间数据的相似性很小，跨类的数据关联性很低。

（4）关联规则

关联规则是隐藏在数据项之间的关联或相互关系，即可以根据一个数据项的出现推导出其他数据项的出现。关联规则的挖掘过程主要包括两个阶段：第一阶段为从海量原始数据中找出所有的高频项目组；第二阶段为从这些高频项目组产生关联规则。关联规则挖掘技术已经被广泛应用于金融行业企业中，用以预测客户的需求，各银行在自己的 ATM 机上通过捆绑客户可能感兴趣的信息，供用户了解并获取相应的信息来改善自身的营销。

（5）神经网络方法

神经网络作为一种先进的人工智能技术，因其自身自行处理、分布存储和高度容错等特性非常适合处理非线性的，以及那些以模糊、不完整、不严密的知识或数据为特征的处理问题，它的这一特点十分适合解决数据挖掘的问题。典型的神经网络模型主要分为三大类：第一类是用于分类预测和模式识别的前馈式神经网络模型，其主要代表为函数型网络和感知机；第二类是用于联想记忆和优化算法的反馈式神经网络模型，以 Hopfield 的离散模型和连续模型为代表；第三类是用于聚类的自组织映射方法，以 ART 模型为代表。虽然神经网络有多种模型及算法，但在特定领域的数据挖掘中使用何种模型及算法并没有统一的规则，而且人们很难理解网络的学习及决策过程。

（6）Web 数据挖掘

Web 数据挖掘是一项综合性技术，指 Web 从文档结构和使用的集合 C 中发现隐含的模式 P，如果将 C 看作是输入，P 看作是输出，那么 Web 挖掘过程就可以看作是从输入到输出的一个映射过程。

目前，越来越多的 Web 数据都是以数据流的形式出现的，因此对 Web 数据流挖掘就具有很重要的意义。常用的 Web 数据挖掘算法有：PageRank 算法、HITS 算法以及 LOGSOM 算法。这 3 种算法所提到的用户都是笼统的用户，并没有区分用户的个体。目前，Web 数据挖掘面临着一些问题，包括：用户的分类问题、网站内容时效性问题、用户在页面停留时间问题，以及页面的链入与链出数问题等。在 Web 技术高速发展的今天，这些问题仍旧值得研究并加以解决。

5. 数据挖掘的关联规则

数据关联是数据库中存在的一类重要的可被发现的知识。若两个或多个变量的取值之间存在某种规律性，就称为关联。关联可分为简单关联、时序关联、因果关联。关联分析的目的是找出数据库中隐藏的关联网。有时并不知道数据库中数据的关联函数，即使知道也是不确定的，因此关联分析生成的规则带有可信度。关联规则挖掘发现大量数据中项集之间有趣的关联或相关联系。关联规则挖掘过程主要包含两个阶段：第一阶段必须先从资料集合中找出所有的高频项目组（FrequentItemsets），第二阶段再由这些高频项目组中产生关联规则（Association Rules）。

数据挖掘利用了人工智能（AI）和统计分析的进步所带来的好处。这两门学科都致力于模式发现和预测。

数据挖掘不是为了替代传统的统计分析技术。相反，它是统计分析方法学的延伸和扩展。大多数的统计分析技术都基于完善的数学理论和高超的技巧，预测的准确度还是令人满意的，但对使用者的要求很高。而随着计算机计算能力的不断增强，人们有可能利用计算机强大的计算能力，只通过相对简单和固定的方法完成同样的功能。

一些新兴的技术同样在知识发现领域取得了很好的效果，如神经元网络和决策树，在足够多的数据和计算能力下，它们几乎不用人的关照自动就能完成许多有价值的功能。

数据挖掘就是利用了统计和人工智能技术的应用程序，把这些高深复杂的技术封装起来，使人们不用自己掌握这些技术也能完成同样的功能，并且更专注于自己所要解决的问题。

11.3.3　数据仓库与数据挖掘的区别

数据挖掘是数据仓库的一种重要运用，用来将你的资料中隐藏的资讯挖掘出来，所以数据挖掘（Data Mining）其实是所谓的知识发现（Knowledge Discovery）的一部分。数据挖掘使用了许多统计分析与建模的方法，到资料中寻找有用的特征（Patterns）以及关联性（Relation-ships）。知识发现的过程对数据挖掘的应用成功与否有重要的影响，只有它才能确保数据挖掘能获得有意义的结果。

数据挖掘和 OLAP 同为分析工具，其差别在于 OLAP 为用户提供了一便利的多维度观点和方法，以有效率地对数据进行复杂的查询动作，其预设查询条件由用户预先设定，而数据挖掘，则能由资讯系统主动发掘资料来源中未曾被察觉的隐藏资讯和透过用户的认知以产生信息。

数据挖掘是计算机科学的一个分支，涉及从大型数据集的提取。这些过程会结合使用统计方法和人工智能。数据挖掘在现代企业中把原始数据转换为人工智能的来源。对数据进行操纵，能够提供可靠的信息用于决策。这给企业的竞争带来很大的优势，可以依靠它们的数据集提供情报。数据挖掘也被组织应用在分析实践，包括营销、监测科学和检测欺诈行为等各个方面。

还有其他常见的术语与数据挖掘相关的可能，如数据钓鱼、数据窥探等。所有这些指向不同的数据挖掘应用于抽样较小的数据集，用于生产统计和推断。数据仓库可以作为数据挖掘和OLAP 等分析工具的资料来源，由于存放于数据仓库中的资料，必须经过筛选与转换，因此可以避免分析工具使用错误的资料，而得到不正确的分析结果。另一方面，数据仓库是一个术语，描述一个系统在一个组织中所使用的数据的集合。这些数据收集在数据仓库提供的是事务性系统，如发票、购买记录，甚至贷款记录。各个点的数据记录被创建，然后集合在一起就是数据仓库。该数据仓库给出的数据报告可帮助用户业务信息，从而做出有效决策。

因此，数据挖掘就是从大量数据中提取数据的过程。数据仓库是汇集所有相关数据的一个过程。数据挖掘和数据仓库都是商业智能工具集合。数据挖掘是特定的数据收集。数据仓库是一个工具，用来节省时间和提高效率，将数据从不同的位置、不同区域组织在一起。

11.4　数据库其他新技术

11.4.1　其他新技术概述

随着计算机应用领域的不断扩展和多媒体技术的发展，数据库已经是计算机科学技术中发展最快、应用最广泛的重要分支之一。目前，数据库技术已经相当成熟，被广泛应用于各行各业中，成为现代信息技术的主要组成部分，是现代计算机信息系统和计算机应用的基础和核心。

另外，各种学科与数据库技术的有机结合，使数据库领域中新内容、新应用、新技术层出不穷，形成了各种各样的数据库系统：面向对象数据库系统、多媒体数据库系统、并行数据库系统、移动数据库和分布式数据库系统；数据库系统被应用到特定的领域后，又出现了空间数据库、工程数据库、时态数据库、科学数据库和文献数据库等；它们继承了传统数据库的成果和技术并加以发展优化，从而形成的新的数据库，视为"进化"的数据库。可以说新一代数据库技术的研究与发展呈现了百花齐放的局面。

11.4.2 空间数据库

空间数据（Spatial Database）是用于表示空间物体的位置、大小、形状、和分布特征等诸方面信息的数据，适用于描述所有二维、三维和多维分布的关于区域的数据。它的特点既包括物体本身的空间位置及状态信息，又包括表示物体的空间关系（即拓扑关系）的信息。

空间数据库是随着地理信息系统的开发和应用而发展起来的数据库新技术。它的研究始于20世纪70年代的地图制图与遥感图像处理领域。传统数据库在空间数据的表示、存储和检索上存在许多缺陷，由此形成了空间数据库这一新的数据库研究领域。它涉及计算机科学、地理学、地图制图学、摄影测量与遥感、图像处理等多个学科。因此，空间数据库系统尚不是独立存在的系统，而是与其他应用紧密结合，大多数以地理信息系统的基础和核心的形式出现。

1. 空间数据结构

空间数据模型是描述空间实体之间关系的数据模型，一般来说，可以利用传统的数据模型加以扩充和修改来实现，也可以用面向对象的数据模型来实现。

空间数据库常用的空间数据结构有矢量数据结构和栅格数据结构两种，如图11-2所示。

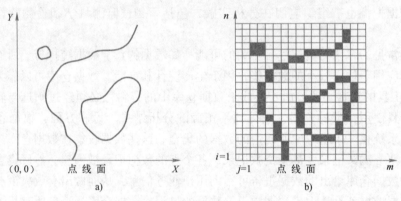

图11-2 空间数据结构

a）矢量数据结构　b）栅格数据结构

在矢量数据结构中，一个区域或一个地图划分为若干个多边形，每个多边形由若干条线段或弧组成。每条线或弧包括两个结点，结点的位置用（X，Y）坐标表示。空间关系用点和边、边和面、面和面之间的关系隐含或显式表示。矢量数据结构数据存储量小，图形精度高，容易定义单个空间对象，但是处理空间关系比较费时，常用于描述图形数据。

栅格数据结构中，地理实体用网格单元的行和列为位置标识，栅格数据的每个元素（灰度）与地理实体的特征相对应。行和列的数目取决于栅格的分辨率（大小）。栅个数据简单，容易处理空间位置关系，数据存储量大，图形精度低，常用于描述图像和影像数据。

2. 空间数据查询语言

空间数据查询包括位置查询、空间关系查询和属性查询等。前两种查询是空间数据库特有的，基本方式有面–面查询、线–线查询、点–点查询、线–面查询，点–线查询、点–面查询等。

3. 空间数据库管理系统功能

1）提供对空间数据和空间关系的定义和描述。

2）提供空间数据查询语言，实现对空间数据的高效查询和操作。

3）提供对空间数据的存储和组织。

4）提供对空间数据的直观显示等。

空间数据库管理系统比传统的数据库管理系统在数据的查询、操作、存储和显示等方面要复杂许多。

4. 空间数据库的应用

用于存储设计信息的空间数据库，即计算机辅助设计数据库。其存储的对象通常是几何对象，其中，简单二维几何对象包括点、线、三角形、矩形和一般多边形等，复杂的二维对象可由简单二维对象通过并、交、差操作得到；简单三维对象包括球、圆柱等，复杂三维对象由简单三维对象通过并、交、差操作得到。

与此同时，以空间数据库为核心的地理信息系统的应用已经从解决道路、输电线路等基础设施的规划和管理，发展到更加复杂的领域。地理信息系统已经广泛应用于环境和资源管理、土地利用、城市规划、森林保护、人口调查、交通、地下管网、输油管道、商业网络等各个方面的管理与决策。例如，人们研制了许多国土资源管理信息系统、洪水灾情预报分析系统以及地理信息系统（GIS）软件产品。

11.4.3 多媒体数据库

多媒体数据库（Multimedia Database）是数据库技术与多媒体技术结合的产物，从本质上来说，多媒体数据库要解决 3 个难题。第一是信息媒体的多样化，不仅仅是数值数据和字符数据，而是要扩大到多媒体数据的存储、组织、使用和管理。第二要解决多媒体数据集成或表现集成，实现多媒体数据之间的交叉调用和融合，集成粒度越细，多媒体一体化的表现才越强，应用的价值也才越大。第三是多媒体数据与人之间的交互性。多媒体数据库系统就是把组织在不同媒体上的数据一体化的系统，能直接管理数据、文本、图形、图像、视频和音频等多媒体数据的数据。实现对格式化和非格式的多媒体数据的存储、管理和查询。

1. 多媒体数据库特征

多媒体数据库实现对格式化和非格式化的多媒体数据的存储、管理和查询，主要特征如下。

1）多媒体数据库应能够表示多种媒体的数据。非格式化数据表示起来比较复杂，需要根据多媒体系统的特点来决定表示方法。

2）多媒体数据库应能够支持大对象。视频等多媒体数据可能会占几 GB 的空间，所以要提供二进制大对象，这样存储上可能也需要进行特殊处理，如数据压缩与解压缩等。

3）多媒体数据库应能够协调处理各种媒体数据，正确识别各种媒体数据在空间或时间上的关联。

4）多媒体数据库应提供比传统数据管理系统更强的适合非格式化数据查询的搜索功能。

2. 多媒体数据模型

多媒体数据模型有 3 种：扩充关系模型、语义数据模型和面向对象模型。

根据多媒体特征的特点，面向对象的数据模型最适合表示对象及其内在结构和联系，但是它缺乏坚实的理论基础，目前也没有一个统一的标准，实现技术也并不成熟；语义数据模型侧重语义，不便于描述结构非常复杂的对象，在理论和实现上都存在许多难关；而关系模型以集合论、关系代数作为理论基础，实现上也发展得很成熟。因此，采用扩充关系模型是目前比较经济而有效的途径。

11.4.4 面向对象数据库

面向对象数据库是面向对象的程序设计技术与数据库技术相结合的产物，是为了满足新的数据库应用需要而产生的新一代数据库系统。

面向对象数据库的主要特点是具有面向对象技术的封装性和继承性，提高了软件的可重用性。把面向对象的方法和数据库技术结合起来可以使数据库系统的分析及设计最大程度地与人们对客观世界的认识相一致。

1. 面向对象数据库的特点

1）易维护。采用面向对象思想设计的结构，可读性高。由于继承的存在，即使改变需求，那么维护也只是在局部模块，所以维护起来非常方便成本较低。

2）质量高。在设计时，可重用现有的在以前的项目的领域中已被测试过的类使系统满足业务需求并具有较高的质量。

3）效率高。在软件开发时，根据设计的需要对现实世界的事物进行抽象，产生类。使用这样的方法解决问题，接近于日常生活和自然的思考方式，势必提高软件开发的效率和质量。

4）易扩展。由于继承、封装和多态的特性，自然可以设计出高内聚、低耦合的系统结构，使得系统更灵活、更容易扩展，而且成本较低。

2. 面向对象数据库与传统数据库的区别

1）面向对象模型是一种层次式的结构模型。

2）面向对象数据模型是将数据与操作封装于一体的结构方式。

3）面向对象数据模型具有构造多种复杂抽象数据类型的能力。

4）面向对象数据模型具有不断更新结构的模式演化能力。

11.4.5 移动数据库

移动数据库（Mobile Database）是指在移动计算环境中的分布式数据库，其数据在物理上分散，而在逻辑上集中。它涉及数据库技术、分布式计算技术和移动通信技术等多个学科领域。移动数据库结构图如图 11-3 所示。

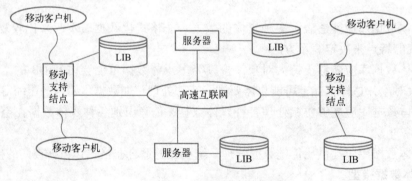

图 11-3　移动数据库结构图

移动数据库的特点如下。

1）移动性及位置相关性。

2）频繁的断接性。

3）网络条件的多样性。

4）系统规模庞大。

5）系统的安全性及可靠性较差。

6）资源的有限性。

7）网络通信的非对称性。

11.4.6　并行数据库

并行数据库（Parallel Database）是利用并行计算机技术使数个、数十、甚至成百上千个计算机协同工作，实现并行数据管理和并行查询功能，提供一个高性能、高可靠性和高扩展性的数据库管理系统，能够快速查询大数据量并处理大数量的事务。

并行数据库系统的目标是通过多个处理结点并行执行数据库任务，提高整个数据库系统的性能和可用性。

随着对并行计算技术研究的深入和 SMP、MPP 等处理机技术的发展，并行数据库的研究也进入了一个新的领域，集群已经成为并行数据库系统中最受关注的热点。

并行数据库系统的结构如下。

1）共享内存（主存储器）结构（Shared_Memory），简称 SM 结构。

2）共享磁盘结构（Shared_Disk），简称 SD 结构。

3）无共享结构（Shared_Nothing），简称 SN 结构。

11.4.7　工程数据库

工程数据库（Engineering Database）是一种能够存储和管理各种工程图形，并能为工程设计提供各种服务的数据库系统，是将工程设计方法、人工智能技术与数据库技术相结合发展起来的智能化集成系统，适合于 CAD/CAM、计算机集成制造（CIM）等工程应用领域。

1. 工程数据库管理系统应具有的功能

1）支持复杂对象（如图形数据、工程设计文档）的表示和处理。

2）支持可扩展的数据类型。

3）支持复杂多样的工程数据的存储和集成管理。

4）支持变长结构数据实体的处理。

5）支持工程长事务和嵌套事务的并发控制和恢复。

6）支持设计过程中多个不同数据版本的存储和管理。

7）支持模式的动态修改和扩展。

8）支持多种工程应用程序等。

2. 工程数据库体系结构

工程数据库体系结构如图 11-4 所示。

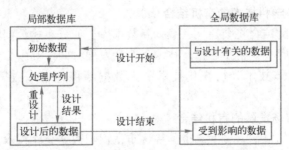

图 11-4　工程数据库体系结构

11.4.8　其他数据库

实时数据库（Real-Time DataBase）是数据库技术结合实时处理技术产生的。它适用于处理不断更新的快速变化的数据及具有时间限制的事务处理。实时数据库的一个重要特性就是实时性，包括数据实时性和事务实时性。针对不同行业不同类型的企业，实时数据库的数据来源方式也各不相同。总的来说，数据的主要来源有 DCS 控制系统、由组态软件与 PLC 建立的控制系统、数据采集系统（SCADA）、关系数据库系统、直接连接硬件设备和通过人机界面人工录入的数据。根据采集的方式方法可以分为：支持 OPC 协议的标准 OPC 方式、支持 DDE 协议的标准 DDE 通信方式、支持 MODBUS 协议的标准 MODBUS 通信方式、通过 ODBC 协议的 ODBC 通信方式、通过 API 编写的专有通信方式和通过编写设备的专有协议驱动方式等。

时态和历史数据库系统是将数据的时间属性引入数据模型，从而支持有效时间和事务时间，支持时态查询处理的数据库系统。历史数据库就是一种时态数据库，支持历史数据的查找和操作。时态数据库的研究主要集中在时态数据模型和查询语言、时态查询处理和支持时间属性处理的索引方法上。

11.5 数据库新技术应用发展趋势

目前，国内外大部分研究者对数据库技术的研究集中于以下几方面：当前数据库技术发展的主流问题；未来数据库技术的发展主流问题；数据库技术与学科技术结合发展的问题；数据库技术在专业应用领域中的发展问题；数据库技术发展的新趋势问题；数据仓库技术与数据挖掘技术等。下面将从信息集成、数据流管理、传感器数据库技术、半结构化数据与 XML 数据管理、网格数据管理、DBMS 自适应管理、移动数据管理、微小型数据库，以及数据库用户界面等方面分别讨论目前数据库领域未来发展趋势。

11.5.1 数据库新技术发展的主流趋势

1. 非结构化数据库

非结构化数据库是针对关系数据库模型过于简单，不便表达复杂的嵌套需要，以及支持数据类型有限等局限，从数据模型入手而提出的全面基于因特网应用的新型数据库理论。这种数据库的最大区别就在于它突破了关系数据库结构定义不易改变和数据定长的限制，支持重复字段、子字段以及变长字段，并且在处理连续信息（包括全文信息）和非结构信息（重复数据和变长数据）中有着传统关系型数据库所无法比拟的优势。但这种数据库技术并不会完全取代现在流行的关系数据库，而是它们的有益补充。

> 📖 知识拓展
> 结构化数据 VS. 非结构化数据

2. 数据库技术与多学科技术的有机结合

数据库与学科技术的结合将会建立一系列新数据库，如分布式数据库、并行数据库、知识数据库和多媒体数据库等，这将是数据库技术重要的发展方向。其中，多媒体数据库是当下研究的重点之一，将多媒体技术和可视化技术引入数据库将是未来数据库技术发展的热点和难点。

3. 数据库技术及市场发展的有机结合

近年来，许多行业如电信、金融、税务等逐步认识到数据仓库技术对于企业宏观发展所带来的巨大经济效益，纷纷建立起数据仓库系统。目前，数据库技术及市场正在向数据仓库和电子商务两个方向不断发展。国内外学者对数据仓库的研究正在继续深入。与此同时，一些学者将数据库技术及市场发展的视角瞄准电子商务领域，他们认为现在的信息系统逐渐要求按照以客户为中心的方式建立应用框架，因此势必要求数据库应用更加广泛地接触客户，而 Internet 为人们提供了一个非常便捷的连接途径，通过 Internet 可以实现所谓的一对一营销（One-One

Marketing）和一对一业务（One-One Business），进而实现电子商务（E-Business）。因此，电子商务将成为未来数据库技术发展的另一方向。

4. 面向专门应用领域的数据库技术

许多研究者从实践的角度对数据库技术进行研究，提出了适合应用领域的数据库技术，如工程数据库、统计数据库、科学数据库、空间数据库和地理数据库等。这类数据库在原理上也没有多大的变化，但是它们却与一定的应用相结合，从而加强了系统对有关应用的支撑能力，尤其表现在数据模型、语言、查询方面。随着研究工作的继续深入和数据库技术在实践工作中的应用，数据库技术将会更多地朝着专门应用领域发展。

以上是数据库研究领域中的几个主流发展趋势，近来在数据库发展过程中也发现几点重要的发展潮流。

（1）互联网领域应用成为主流

在互联网应用领域，特别是 Web2.0 网站的一些常见需求，如数据库高并发读写、海量数据的高效存取、高可用性及高扩展性架构等，传统 RDBMS 应对这些需求时异常的艰难，或者实现成本极为高昂。

（2）"云计算"正步入实质性阶段

随着互联网业务的迅猛发展，数据规模急剧膨胀，与之对应的 IT 硬件更新速度完全无法与之相比，存储和管理海量数据已越来越成为亟待解决的问题，云计算的概念也是由此应运而生。在这方面，NoSQL 所具有的高性能、高可用性、高扩展能力非常适合"云"的需求，也是目前"云数据"应用的主力。

（3）数据仓库领域大有可为

数据仓库是在数据库已经大量存在的情况下，为了进一步挖掘数据资源、为了决策需要而产生的，它并不是所谓的"大型数据库"。数据仓库的建设方案的目的是作为前端查询和分析的基础，由于有较大的冗余，所以需要的存储空间也较大。

11.5.2　数据库新技术发展的特征

纵观数据库发展，数据库市场竞争日益加剧。通过观察数据库发展的技术趋势不难看出，整个数据库发展呈现出了以下几个特征。

1. 支持 XML 数据格式

目前大量的 XML 数据以文本文档的方式存储，难以支持复杂高效的查询。用传统数据库存储 XML 数据的问题在于模式映射带来的效率下降和语义丢失。一些 NativeXML 数据库的原型系统已经出现。XML 数据是半结构化的，不像关系数据库中数据是严格的结构化，这样就给 NativeXML 数据库中的存储系统带来了更大的灵活性，同时也带来了更大的挑战。恰当的记录划分和簇聚，能够减少 I/O 次数，提高查询效率；反之，不恰当的划分和簇聚，则会降低查询效率。研究不同存储粒度对查询的支持也是 XML 存储面临的一个关键性问题。

> 📖 **知识拓展**
> 半结构化数据 VS. 非结构化数据

2. 传感器数据库技术

传感器数据库系统是传感器数据库必须利用系统中的所有传感器，而且可以像传统数据库那样方便、简洁地管理传感器数据库中的数据；建立可以获得和分配源数据的机制；建立可以根据传感器网络调整数据流的机制；可以方便地配置、安装和重新启动传感器数据库中的各个组件等。传感器网络越来越多地应用于对很多新应用的监测和监控。在这些新的应用中，用户可以查询已经存储的数据或者传感器数据，但是，这些应用大部分建立在集中的系统上以收集传感器数据。由于在这样的系统中数据是以预定义的方式抽取的，因此缺乏一定的灵活性。

3. 微小型数据库技术

数据库技术一直随着计算的发展而不断进步，随着移动计算时代的到来，嵌入式操作系统对微小型数据库系统的需求为数据库技术开辟了新的发展空间。微小型数据库技术目前已经从研究领域逐步走向应用领域。随着智能移动终端的普及，人们对移动数据实时处理和管理要求也不断提高，嵌入式移动数据库越来越体现出其优越性，从而被学界和业界所重视。

4. 信息集成

信息系统集成技术已经历了 20 多年的发展过程，研究者已提出了很多信息集成的体系结构和实现方案，然而这些方法所研究的主要集成对象是传统的异构数据库系统。随着 Internet 的飞速发展，网络迅速成为一种重要的信息传播和交换的手段，尤其是在 Web 上，有着极其丰富的数据来源。如何获取 Web 上的有用数据并加以综合利用，即构建 Web 信息集成系统，成为一个引起广泛关注的研究领域。

5. 网格数据管理

网格是把整个网络整合成一个虚拟的巨大的超级计算环境，实现计算资源、存储资源、数据资源、信息资源、知识资源和专家资源的全面共享，目的是解决多机构虚拟组织中的资源共享和协同工作问题。按照应用层次的不同，可以把网格分为 3 种：计算网格——提供高性能计算机系统的共享存取；数据网格——提供数据库和文件系统的共享存取；信息服务网格——支持应用软件和信息资源的共享存取。

高性能计算的应用需求使计算能力不可能在单一计算机上获得，因此，必须通过构建"网络虚拟超级计算机"或"元计算机"获得超强的计算能力，这种计算方式称为网格计算。它通过网络连接地理上分布的各类计算机（包括机群）、数据库、各类设备和存储设备等，形成对用户相对透明的虚拟的高性能计算环境，应用包括分布式计算、高吞吐量计算、协同工程和数据查询等诸多功能。

数据网格可以保证用户在存取数据时无须知道数据的存储类型（数据库，文档或 XML）和位置。涉及的问题包括：如何联合不同的物理数据源，抽取源数据构成逻辑数据源集合；如何制定统一的异构数据访问的接口标准；如何虚拟化分布的数据源等。

信息服务网格是利用现有的网络基础设施、协议规范、Web 和数据库技术，为用户提供一体化的智能信息平台，其目标是创建一种架构在 OS 和 Web 之上的基于 Internet 的新一代信息平台和软件基础设施。

6. 移动数据管理

越来越多的人拥有智能手机、个人数字助理（PDA）或笔记本电脑，这些移动电子设备都将装配无线联网设备，用户不再需要固定地联接在某一个网络中不变，而是可以携带移动计算机自由移动，这样的计算环境，称之为移动计算（Mobile Computing）。研究移动计算环境中的数据管理技术，已成为目前分布式数据库研究的一个新的方向，即移动数据库技术。

移动计算以及它所具有的独特特点，对分布式数据库技术和客户/服务器数据库技术提出了新的要求和挑战。移动数据库系统要求支持移动用户在多种网络条件下都能够有效地访问所需数据，完成数据查询和事务处理。通过移动数据库的复制/缓存技术或者数据广播技术，移动用户即使在断接的情况下也可以继续访问所需的数据，从而继续自己的工作，这使得移动数据库系统具有高度的可用性。此外，移动数据库系统能够尽可能地提高无线网络中数据访问的效率和性能。而且，它还可以充分利用无线通信网络固有的广播能力，以较低的代价同时支持大规模的移动用户对热点数据的访问，从而实现高度的可伸缩性，这是传统的客户/服务器或分布式数据库系统所难以比拟的。目前，移动数据管理的研究主要集中在以下几个方面：首先是数据同步与发布的管理，其次是移动对象管理技术。

在众多新技术应用中，对数据库研究最具影响力，推动数据库研究进入新纪元的无疑是 Internet 的发展。Internet 中的数据管理问题从深度和广度两方面对数据库技术都提出了挑战。从深度上讲，在 Internet 环境中，一些数据管理的基本假设不再成立，数据库研究者需要重新考虑在新情况下对传统技术的改进。从广度上讲，新问题的出现需要人们开拓思路，寻求创新性的技术突破。相信将来数据库的发展趋向于智能化、网络化，与多媒体、软件工程的结合会更加完善。📖

11.6　本章小结

数据库技术与多学科有机结合，从而使数据库领域中新内容、新应用和新技术层出不穷，形成了各种新型的数据库系统。新型计算机体系结构和增强的计算能力也在促进数据库技术的发展。新型数据库应用对 DBMS 提出了新的要求，结合其他学科技术，出现了知识库、演绎数据库、时态数据库、统计数据库、科学数据库、文献数据库、图像/图像数据库、文档数据库和 XML 数据库等。随着大数据时代的到来和物联网技术的不断发展和成熟，对传统数据库产生了巨大冲击。因此传统数据库厂商不断调整产品策略，使之符合大数据时代的要求，如支持 Hadoop、NoSQL 及大数据一体机等。立足于新的应用需求和计算机未来的发展，研究全新的数据库系统势在必行。

附录 练习与实践习题部分参考答案

第1章 练习与实践1部分答案

1. 选择题
(1) A (2) B (3) C (4) D (5) C (6) C

2. 填空题
(1) 采集、存储、检索、加工、变换和传输
(2) 系统建立与维护程序
(3) 层次模型
(4) 二维表
(5) 继承性和多态性
(6) 客户机/服务器式

3. 简答题
(注：简答题答案在教材中都可查到，特此从略)

第2章 练习与实践2部分答案

1. 选择题
(1) D (2) B (3) B (4) C (5) D
(6) C (7) A (8) D (9) C (10) D
(11) A (12) C

2. 填空题
(1) 关系名（属性名1，属性名2，…，属性名n）
(2) 关系名、属性名、属性类型、属性长度、关键字
(3) 笛卡儿积、并、交、差
(4) 并、差、笛卡儿积、投影、选择
(5) 选择、投影、连接
(6) 关系代数、关系演算
(7) 系编号、无、学号、系编号
(8) 列、元组、关系
(9) 谓词表达、元组关系、域关系
(10) 属性个数、相对应的属值
(11) 能唯一标识实体的属性或属性组
(其他答案从略)

第3章 练习与实践3部分答案

1. 选择题
(1) A (2) B (3) D (4) C (5) D

2. 填空题

（1）master、model、msdb、tempdb. rescource

（2）系统、用户、示例

（3）T-SQL、SQL

（4）必选

（5）自含式、嵌入式

（6）程序（块）、*／

（其他答案从略）

第4章 练习与实践4部分答案

1. 选择题

（1）D　　（2）C　　（3）A　　（4）D

（5）D　　（6）C　　（7）C

2. 填空题

（1）结构化查询语言

（2）CREATE DATABASE

（3）CREATE TABLE

（4）ALTER TABLE

（5）WHERE、GROUP BY、ORDER BY

（6）DROP、DELETE

（7）插入元组、插入查询结果

（其他答案从略）

第5章 练习与实践5部分答案

1. 选择题

（1）A　　（2）C　　（3）D　　（4）D

（5）C　　（6）C

2. 填空题

（1）索引关键字值、相应的指向表中包含这些值的各行数据所在的物理存储位置的指针

（2）CREATE ［UNIQUE］［CLUSTERED｜NONCLUSTERED］INDEX ＜索引名＞ON ＜表名＞ （＜列 名＞［＜次序＞］［,＜列名＞＜次序＞]]）

（3）EXEC SP_HELPINDEX Books

（4）基本表、表

（5）索引视图、分区视图

（6）删除、更新

（7）视图

（其他答案从略）

第6章 练习与实践6部分答案

1. 选择题

（1）A　　（2）A　　（3）C　　（4）B

2. 填空题

（1）存储过程、EXEC 或 EXECUTE

（2）deleted、insert、update

（其他答案从略）

第 7 章　练习与实践 7 部分答案

1. 选择题

（1）C　　（2）B　　（3）C　　（4）D

（5）B　　（6）D

2. 填空题

（1）T–SQL、SQL 语句

（2）赋值运算符、算术运算符、按位运算符、字符串串联运算符、比较运算符、逻辑运算符

（3）IF…ELSE 单分支，CASE 多分支，WHILE 循环结构，GOTO 语句，WAITFOR 语句，RETURN 语句

（4）局部变量、全局变量（或普通变量、数据库变量）

（5）界定标识符

（6）'ab '

（7）BEGIN、END

（8）GO

（其他答案从略）

第 8 章　练习与实践 8 部分答案

1. 选择题

（1）C　　（2）D　　（3）B　　（4）B　　（5）D　（6）D

（7）A　　（8）A　　（9）B　　（10）B　　（11）D

2. 填空题

（1）数据安全

（2）操作系统级、SQL Server 服务器级、数据库级

（3）完整备份、完整差异备份、部分备份、部分差异备份、文件和文件组备份、文件差异备份、事务日志备份

（4）事务故障、系统故障、介质故障

（5）全盘恢复、个别文件恢复、重定向恢复

（6）Grant、Revoke

（7）系统自动、DBA 执行恢复操作

（8）服务器权限、数据库对象权限、数据库权限

（9）封锁、共享锁、排它锁

（10）Update、Execute

（11）完整差异备份

（其他答案从略）

*第 9 章　练习与实践 9 部分答案

1. 选择题
（1）C　　（2）C　　（3）A　　（4）B　　（5）D
（6）A　　（7）B

2. 填空题
（1）部分
（2）分解规则
（3）第一
（4）二
（5）BCNF
（6）Y 完全函数依赖于 X
（其他答案从略）

第 10 章　练习与实践 10 部分答案

1. 选择题
（1）A　　（2）C　　（3）D　　（4）B　　（5）A
（6）A　　（7）B　　（8）A　　（9）D　　（10）B

2. 填空题
（1）需求分析、结构设计、行为设计、数据库实施
（2）概念结构设计、逻辑结构设计、物理结构设计
（3）数据、处理
（4）属性
（5）数据字典
（6）任何 DBMS
（7）逻辑（结构）
（8）属性冲突、命名冲突、结构冲突
（9）设计局部 E-R 图、设计全局 E-R 图、优化全局 E-R 图
（10）物理设计
（其他答案从略）

参 考 文 献

[1] 贾铁军，等．数据库原理及应用 SQL Server 2016［M］．北京：机械工业出版社，2018.

[2] 贾铁军，等．数据库原理应用与实践 SQL Server 2016［M］.3 版．北京：高等教育出版社，2017.

[3] 微软．SQL Server 2019 介绍［OL］．https：//www. microsoft. com/en-us/sql-server/sql-server-2019.

[4] 微软．SQL Server 2019 扩展（预览版）［OL］.https：//docs. microsoft. com/zh-cn/sql/azure-data-studio/ sql-server-2019-extension？ view＝sql-server-2017.

[5] CSDN. SQL Server 2019 新特性大数据群［OL］. https：//blog. csdn. net/capsicum29/article/details/86632538.

[6] 西尔伯沙茨，等．数据库系统概念［M］．杨冬青，李红燕，唐世渭，译.6 版．北京：机械工业出版社，2012.

[7] 王珊，萨师煊．数据库系统概论［M］.5 版．北京：高等教育出版社，2014.

[8] 王珊，张俊．数据库系统概论习题解析与实验指导［M］.2 版．北京：高等教育出版社，2015.

[9] 刘瑞新，等．数据库系统原理及应用教程［M］.4 版．北京：机械工业出版社，2017.

[10] 何玉洁．数据库原理与应用教程［M］.4 版．北京：机械工业出版社，2019.

[11] 卫琳，刘炜，李英豪，等．SQL Server 2014 数据库应用与开发教程［M］.4 版．北京：清华大学出版社，2019.

[12] 周爱武，肖云，琚川徽，等．数据库实验教程［M］．北京：清华大学出版社，2019.

[13] 董志鹏，侯艳书．SQL Server 2012 中文版数据库管理、应用与开发实践教程［M］．北京：清华大学出版社，2016.

[14] 李春葆，陈良臣，曾平，等．数据库原理与技术——基于 SQL Server 2012［M］．北京：清华大学出版社，2015.

[15] 舒后．网络数据库技术与应用［M］.3 版．北京：清华大学出版社，2016.

[16] 曾建华，梁雪平．SQL Server 2014 数据库设计开发及应用［M］．北京：电子工业出版社，2016.

[17] 孟宪虎，马雪英，邓绪斌．大型数据库管理系统技术、应用与实例分析——基于 SQL Server［M］.3 版．北京：电子工业出版社，2016.

[18] 杨冬青．数据库系统实现［M］．北京：机械工业出版社.2016.

[19] 贾铁军，等．数据库原理及应用学习与实践指导［M］.2 版．北京：科学出版社，2016.

[20] 贾铁军，等．网络安全技术及应用［M］.4 版．北京：机械工业出版社，2020.

[21] 贾铁军，等．网络安全技术及应用实践教程［M］.3 版．北京：机械工业出版社，2018.

[22] 贾铁军，等．网络安全实用技术［M］.3 版．北京：清华大学出版社，2020.

[23] 贾铁军，等．软件工程与实践［M］.3 版．北京：清华大学出版社，2019.

[24] MICK. SQL 基础教程［M］．孙淼，罗勇，译.2 版．北京：人民邮电出版社，2017.